古代歷史文化研究輯刊

二 編

王明蓀 主編

第16冊

唐玄宗時期黃河流域中下游水患

黃若惠 著

國家圖書館出版品預行編目資料

唐玄宗時期黃河流域中下游水患／黃若惠 著 — 初版 — 台北
縣永和市：花木蘭文化出版社，2009〔民98〕
目 2+242 面；19×26 公分
（古代歷史文化研究輯刊 二編；第 16 冊）
ISBN：978-986-6449-93-2（精裝）
1. 黃河 2. 水災 3. 水利工程 4. 災難救助 5. 唐代
443.685   98014238

ISBN - 978-986-6449-93-2

9 789866 449932

古代歷史文化研究輯刊
二 編 第十六冊   ISBN：978-986-6449-93-2

唐玄宗時期黃河流域中下游水患

作　　者　黃若惠
主　　編　王明蓀
總 編 輯　杜潔祥
出　　版　花木蘭文化出版社
發 行 所　花木蘭文化出版社
發 行 人　高小娟
聯絡地址　台北縣永和市中正路五九五號七樓之三
　　　　　電話：02-2923-1455／傳眞：02-2923-1452
網　　址　http://www.huamulan.tw 信箱 sut81518@ms59.hinet.net
印　　刷　普羅文化出版廣告事業
初　　版　2009 年 9 月
定　　價　二編 30 冊（精裝）新台幣 46,000 元

唐玄宗時期黃河流域中下游水患

黃若惠　著

作者簡介

黃若惠，嘉義縣人，從小生長在農村，平時喜歡閱讀，對歷史及大自然深感興趣。高中畢業後，北上進入輔仁大學夜間部歷史學系就讀，完成學業後，任職於基隆崇右企業管理專科學校。工作之餘，仍以閱讀為樂，有感於學識的不足，在睽違大學十五年後，以不惑之年，進入中國文化大學史學研究所就讀，三年後以《唐玄宗時期黃河流域中下游水患》獲得碩士學位，並於隔年考上史學研究所博士班，目前為博士候選人，崇右技術學院通識中心專任講師。

提　要

　　黃河流域是中華文明的發源地，孕育了中華悠久的歷史文化；自古以來黃河即以水患聞名，黃河水患對歷代政府與百姓帶來嚴重的威脅與傷害。而黃河的泛濫絕大多數為自然災害，和少數的人為因素。根據史料的記載，歷代黃河水患次數，除明代 246 次、清代 209 次，居歷代之冠、亞軍外，就以唐代 153 次為多；唐代黃河水患中，除一次人為決堤外，其餘皆為自然災害，每一次都奪去數百或千萬人的生命，流離失所者更是不計其數。

　　唐代黃河水患 153 次中，玄宗時期佔了 27 次，為唐代之冠。黃河水患雖多，卻不影響玄宗時期的社會安定與經濟繁榮，且再創唐代的第二盛世，其主因為：唐代政府水利管理、防洪建設與救災政策雙管並行。平時對倉廩儲藏的重視，除了政府備有義倉、常平倉，做為防災、救災之準備，更鼓勵百姓豐年造倉貯糧；且在災後確實進行救災工作，安撫百姓，恢復生產，賑恤、蠲免及然後重建措施確實達到成效。

　　以唐朝科技和交通，都不如現代發達與便利，對於防災或賑恤都有其局限性，而唐玄宗時期水患頻繁，卻仍能創造出唐代政治、經濟的第二盛世，是非常值得研究，也是本文研究的動機。本文研究重點為：玄宗時期黃河中下游水患形成因素、水患災情、水利建設、救災措施、黃河水患對政治、經濟造成的影響。

謝　誌

　　在將屆不惑之年，又重拾書本，以在職生的身分，回到學校進修，心裡的喜悅，難以形容。在職進修機會得來不易，首先要感謝我任職的崇右企專校長林清河先生的支持，在職進修才得以順利進行；而三年的研究所生涯，最感謝的人是我的主任黃慕也博士，由於她的全力支持、鼓勵與指導，我才能在今年順利畢業。

　　本文之完成，要感謝指導教授王吉林老師，從論文題目、大綱架構的修正，論文寫作督促、鼓勵與悉心的指導，及口試期間，承蒙何永成老師與桂齊遜老師悉心的指正，並提供寶貴的意見，使論文能更完整的呈現，心中的感激，實非筆墨所能形容。在此，謹以最誠摯的敬意，向老師致上衷心的感謝，謝謝老師。

　　三年的求學歲月，在學業上，雖然一路顛簸走來，但在知識領域的拓展與為人處世之道，有了更新的體會與收獲；在此，特別感謝所長王吉林教授，以及蔣義斌、王仲孚、孫同勛、李朝津、劉慶剛、韓麗儀等多位老師在學業的悉心教導。

　　在學習過程中，感謝班上同學的鼓勵與協助，尤其是莉華、寶琳、浩毅與適菁。此外，要謝謝好友承芬，從大學至今，不斷的鼓勵與協助；好友正芳與少萍在資料上的全力支援。崇右企專同事陳瓊恩老師在英文方面的指導；李榮豐老師在電腦方面的指導。最後，要謝謝媽媽、珠惠姊和家人在這段期間的全力支持。

黃若惠 謹誌
民國九十年七月十八日

目

次

表目次

圖目次

第一章　緒　論

第一節　水患與災後救濟

在人類的歷史發展過程中，自然環境孕育人類的同時，卻也帶來各種自然災害，對人類生活產生一定程度的威脅。自然災害中，又以水患對人類生命財產的威脅最嚴重。「水患」又稱「水災」，或「洪水」。水患是指自然環境失調造成地表水量過多，〔註1〕進而給人類生活、生產及生命造成一定程度的威脅與不便。「水患」所釋放出來的破壞力，是目前人類社會以其知能與技術，仍無法控制的自然災害。〔註2〕

壹、水患的特性

自然界每件事物都有一體兩面的雙重性，自然災害的發生，有破壞體就必須有受害體來相對應，才會產生互動的結果。水患雖然是一種自然失調的災害，但是其通過的地區若沒有人類居住，水患異常的破壞性是不會構成災害的威脅。因此，人類社會還沒有出現在地球之前，水患早就在地球各處不

〔註1〕　《左傳》〈莊公十年〉載，「魯桓公元年（公元前711）秋，大水。凡平原出水為大水。」請參閱，楊伯峻編《春秋左傳注》，北京，中華書局，1990 年 5 月第二版，頁83。

〔註2〕　水患是災荒的一種，鄧雲特的《中國救荒史》認為災荒是「人與人社會關係之失調為前提，而引起人對其自體以外之各種自然條件控制之失敗，從而招致之物質上之損害。」並認為人類隨著社會生產力增強，最後將能控制自然之支配力。這似乎低估自然界的破壞力，黃河水患的自然因素遠超過人為因素。臺北，臺灣商務印書館，民國76年6月臺四版，頁63。

斷重覆循環著；而當時水患，充其量不過是一種自然失調現象所造成的災變。因此，沒有自然界異常的破壞力，災害固然無從發生；但是若無人類社會做為其相對應的破壞對象，水患之害，則無從談起。人類社會出現以後，水患不再只是自然失調，而加入了人為因素的影響。因此，水患的形成是自然界與人類社會互動關係所呈現出的一種不協調的形態。

　　水患形成的因素有二：一為自然因素，另一為人為因素。前者，因天候異常引起降雨過量，或高山突然大量的融雪，造成地表水量過多，而導致河川泛濫、山洪暴發或海水倒灌等，使人們生活、生產或生命等遭受破壞或損失的災害。後者，則導因於人為的破壞，由於人類的不斷繁衍，為了生活與經濟發展而不斷的開墾土地，處處與自然爭地，由於過度的開墾，導致生態失衡，水土流失，遇雨成災；或因政治因素，在戰爭時，敵對雙方往往會利用決河堤之水來殲滅敵方，以達到勝利的目的。然而水患無論天災或人為，皆對人類生活造成一定程度的影響，而人類出現之後的水患，或多或少都會受到人為因素的影響。面對水患的不可避免，人類只有尋求積極的預防方法，與消極的救災活動。

貳、水患後賑濟的重要

　　黃河流域是中國歷史的發源地，孕育了古代中國的文化與文明。唐宋以前中國歷史都以黃河流域為政治、經濟與文化中心，漢、唐光輝燦爛的盛世就是在黃河流域創造出來的。然而從有中國以來，黃河流域的水患就不斷的威脅當地人民生命財產的安全。黃河流域雖然成功的孕育了中國悠久的歷史文化，然而黃河流域水患的發展，其實是伴隨著中國文化同步發展。因此一部中國文明發展史，也可以說是一部中國人民對抗黃河的水患史。

　　從過去黃河水災的經驗得知，黃河水災為患時，往往造成人們生活的不安，甚至流離失所；人們也經常因水患的漂毀農田、毀損糧食或損壞屋宇等災情，導致饑饉與生活窮困，亟待外界救助。以古代中國農業經濟社會條件下的百姓，平時少有餘糧可積存，因此普遍的百姓，在遭遇水患的侵襲，能夠存活下來已屬不易；水患極可能損毀百姓的所有財產，災民若得不到救助，將形成社會一股潛在不安的勢力。因此，歷代政府在面對水患肆虐後，嗷嗷待哺的災民及滿目瘡痍的災區，惟有立即進行賑恤，才能挽救災民的困頓。災民獲得救濟，得以維持生計，社會不安的秩序才能恢復。政府賑濟災民，一方面是解決災民的饑饉，一方面避免民亂的發生，為國家保留實力。國以

民為本，只有使百姓安心的生活，國家才能永續經營。因此歷代政府，均非常重視救災與防災的工作。

　　賑濟，是救濟遭遇災害後，受困的災民，使他們在災害過後，仍然能夠維持生活，並恢復生產，以穩定社會秩序。其政策為設置義倉儲存糧食以備凶年。這種救災的思想起源甚早，《禮記》卷十三〈王制〉載：

　　　國無九年之蓄曰不足，無六年之蓄曰急，無三年之蓄曰國非其國也。
　　　三年耕必有一年之食，九年耕必有三年之食，以三十年之通，雖有
　　　凶旱水溢，民無菜色。〔註3〕

由上述，可知先秦時，已有儲蓄糧食，以防範災荒的觀念。雖然我們不確定當時是否真的做到，但是，可以肯定先秦思想家非常重視積穀防災。因為人民是國家的根本，社會生產的動力，惟有平時儲蓄，才能增強國家力量及防禦災害的能力。而主要目的在調節社會經濟的豐歉，做為災害時的賑給，以減輕災害對社會帶來不安的衝擊力。

　　先秦積穀備荒的理想，在西漢常平倉的建立具體實現。常平倉創立於漢宣帝時，〔註4〕以政府的財力買賣穀糧，豐年加價收糴，荒年減價出糶，所得穀糧做為荒年救濟及調節糧價之用。其後魏、晉、齊、梁等朝多沿用之。隋文帝開皇九年（589）設立義倉（亦稱為社倉），以做為凶年不熟之賑濟。唐朝承襲隋之義倉做為災年之賑濟外，還有常平倉、正倉等倉儲作為義倉賑災不足之補充。

　　總之，水患是不可避免，只要有水患，救災活動就不可能消失。歷代政府除了設置義倉積穀以備災荒賑濟，平時則積極的興建水利設施以防禦水患。此外，當水患發生時，賑恤、蠲免、賑貸及協助災民重建家園的補救工作，非常重要，不僅協助受災民眾早日脫離困苦的環境，也同時能將社會那股不安的勢力解除。並促使社會早日恢復秩序與生產，進而使國家早日恢復安定繁榮的局面。

第二節　自然災害後的救濟措施

　　災後救濟是重建社會秩序與繁榮的必要措施。人類的社會既然無法避免

〔註3〕 孫希旦撰：《禮記集解》卷十三〈王制〉，台北，文史哲出版社，民國79年8月文一版，頁340。
〔註4〕 《漢書》卷八〈宣帝紀〉，台北，鼎文出版社，民國86年10月九版，頁268。

自然災害的侵襲，惟有積極建立完善的災害救濟辦法，才能使民眾在遭遇自然災害時，不致那麼不安，甚至流離失所。本著「德惟善政，政在養民」（《尚書》〈大禹謨〉）的治民理念下，救濟思想早在先秦時已萌芽。為救濟自然災害所引起的災荒，先秦社會的諸王國之救濟措施大都以互相接濟，及儲存穀糧以備災。

先秦的救濟思想大都在闡述仁政的涵義，《左傳》〈僖公元年（前 659）〉載：「凡侯伯，救患、分災、討罪，禮也。」〔註 5〕「救患、分災」是諸侯之間在天災發生時，有互通穀帛、賑濟的道義。春秋時秦國就本著救災、恤鄰的道義，輸粟救晉國之饑，這場救濟是歷史著名的「汎舟之役」。〔註 6〕後來秦國饑荒求助於晉國，晉國卻不救援秦國，而被當時眾諸侯國所唾棄。〔註 7〕此外，《周禮》卷十〈大司徒·廩人〉載：「若食不能二鬴，則令邦國移民就穀。」〔註 8〕孟子也說：「河內凶，則移其民四于河東，移其粟于河內，河東凶亦然。」〔註 9〕從上述，我們可以了解先秦的救濟動機，是「仁義」的表現。雖然秦晉當時為敵對的雙方，但本著「罪在其君，其民何辜」的悲天憫人的思想及「人飢己飢，人溺己溺」的精神來救濟敵國的百姓。這種鄰國互相支援的救濟活動，在當時是否廣為實行，未能完全確定，但至少先秦時代中國已有互相救濟的事實。其救濟方式為「移粟就民，或移民就粟。」

秦漢以後，典型的救濟措施代表是西漢時建立常平倉制度。常平倉起於漢宣帝，〔註 10〕以政府的財力買賣穀糧，豐年時增價收糴，荒年時減價出糶，

〔註 5〕 《春秋左傳注》〈僖公元年（前 659），頁 278。

〔註 6〕 《春秋左傳注》〈僖公十三年（前 647）〉載：冬，「晉薦饑，使乞糴于秦……天災流行，國家代有，救災、恤鄰，道也。行道，有福。……秦於是乎輸粟于晉。」頁 344、345。

〔註 7〕 《春秋左傳注》〈僖公十四年（前 646）〉載：「冬，秦饑，使乞糴于晉，晉人弗與。鄭曰：『背施，無親；幸災，不仁；貪愛，不祥；怒鄰，不義。四德皆失，何以守國。』虢射曰：『皮之不存，毛將安傅？』慶鄭曰：『背施、幸災，民所棄也。近猶讎之，況怨敵乎？』」頁 348。

〔註 8〕 賈公彥疏：「此即穀梁傳所云五穀不熟謂之大侵，謂大凶年之時用如此法。」《十三經注疏·周禮》卷十〈大司徒·廩人〉，台北，藝文印書館印行，頁 252。

〔註 9〕 《四書章句集注》〈孟子·梁惠王上〉，台北，鵝湖出版社，民國 73 年，9 月初版，頁 203。

〔註 10〕 《漢書》卷八〈宣帝紀〉載：「五鳳四年（公元前五四年）大司農耿壽昌奏設常平倉，以給北邊，省轉漕。」頁 268。同書，卷二四上〈食貨志〉載：「壽昌奏令邊郡皆築倉，以穀賤時增其賈而糴，以利農，穀貴時減賈而糶，名曰常平倉。」頁 1141。

為災荒救濟及調節糧價之用。漢代以後，救濟措施大致分為遇災治標與災後補救兩方面，包括賑濟、養恤、安輯、蠲緩、賑貸、災後重建等救濟措施。

壹、災害發生時的救濟

一、賑　濟

賑濟就是由國家發放倉庫糧食來救濟貧困的人。《禮記》〈月令〉載：「天子布德行惠，命有司發倉廩，賜貧窮，振乏絕。」〔註11〕

遭遇自然災害以後，官府往往以穀糧或布帛等進行賑濟，而開倉賑給是災後最普遍的救濟方式。《史記》卷一二○〈汲黯傳〉載：河內失火，延燒千餘家，漢武帝派汲黯前往視之。黯還報曰：「家人失火，屋比延燒，不足憂也。臣過河南，河南貧人傷水旱萬餘家，或父子相食，臣謹以便宜，持節發河南倉粟以振貧民。」〔註12〕火災燒毀數千家的災情已不能算不嚴重。而汲黯看到河內水旱災過後所帶來的災情，竟然嚴重到父子相食的悲慘狀況，政府如再不即時賑給，將會造成嚴重的社會問題？因此汲黯就擅自以朝廷的名義開倉賑濟，以拯救災民，不但解救災民於生死邊緣，同時也消除社會不安的現象於無形，更替國家社會保留生產的動力。由此，可知自然災害為害之嚴重，災後的救濟是絕對必要的。因為災害過後，往往造成農業減產或歉收，社會經濟蕭條，可食的食物又往往損毀殆盡，以致造成父子相食的人間悲劇。因此，開倉賑濟是政府應盡的責任，目的在使饑民能維持最基本的生活需求，以穩定社會的安寧，而最重要則是保障統治者的權利與地位。

二、養　恤

災荒常導致疾疫流行，百姓因而家破人亡流離失所，為了安撫、救濟這些災民，政府往往會施粥賑恤，或提供醫療場所，或提供住所，暫時安頓災民，來穩定人心。

施粥賑給的思想起於先秦，《禮記》卷十一〈檀弓下〉載：當年衛國發生

〔註11〕《禮記集解》卷十五〈月令〉，台北，文史哲出版社，民國79年8月文一版，頁432。

〔註12〕《史記》卷一二○〈汲黯傳〉，台北，世界書局標點本，1993年12月六版二刷，頁3105。《漢書》卷五十〈汲黯傳〉載：「河內失火，燒千餘家，上使黯往視之。還報曰：家人失火，屋比延燒，不足憂。臣過河內，河內貧人傷水旱萬餘家，或父子相食，臣謹以便宜，持節發河內倉粟以振貧民。」頁2316。

饑荒，公叔文子施粥與國之饑餓者，救了許多人。〔註 13〕施粥是救濟饑餓災民、貧民最迫切，且立見成效的方法。施粥對救濟饑餓災民，頗能緩解燃眉之急，耗費少而救濟面廣。古代中國官府與民間賑粥活動頗盛。《後漢書》〈陸續傳〉載：

續幼孤，仕郡户曹史。時歲荒民飢，太守尹興使續於都亭賦民饘粥。〔註 14〕

東漢末年因饑荒尤甚，所以賑粥特別多。〔註 15〕而賑粥活動宋代以後更爲盛行。

災後或疾疫流行時，政府往往提供臨時醫療站與收容所，爲災民臨時容身處，並爲其治病，使災民免於流離失所。《漢書》卷十二〈平帝紀〉載：

元始二年（二）郡國大旱、蝗，青州尤甚，民流亡。……民疫疾者，舍空邸第，爲置醫葯。賜死者一家六尸以上葬錢五千，四尸以上三千，二尸以上二千。罷安定呼池苑，以爲安民縣，起官寺市里，募徙貧民，縣次給食。至徙所，賜田宅什器，假以犁、牛、種、食。又起五里於長安城中，宅二百區，以居貧民。〔註 16〕

此外，災荒其間民饑而鬻子者多，有時官府會出錢爲災民贖子。《後漢書》卷三〈章帝紀〉載：

元和三年（八六）春正月乙酉，詔曰：蓋君人者，視民如父母，有憯怛之憂，有忠和之教，匍匐之救。其嬰兒無父母親屬，及有子不能養食者，稟給如律。〔註 17〕

貳、災後補救措施

一、安輯流民

大量災民因就食問題而遷移他鄉是一股社會不安定的潛在因素，設法安

〔註 13〕《禮記集解》卷十一〈檀弓下〉載：「昔者衛國凶饑，夫子爲粥與國之餓者。」，台北，文史哲出版社，民國 79 年 8 月文一版，頁 277。

〔註 14〕《後漢書》卷八一〈陸續傳〉，台北，鼎文出版社，民國 86 年 10 月九版，頁 2682。

〔註 15〕《後漢書》卷九〈孝獻帝紀〉載：「興平元年（194）秋 7 月，三輔大旱，自 4 月至于是月。，……是時穀一斛五十萬，豆麥一斛二十萬，人相食啖，白骨委積。帝使侍御史侯汶出太倉米豆，爲饑人作糜粥。」，頁 376。

〔註 16〕《漢書》卷十二〈平帝紀〉，頁 353。

〔註 17〕《後漢書》卷三〈章帝紀〉，頁 154。

頓因災荒流移的人口，並給他們適當的生活乃至生產條件，是穩定社會最好的辦法。官府撫恤災荒流民的辦法，漢代已有給復、給田兩項措施。為往後中國歷代政府所沿用。《後漢書》卷三〈章帝紀〉載：

> 元和元年（八四）二月詔曰：王者八政，以食為本。故古者急耕稼之業，致耒耜之勤，節用儲蓄，以備凶災。是以歲雖不登而人無飢色。自牛疫以來，穀食連少，良由吏教未至，刺史二千石不以為負。其令郡國募人無田欲徙他界就肥饒者，恣聽之。……勿收租五歲，除算三年。其後欲還本鄉者，勿禁。〔註18〕

二、蠲　緩

蠲緩，是指對災區人民停征或緩征賦役及緩刑、減刑等措施。中國古代以農立國，國家收入主要來自土地的租賦。自然災害後每致土地荒蕪，生產減少或歉收，人民生活困苦，若再要求其繳納租稅，則必加重百姓困頓，百姓生活困頓必然影響社會生產，甚至導致社會不安。統治者基於國家安定的立場，以停徵或緩徵賦稅，減輕人民的負擔，並緩和社會的危機。這種蠲緩思想來自先秦，《管子》卷七〈大匡〉載：

> 賦祿以粟，案田而稅，二歲而稅一。上年什取三，中年什取二，下年什取一，歲饑不稅，歲饑弛而稅。〔註19〕

西漢初年針對當時戰亂之後，人民流離失所，土地荒蕪，農業不振，有田者亦無力繳納賦稅的實際情況，因而實行輕斂。其後凡被災之郡，皆先後減免租賦。《漢書》卷七〈昭帝紀〉載：

> 元鳳三年（前78）詔曰：乃者民被水災，頗匱於食，朕虛倉廩，使使者振困乏。其止四年毋漕。三年以前所振貸，非丞相御史所請，邊郡受牛者勿收責。〔註20〕

此外，「緩刑」是中國歷代自然災害發生時，常見的一種措施。中國古代的「天人思想」觀念，認為自然災害有警惕刑罰太重的意味，因此減輕刑罰來祈求上天庇祐。漢代常有遇災緩刑之舉。《後漢書》卷一〈光武帝紀第一上〉載：

> 建武五年（29），夏四月，旱、蝗。五月丙子，詔曰：久旱傷麥，秋

〔註18〕《後漢書》卷三〈章帝紀〉，頁145。

〔註19〕《管子》卷七〈大匡〉，梁運華校點，瀋陽，遼寧教育出版社，1997年3月。頁65。

〔註20〕《漢書》卷七〈昭帝紀〉，頁229。

種未下，朕甚憂之。……其令都官、三輔、郡國出繫囚，罪非犯殊死一切勿案。見徒免爲庶人。〔註21〕

《冊府元龜》卷一四四〈帝王部・弭災二〉，載：

開元十六年（728），九月，以久雨。……兩京及諸州繫囚應推徒巳下罪，並宜釋放死罪及流各減一等。庶得解吾人之慍結迎上天之福祐。〔註22〕

三、賑　貸

賑貸是指將糧食、種子、牲畜、農具等借貸給需要的災民，從而維持災民生計，使之恢復農業生產。《春秋左傳注》〈文公十六年（前 611）〉載：「宋公子鮑禮於國人，宋饑，竭其粟而貸之。」〔註23〕《漢書》卷七〈昭帝紀〉載：

始元二年（前 85）三月，遣使者賑貸貧民毋種、食者。秋八月，詔曰：「往年災害多，今年蠶麥傷，所振貸種、食毋收責，毋令民出今年田租。」〔註24〕

在遭遇自然災害後，大部分幸存的災民都貧而無力重建家園，這時政府從旁協助給予糧食、種子或農具的借貸，將有助於百姓盡快恢復生產。

四、節　約

以農爲本的中國在遭遇自然災害時，經常是農業歉收，糧食不足，致使經濟困窘，因此，在中國歷史上提倡節約渡荒的例子很多。《墨子》卷一〈七患第五〉說：

五穀盡收，則五味盡御於主，不盡收則不盡御。一穀不收謂之饉，二穀不收謂之旱，三穀不收謂之凶，四穀不收謂之饋，五穀不收謂之饑。歲饉，則仕者大夫以下皆損祿五分之一。旱，則損五分之二。凶，則損五分之三。饋，則損五分之四。饑，則盡無祿，廩食而已矣。故凶饑存乎國，人君徹鼎食五分之三，大夫徹縣，士不入學，……

〔註25〕

〔註21〕《後漢書》卷一〈光武帝紀第一上〉，頁38、39。

〔註22〕《冊府元龜》卷一四四〈帝王部・弭災二〉北京，中華書局，1960 年 6 月第一版，1994 年 10 月北京第四次印刷，頁 1752。

〔註23〕楊伯峻編著：《春秋左傳注》〈文公十六年〉，頁 620。

〔註24〕《漢書》卷七〈昭帝紀〉，頁 220。

〔註25〕《墨子》卷一〈七患第五〉，朱越利校點，瀋陽，遼寧教育出版社，1997 年 3 月。頁 6。

因此，後世每遇凶荒，即有節約之議，以為一時之救荒辦法。《漢書》卷八〈宣帝紀〉載：

> 本始四年（前70）春正月，詔曰：蓋聞農者興德之本也，今歲不登，已遣使者振貸困乏。……其令太官損膳省宰，樂府減樂人，使歸就農業。〔註26〕

此外，歷代皇帝大都有減膳、罷樂、禁酤酒等節省費用的行動，以因應災荒。

五、恢復生產

恢復生產和賑濟災荒是緊密相關的，及時恢復生產，才是救濟災荒的根本所在。宋代曾鞏曾經批評過去只注重直接賑濟，導致災民被動地坐等官府救災糧款的做法，提出了寓恢復生產于賑濟之中，他主張將單純發放、分散發放救濟糧款，改為一次集中發放賑濟糧款的辦法，鼓勵災民利用這筆救濟糧款展開恢復生產經營活動，以免坐吃山空。改變災荒中因缺少資金，而使得「農民不復得修其畎畝，商人不復得治其貨賄，工匠不復得治其器用，閒民不復得轉移執事」，〔註27〕百姓不致因專意於等待升合之賑糧，而棄百事於不顧的消極救災局面。

救濟雖然是抵抗災害的消極態度，但不管人類的科技如何進步，若無法完全避免自然災害，救災的工作仍然必須持續進行，只有設法解除災害，才是救災的最好辦法。

第三節　研究動機與方法

黃河水患，有史以來即帶給歷代統治者與百姓極大的威脅，也帶來社會的不安定；因此，水患與治河工作一直是歷代政府所關心的大事。唐代黃河流域水患頻繁，造成人命傷亡與財物損失無數。水患最直接的傷害就是災區的農作物與災民的民生物資，其引發的問題為百姓生計的困頓。民以食為天，若因水患而造成穀價暴漲，人民乏食，而得不到及時的救助，災民可能因饑饉而導致社會暴動，為了國家能長治久安，唐代統治者重視預防水患、災後的賑恤與重建工作。

水患後，首先待解決的問題是災民的糧食問題，只要百姓能夠維持生計，

〔註26〕《漢書》卷八〈宣帝紀〉，頁245。
〔註27〕《曾鞏集》卷九〈救災議〉，頁150。北京，中華書局，1984年11月第一版。

社會不安的因素自然就會減低。水患既是歷代不可避免，因此，及時救災與災後重建工作就非常重要。唐代的救災工作，大都由中央政府遣使主持，玄宗開元廿八年（740）時認為災害發生時，中央政府的賑恤措施遠水救不了近火，得視災情的需要，委由地方官吏負責及時賑給，以符合救濟時效，然後再上奏朝廷。〔註28〕

在水患預防方面：設置義倉與興建水利。唐太宗時設置義倉及常平倉以備凶年，〔註29〕玄宗時義倉之糧不足賑恤時，則兼以正倉米充之。〔註30〕

此外，唐代平時重視水利之建設，水利建設非常興盛，至於唐代修築河防，整治河流等水利建設，皆由刺史或縣令等地方官吏負責。而黃河的水患是無可避免的，如何使水患的損害降至最輕，則有賴政府平時的防範措施，與災後的賑濟及善後工作。在面對無可避免的水患，尤其是唐玄宗時，是唐代黃河水患最為頻繁時期，約每 1.4 年中，黃河流域就有一次水患發生。〔註31〕當時水患所造成的災情，輕則財物損毀；重則生產停頓、物資缺乏、穀價暴貴、民饑、人命傷亡，甚至危及國家經濟與國防安全等。然而唐玄宗時代儘管水患頻繁，水患的災情嚴重，但水患災情始終未造成玄宗時代的社會動亂，且不影響其為政治安定，經濟繁榮的唐代盛世。最重要因素為玄宗時期的防災政策，設置倉儲積穀防災、及時救濟與災後重建工作的處理措施。

本文研究的範圍以唐玄宗時期黃河流域中、下游的關內道、河東道、河南道與河北道區域的水患為主。有關唐代黃河水患，雖有學者研究，但以通史研究為主，專著如胡明思、駱承政：《中國歷史大洪水》（北京中國書店，1992 年）；張含英：《歷代治河方略探討》（北京水利出版社，1982 年）；王頲：《黃河故道考辨》（上海華東理工大學出版社，1995 年）；武漢水利電力學院編寫《中國水利史稿》（1987）；張波、馮風、張倫、李宏斌：《中國農業自然災害史料集》（西安陝西科學技術出版社，1994 年）；湯奇成、熊怡等：《中國河流水文》（北京科學出版社，1998 年）；鄭肇經：《中國水利史》（臺灣商務

〔註28〕《唐會要》卷八八〈倉及常平倉〉，載：「（開元）二十八年正月，勅，諸州水旱，皆待奏報，然後賑給。道路悠遠，往復淹遲，宜令給訖奏聞。」頁 1613。另外《資治通鑑》卷二一四〈唐紀三十〉載：開元廿九年，春正月丁酉制：「承前諸州饑饉，皆待奏報，然始開倉賑給。道路悠遠，何救懸絕！自今委州縣長官與采訪使量事給訖奏聞。」，頁 6843。
〔註29〕《舊唐書》卷二〈太宗紀〉，頁 34。
〔註30〕《冊府元龜》卷一○五〈帝王部·惠民一〉，頁 1258。
〔註31〕請參見第二章唐玄宗時期黃河水患。

印書館，民國 75 年）；鄭拓：《中國救荒史》（北京出版社，1998 年）鄧雲特：
《中國救荒史》（臺灣商務印書館，民國 76 年）；冀朝鼎《中國歷史上的基本
經濟與水利事業的發展》（北京中國社會科學出版社，1998 年）；袁林《西北
災荒史》（甘肅人民出版社，1994 年）。

有關唐代水患論文不多，如劉俊文〈唐代水害史論〉，（《北京大學學報》
（哲學社會科學版），1988 年第二期）；陳可畏〈唐代河患頻繁之研究〉，（《史
念海先生八十壽辰學術文集》，陝西師範大學出版社，1996 年 2 月）；陳國生
〈唐代自然災害初步研究〉，（《湖北大學學報》（哲學社會科學版），1995 年第
一期）。此外，與水患有關的氣候變遷的論文如：竺可楨〈中國之雨量及風暴
說〉，（《竺可楨文集》，北京科學出版社，1979 年 3 月）；竺可楨〈中國近五千
年來氣候變遷的初步研究〉，（《考古學報》，1972 年第一期）；竺可楨〈中國歷
史上氣候之變遷〉，（《竺可楨文集》，北京科學出版社，1979 年）；韓曼華〈黃
河流域洪水特性〉（《中國歷史大洪水》，北京中國書店，1992 年）；王松梅等
〈近五千年來我國中原地區氣候在降水方面的變遷〉，（《中國科學》（B 輯），
1987 年）；史念海，〈隋唐時期自然環境的變遷及與人為作用的關係〉，（《歷史
研究》，1990 年第一期）；滿志敏〈唐代氣候冷暖分期及各期氣候冷暖特徵的
研究〉，（《歷史地理》，1996 年 6 月）。救災論文如：李成斌〈唐初的"與民休
息"急議〉（《中國農史》1988 年第一期）；〈唐代復除制考略〉（《山東師大學》
（報社科版濟南）（雙月刊）1995 年第六期）；張學鋒〈唐代水旱賑恤、蠲免
的實效與實質〉，（《中國農史》，1993 年第十二卷第一期）；陳明光〈略論唐朝
的賦稅"損免"〉，（《中國農史》，1995 年第十四卷第一期）；潘孝偉〈唐代減災
行政管理體制初探〉，（《安慶師院社會科學學報》，1996 年第三期）；潘孝偉〈唐
代減災思想和對策〉，（《中國農史》，1995 年第十四卷第一期）；潘孝偉〈唐代
義倉研究〉，（《中國農史》，1984 年，第四期）；潘孝偉〈唐代義倉制度補議〉，
（《中國農史》，1998 年，第十七卷第三期）；潘孝偉〈論唐朝宣撫使〉，（《中
國史研究》，1999 年第二期）。

由於有關唐玄宗時期黃河中下游水患與賑災的探討，尚無學者做全面性
的觀察，因此本文所要探討的，為唐玄宗時期黃河中下游水患，其中包括玄
宗時期的水患災情、水利建設，及賑災的各項措施。主要內容包括：第一章
緒論，首先對水患與災救濟措施的論述，其次本文研究的範圍與史料的依據
及資料運用情形；第二章論述黃河水患發生的因素、玄宗時期水患災情；第

三章論述玄宗時期治河與水利建設、農業灌溉、及漕運與水患關係；第四章論述救災政策與水患對經濟、政治的影響；第五章結論。

　　本文所依據的史料主要以兩《唐書》、《冊府元龜》、《唐會要》、《元和郡縣圖志》、《唐大詔令集》、《唐六典》、《資治通鑑》與唐代文集等為主，及前代史籍紀傳、歷代各類文集中的相關史料，再互相查勘考證。以統計、分析、歸納及綜合的方法，將唐玄宗年間黃河中、下游水患作一分析，以了解玄宗時黃河水患災情與唐政府對黃河水患的防禦、災後賑恤、重建政策，及水患對當時經濟與政治的影響。

第二章　黃河中下游水患

第一節　唐代的水患成因

壹、氣候因素

　　氣候與地形是影響降雨的重要因素，降雨季節之分配決定了一個地區季節水量獲得的變化。黃河流域屬於典型冷溫帶季風氣候區，乾、濕季分明，降雨量集中在夏季。夏季雨勢大，常有連續暴雨或霪雨，往往造成過多的水量。唐代雖然沒有降雨量的記錄，但從史籍記載：雨、旱災荒，嚴寒、酷暑的現象，雖不精確，卻可推知雨量與溫度有密切之關係。中國早在周朝前，即已長期觀察各種植物生長現象（發芽、抽葉、開花、結果）之變化過程，候鳥的秋去春來，及各種天候狀況之變化等，得知一年中的寒來暑往。《禮記》〈月令〉載有從前物候觀察結果。〔註1〕因此史籍記錄之降霜、下雪之遲早，草木開花結果之時期，則可顯示過去氣候之溫寒，亦可以得知當時旱、潦、溫、寒之概況。據民初著名的科學家竺可楨先生在「中國近五千年來的氣候變遷初步研究」，認爲中國氣候在第七世紀中期變得溫暖，這種天氣一直持續至十一世紀北宋初期。〔註2〕這也是中國五千年來第三個溫暖期，氣溫約高於現今溫度 1～2℃。由於溫暖的氣候帶來豐沛的雨量。據研究，自西元六三〇

〔註1〕　請參閱《禮記》卷十五、十六、十七〈月令〉。
〔註2〕　竺可楨，〈中國近五千年來的氣候變遷初步研究〉，載於《考古學報》1972年第一期，頁22。

年至八三四年（唐太宗貞觀四年至唐文宗大和八年）的二百年間，是近三千多年來歷時最長的多雨期。〔註3〕

一、黃河流域降雨的季節分佈

　　黃河流域由西向東橫跨不同的自然地理區域，其降雨量和河水流量在不同區域的一年四季中均有明顯的差異。唐代無降雨量的記錄，且史籍記載降雨所導致的水患，又失之於簡略，因此我們無從由史籍得知當時實際的降雨情況。不過依據竺可楨先生的研究認為唐代的氣候比現代溫暖濕潤來看，〔註4〕其降雨量應略多於現代。依氣象記錄，現代黃河流域下游的年降雨量為：600～800mm，降雨區域分佈比較平均。中游的年降雨量為 150～600mm 之間，區域之間的年降雨量差異較大，如西安附近的年降雨量可達 700mm 左右，而寧夏北部只有 150mm 左右，其降雨量自東南向西北方向遞減，受東南季風的影響。黃河上游降雨的分布相對則較平均，為 300～500mm，局部地區由於西南季風的影響，年降雨量可達 600～700mm。〔註5〕

　　黃河流域水源絕大部分來自雨水，然其降雨量不僅空間分布不均勻，而且時間上分布亦有差異，存在著明顯的乾、濕季節。黃河流域大部分地區的水氣來自太平洋和印度洋，且整個流域的降雨主要集中在七、八、九月之三個月。在下游三個月的降雨量佔年降雨量的 50%，在中游佔 70%，上游佔60～70%。〔註6〕

　　唐代黃河流域水患共計一五三次，在史籍記錄中，發生在夏、秋季的水患計一三〇次（如表2-8），而冬、春季的水患次數僅有十五次，因此唐代夏、秋季為黃河流域中、下游的豐水期，冬、春季為枯水期。以此推算唐代黃河流域降雨的時空分佈與現代應大致相似。若以唐玄宗時期為例：黃河流域中、下游水患二十七次，集中在七、八、九這三個月的水患有十三次，加夏、秋各一、四次，佔總次數 67%，與現代黃河中、下游的降雨量集中在七、八、九三個月份的比例略同。

〔註3〕 王松梅等，〈近五千年來我國中原地區氣候在降水方面的變邊〉，載於《中國科學》（B輯）1987年。
〔註4〕 竺可楨〈中國近五千年來氣候變邊的初步研究〉，頁42。
〔註5〕 參閱湯奇成、熊怡等著《中國河流水文》，北京，中國科學社出版，1998年1月第一版，頁145。
〔註6〕 同註5。

二、黃河流域水流的季節變化

　　河水流量的季節變化主要取決於補給水源，主導河流流量的季節變化作用主要為雨水與冰雪融水。黃河流域河水流量主要來源以雨水為主，兼有季節積雪融水補給。春季一般由季節積雪融化形成，夏、秋季則是由雨水形成。一般春季河水流量少，四月下旬氣溫升高，冰雪開始融化，河水隨之上漲，但不久又回落。五月季風來臨，降水增加，同時冰雪迅速融化，河水流量變大，此時降水多為陣雨，加之地表調節機能良好，因而河水漲落比較緩慢。六月、七月大雨傾盆而下，地表調節機能變緩，大量的雨水使得溝渠洋溢，沼澤瀰漫，致成水患。以現代黃河六月的最大流量，為年平均流量的三至七倍，最大流量和最大水月份發生在七月或九月，每年連續最大三個月水量多出現在七至九月或六至八月。〔註7〕從唐代黃河流域水患發生的月份比例，即可知唐代黃河最大流量發生在六月至八月。

　　此外，從裴耀卿改善漕運的建議所敘述當時江南諸州運送租賦的漕運情形，亦可由黃河水量了解其降雨季節。《通典》卷一〇〈食貨典〉載：

> 開元十八年，江南……每州所送租及庸調等，本州正月二月上道，至揚州入斗門，即逢水淺，已有阻礙，須停留一月以上。三月四月以後，始渡淮入汴，多屬汴河乾淺，又船運停留。至六月七月後，始至河口，即逢黃河水漲，不得入河。又須停一兩月。待河水小，始得上河。〔註8〕

由上述，唐代漕運在各河道的情形，揚州山陽瀆運河二、三月水淺，四、五月為汴河乾季，六、七月為黃河水漲不適宜船隻航行，必須等待一到二個月後才能航行。得知六、七、八三個月為黃河逕流量最大的月份。由各河流的逕流量大小，推知唐代各河流月份季節降雨量的多寡（河水補給主要來自降雨）。證實六、七、八三個月是黃河降雨最多的季節。也合理解釋了黃河流域水患集中在夏秋季節。

　　黃河流域的降雨與逕流量的季節分配，古今大致雷同。而黃河暴雨的成因，主要是氣候因素的關係。黃河流域位於中國西北乾燥區和東南濕潤區之間，絕大部分屬於半乾旱的大陸氣候。上、中游為高山環繞，飽含水氣的海

〔註7〕 參閱湯奇成、熊怡等著《中國河流水文》，頁146。
〔註8〕 《通典》卷一〇。北京，中華書局，1988年12月第一版，1996年北京第三次印刷，頁221。

洋氣團不易深入流域內部，但在入夏以後，來自西太平洋的暖濕副熱帶氣團進入大陸，一旦與大陸極地乾冷氣團交會，就形成對流旺盛的雲雨帶，帶來大量的水氣，其降雨形式多為暴雨或陰雨綿綿的霖雨。其降雨強弱、時間持續長久，則受到氣團交會所帶來水氣多寡與地形差異的影響，〔註9〕因而形成黃河流域各種降雨天候不同的差異。

黃河中游大面積的暴雨天氣，夏季受到北半球西風帶環流影響，副熱帶高壓穩定，常呈東西向帶狀分布。暴雨帶呈東西向與西南東北向，這種天氣形態的暴雨區落在托克托（河口鎮）至龍門區間及涇、洛、渭水一帶大暴雨區，及三門峽至花園峪區間常出現一般性暴雨。

洛陽周圍群山環繞，北有王屋山，東北有太行山，東南有嵩山，〔註10〕南有伏牛山，西有郁山（崤山），西南有熊耳山，〔註11〕高度在海拔一○○○至二○○○公尺以上。夏季受西太平洋副熱帶高壓氣旋雨與地形雨影響，為黃河中游的暴雨區。暴雨中心主要位於崤山、熊耳山東面和王屋山、嵩山、少室山南面的迎風面的環山地帶。《唐大詔令集》卷七九〈（玄宗）幸東都詔〉（開元九年九月九日）云：

> 頃年關輔之地，轉輸實繁。重以河塞之役，兵戎屢動，千金有費，九
> 載未儲。懷此勞軫，以增憂慮。……卜洛萬方之隩，維嵩五岳之中，
> 風雨之所交，舟車之所會，溝通江漢之漕，控引河淇之運。〔註12〕

洛陽在黃河之南，洛水之北，為黃河中游風雨交會處與夏季暴雨中心，洛水又是瀍、穀、澗、伊水諸水匯流處。（圖2-1）《水經注》載：

> 瀍水，源出河南穀城縣北山。東與千金渠合，過洛陽縣南，又東過偃師縣，又東入于洛水。〔註13〕澗水，出新安縣南白石山。東南入

〔註9〕 鄒豹君《地學通論》第五章〈氣壓和風〉，台北，國立編譯館，民國64年7月臺十二版。頁44～46。

〔註10〕 《元和郡縣圖志》卷五載：「嵩高山，在登封縣北八里。亦名外方山。又云東曰太室，西曰少室，嵩高總名，即中岳也。山高二十里，周迴一百二百五十里。少室山，在登封縣西十里。高十六里，周迴三十里。穎水源出焉。」，頁139。

〔註11〕 穎水有三源，右水出陽乾山之穎谷，中水導源於少室通阜，左水出少室南溪，東合穎水。參見《元和郡縣圖志》卷第五〈河南道一〉，頁139。

〔註12〕 《唐大詔令集》卷七九〈幸東都詔〉，頁453。《冊府元龜》卷一一三〈帝王部·巡幸二〉，頁1354；《全唐文》卷二八〈幸東都詔〉，頁323，略同。

〔註13〕 《水經注疏》，卷十五〈洛水〉江蘇，古籍出版社，1989年6月第一版，頁1353～55。

于洛水。〔註14〕穀水，出宏農黽池縣南墦冢林，穀陽谷。東北逕函谷關城東，右合爽水，又東，澗水注之。東北過穀城縣北，又東過河南縣北，東南入于洛水。〔註15〕伊水，源出南陽魯陽縣西蔓渠山。伊水東北過郭落山，又東北過陸渾縣南，新城縣南，過伊闕中，至洛陽縣南，北入于洛水。〔註16〕洛水，源出京兆上洛縣，讙舉山。東北過盧氏縣南，又東北過蠻城邑之南，又東過陽市邑南，又東北，過于父邑之南，又東北過宜陽縣南，又東北出散關南，又東北過河南縣南，又東過洛陽縣南，伊水從西來注之。又東過偃師縣南，又東北過鞏縣東，又北入于河。〔註17〕

由於洛陽四周環山的地理環境，與夏季季風配合因素影響，加上又是洛水支流的匯流處，因天時地利，及人口眾多的影響，在玄宗時代，洛陽地區成為全國水患最頻繁地區。

地理學家白月恒先生分析黃河水患根源：

……黃河上流束於山、陝，斂其潒瀁，弗獲橫決，然其縱逸之勢，沛不可遏，一但過底柱下孟津而瀉于汜水平原，放乎衛、鄭、宋、魯之郊，漫衍低濕，則向之鬱塞不伸者，至此一瀉千里，若馬走坡，若獸走曠，故水勢較他水急。潒暑時至，大雨霪霖，不崇朝而洪濤巨浪懷山攘陵者何故？蓋陰山北嶺，千峰夾河，夏霖驟至，萬澗齊奔。所以向之河岸豁豁沙渚鱗鱗者，奄息決堤漫野，萬姓其魚，淪胥之禍，有若地覆天翻！向之冬春水淺者，因北方雨少，河淺善泄，而夏霖驟溢者，以山多樹少，數萬里之水量，急走一河，西高東下，朝發夕至，此河患之所以難御也。〔註18〕

〔註14〕《山海經》曰：白石之山，惠水出于其陽，東南注于洛水。澗水出于其陰，北流注于穀水。世謂是山曰廣陽山。參閱《水經注》，卷十五〈澗水〉，頁1355～1358。
〔註15〕《山海經》曰：傅山之西，有林焉，曰墦冢，穀水出焉，東流水注于洛水，其中多珚玉。今穀水出千崤東碼頭山穀陽谷，北流，歷澠池川，本中鄉地也。《水經注疏》，卷十六〈穀水〉，頁1363～1443。
〔註16〕《水經注疏》，卷十五〈伊水〉，頁1333～1352。
〔註17〕《水經注疏》，卷十五〈洛水〉，頁1287～1327。
〔註18〕白月恒《民國地志總論》，卷二〈水道篇〉，引自鄭拓《中國救荒史》第一篇〈歷代災荒的史實分析〉，北京，北京出版社，1998年9月第一版第一次印刷，頁79。

黃河從底柱以東，出了山谷流入平原，河水從受限於山谷鬱塞不伸，到平原河道寬廣，不受規範，一瀉千里。再加上夏季，陰山至北嶺之間，千山夾河，夏霖驟至，萬澗齊奔。所以中、下游河患多，而難以防禦。

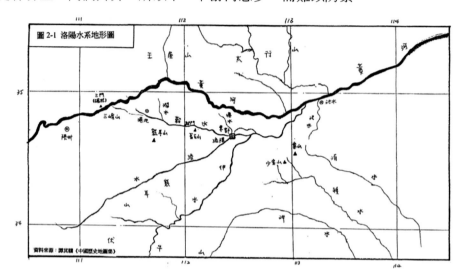

貳、自然地形因素

　　黃河流域發源於今青海省巴顏喀拉山北麓的約古宗列盆地的星宿海，〔註19〕海拔四八三○公尺，流經今青海、四川、甘肅、寧夏、內蒙古、陝西、山西、河南、山東等九省區，在今山東省墾利縣注入渤海，全長五四六四公里。唐代黃河流域範圍在隴右道、關內道、河東道、河北道及河南道，在山東棣州東流入海。（圖 2-2）

　　黃河流域位於北緯三十二度至四十二度，東經九十六度至一一九度之間，西起巴顏喀拉山，東臨渤海，北界陰山，南至秦嶺。流域內地形複雜，地勢自西向東逐漸下降，巴顏喀拉山高度在海拔四○○○公尺以上，秦嶺山脈，高度在二○○○公尺以上，這些山脈是黃河與長江的分水嶺，秦嶺山脈阻擋來自海洋的夏季季風，為我國南北氣候的重要分界線。北部的祁連山、賀蘭山和陰山，阻滯冬季季風的南下和夏季季風的北上，直接影響黃河流域的氣候。〔註20〕

〔註19〕河源區的星宿海，是黃河流經兩山間開闊的谷地，草灘上散布著許多水塘，大的幾百平方公尺，小的幾平方公尺，在陽光下閃閃發光，好像閃爍的群星，因此得名。

〔註20〕參閱韓曼華，〈黃河流域洪水特性〉載於，胡明思、駱承政主編《中國歷史大

　　黃河流域橫跨我國三大地形：青藏高原、黃土高原和華北平原。〔註21〕唐代黃河上游在吐谷渾境內，河水北流經過隴右道南部，進入關內道西部，沿賀蘭山東側北流至西受降城（內蒙古），遇陰山折向東流，至勝州榆林縣（內蒙古托克托縣的河口鎮）為上游。自勝州榆林縣受阻於呂梁山而轉向南，至秦嶺再折向東流經河北道、河南道東流入海。（圖2-2）

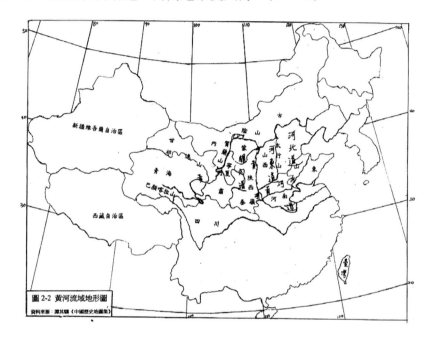

圖2-2 黃河流域地形圖
資料來源：譚其驤《中國歷史地圖集》

　　黃河因河水黃濁而出名，黃河流域的侵蝕、搬運和沉積過程，在地質造山運動時期就在進行，直到現在仍持續著。在此過程中，黃河中游經過黃土高原，因黃土質地疏鬆，抗蝕性弱，滲透性大，有垂直節理，易於崩塌。顆粒細小的黃土就隨著水流而下，部份泥沙隨水流流到下游的出海口，更有部分堆積在河道及下游兩旁的平原。黃河及其許多主要支流均為多沙的河流。《水經注》記載：「河水濁，清澄，一石水，六斗泥。」〔註22〕根據文獻記載，周、秦以前，黃河就已是多泥沙的河流了。〔註23〕

　　　　洪水》，北京，中國書店，1992年3月一版，頁297。
〔註21〕青藏高原有世界屋脊之稱，其東北部一般海拔2000~4500公尺；黃土高原為
　　　　世界上最大黃土分佈區，高度約海拔1000~2000公尺。
〔註22〕酈道元注，楊守敬、熊會貞疏《水經注疏》上冊，江蘇，古籍出版社，1989
　　　　年6月第一版，卷一，頁10。
〔註23〕楊伯峻編著，《春秋左傳注》〈襄公八年〉有：「周詩有之曰：俟河之清，人壽

　　黃河依其河道特性和自然地理條件，可劃分爲上游、中游、下游三個河段。

　　河源至關內道勝州榆林縣（今內蒙古托克托（河口鎮））爲黃河上游，河長三四七二公里，流域面積三十八萬六千平方公里。占全流域面積的 51%。瑪多以上稱河源段，爲高山草原區，地勢平緩，河谷寬闊，分布著眾多的湖泊、草灘、沼澤。瑪多以下至青銅峽，爲峽谷區。黃河穿行於高山峽谷之中，川峽相間，坡陡流急，龍羊峽、劉家峽、黑山峽、青銅峽等二十多個峽谷蘊藏著豐富的水力資源。（如圖 2-3）

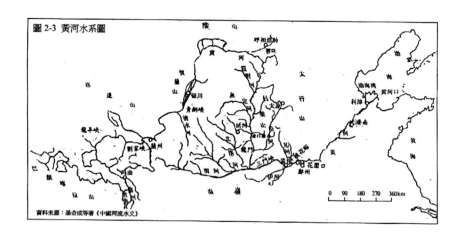

　　黃河出靈州（今青銅峽）後流經懷遠縣（今銀川）和豐州、勝州（今河套平原至托克托），兩岸幾無支流加入，地形平坦，坡度平緩，有大片的帶狀平原，如今之銀川平原和河套平原，引水方便，爲現代青銅峽灌溉區和內蒙灌溉區，也是唐代的軍屯區。〔註 24〕高宗和武后時期婁師德爲豐州都督，河源、積石、懷遠等軍及河、蘭、鄯、廓等州營田大使。〔註 25〕在河套和河、湟之間及附近的營田，即得到顯著的成就。

　　從關內道勝州榆林縣（今托克托河口鎮）至孟州的河陽縣（河南省鄭州

　　幾何？」的記載，説明在周以前黃河已是多泥沙河流。北京：中華書局，1990
　　年 5 月第二版，頁 957。

〔註 24〕爲唐代的安北都護府所在地，唐初特別重視邊境的營田，在軍隊駐守的地區
　　遍布營田，是一種軍屯性質。

〔註 25〕《舊唐書》卷九三〈婁師德傳〉，頁 2976；《新唐書》卷一○八〈婁師德傳〉，
　　頁 4092。

桃花峪（花園口）爲黃河中游，河長一一二二公里。〔註26〕黃河自勝州榆林縣附近（托克托縣的河口鎮）受阻於呂梁山，向南急轉，在穿越著名的山陝峽谷後（山西、陝峽谷至禹門口），入汾、渭谷地，河長七二五公里，坡度落差六百零七公尺，河寬在二百至四百公尺，坡陡流急，水力資源豐富，著名的壺口瀑布，河寬三〇至五〇公尺，水面落差高達十五公尺左右。〔註27〕（圖2-4）

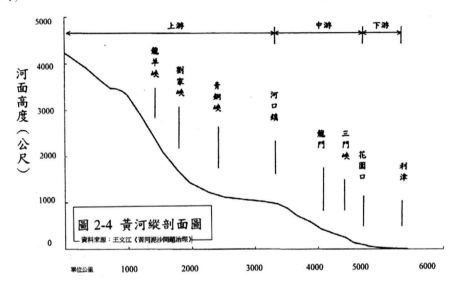

黃河出禹門口，河面豁然開闊，水流變緩。從禹門口至潼關，河道長一二六公里，兩岸河谷寬由三公里至十五公里不等，且兩側支流眾多，有無定河、延河、汾河、北洛水、涇河來會，在陝州潼關附近與渭水滙流，河谷地更爲廣闊，其間黃土土質疏鬆，受水流切割，形成溝壑縱橫的高原地貌，每遇暴雨，水沙俱下，爲黃河洪水泥沙主要來源，因此黃河以多沙而聞名於世。

黃河至潼關以後，又因秦嶺阻擋而轉向東流。三門峽以下又進入峽谷，河道長三七三公里，出河陽以後，兩岸爲黃土丘陵地，到鄭州桃花峪以下即進入大平原。三門峽至花園口區間主要支流有伊水、洛水、瀍水、沁水、穎

〔註26〕韓曼華，〈黃河流域洪水特性〉載於，胡明思、駱承政主編《中國歷史大洪水》，頁143。
〔註27〕壺口兩岸山崖壁立，滾滾黃河從十七公尺高處直落到深狹的石槽中，浪花飛濺，在高處瞭望，恰如壺中的水向外傾倒一樣。禹門口東岸的龍門山和西岸的梁山夾河對峙，相距僅一百多公尺，洪水時猶如從門內湧出，所以稱爲龍門。峽口中有一孤島，中間口門僅寬六十公尺，傳說中的鯉魚躍龍門就是指此處。

水，是黃河另一多暴雨地區，降雨主要集中在七、八月間。水流從山谷間的鬱塞不伸，至此河道變寬，河水得以一瀉千里，有如脫韁之野馬，因此為河患最多的地區。

從孟州的河陽縣到棣州的蒲台東注入渤海為黃河下游，即今日河南省鄭州桃花峪到山東省墾利縣一帶，這一段河長八七○公里。〔註28〕河道在今日橫貫於華北大平原之上，基本特點是，河道寬坦，水流平緩，泥沙淤積嚴重，河床逐漸升高，水流變緩，也是河患最易形成的地區。

參、社會因素

唐代的黃河水患為大雨與河流泛濫所致，而連續大雨、霖雨及河流泛濫雖受氣候變化與地形、地質等自然因素的影響。然而，人口增加、農業開墾、採伐森林及戰爭等人為對水土的破壞力，則加速水土流失，造成河流泛濫。在這方面有二點不容忽視：一是戰亂造成水利廢弛的影響，二是採伐破壞水土保持的影響。

一、戰亂造成水利廢弛的影響

黃河流域源遠流長，由於水渾濁色黃而得名。在我國古籍中黃河被尊稱為「四瀆之宗」，〔註29〕百水之首。「黃河」之名不知始於何時？雖然《漢書》已有「黃河」的記載，〔註30〕但大部分史書仍以「河」作為「黃河」之稱謂。一直到現代「黃河」之名才成為普遍稱謂。

唐代河南、河北地區水患特別多，在有記錄的二百多次水患中，有一百多次發生在河南和河北。〔註31〕除了氣候和地形等自然因素外，最重要的原因是戰亂造成水利廢弛的影響。河南和河北地區，自漢末以來就是戰場，從黃巾之亂、三國分裂至晉末五胡亂華，至北魏統一北方，魏孝文帝遷都洛陽，北方暫時得到安定局面；其後北魏末年暴發六鎮暴動，從六鎮暴動到隋末角逐天下的戰亂，北方長期處於動亂政局。由於北方戰亂頻仍，水利失修，或

〔註28〕韓曼華，〈黃河流域洪水特性〉載於，胡明思、駱承政主編《中國歷史大洪水》，頁143。

〔註29〕古稱江、河、淮、濟為四瀆。《漢書》卷二九〈溝洫志〉：「中國川原以百數，莫著於四瀆，而河為宗。」頁1698。

〔註30〕《漢書》卷十六〈高惠后文功臣表第四〉：「封爵之誓曰：使黃河如帶，泰山若厲，國以永存，爰及苗裔。」頁527。

〔註31〕詳細情形請參見本章第二節。

旋修旋廢，貽害於唐。如建安七年（公元202）曹操到浚儀（今開封市）修睢陽渠，即從浚儀到睢陽（今河南商丘市南）的一段汴渠。黃初四年（公元223）汴口石門被洪水衝壞。二十年後鄧艾始予重修，整修石門至浚儀段，引水濟漕運并分疏洪水。〔註32〕西晉時大水又衝毀了石門，傳只修沇萊堰，恢復控制。北魏遷都洛陽，控制汴水流域後，不太重視汴渠，汴渠常泛濫為災。隋初承南北朝之亂，河流疏於整治，隋文帝時因渭水沙多水淺，不利漕運，而開廣通渠。《隋書》卷二四〈食貨志〉，載：

> 其後以渭水多沙，流有深淺。漕者苦之。（開皇）四年（五八四）詔曰：「……渭川水力，大小無常，流淺沙深，即成阻閡。計其途路，數百而已，動移氣序，不能往復，汎舟之役，人亦勞止。……故東發潼關，西引渭水，因藉人力，開通漕渠，……」於是命宇文愷率水工鑿渠，引渭水，自大興城東至潼關，三百餘里，名曰廣通渠。轉運通利，關內賴之。〔註33〕

其後隋朝全力投入大運河之建設，創造了當時舉世無出其右的運河水利工程。但隋末戰亂，許多水利建設因疏於維修而荒廢。如隋文帝時的廣通渠，其漕運之利並不長久，至唐初已不便航運，故永豐倉的米須用牛車運往長安。〔註34〕

一、採伐破壞水土保持的影響

（一）宮殿的興建與農業的開發

黃河流域是我國重要的農牧業區域，唐代黃河上游到處有牧草繁茂的天然牧場，是吐谷渾、吐蕃、回紇等邊區遊牧民族的區域，唐代曾在邊境屯田。黃河中、下游盛產粟米、小麥和大豆等農作物，是唐代主要糧食產區之一。黃河流域曾經有過不少森林，到了唐代，由於營建宮室，毀林燒荒，濫墾濫牧及生活上燃料的需求等原因，大面積森林、植被被砍伐，造成水土流失，一遇暴雨就水患成災。

〔註32〕《三國志》卷二八〈鄧艾傳〉，頁775～776。

〔註33〕《隋書》卷二四〈食貨志〉，頁683、684。《隋書》卷四六〈蘇孝慈傳〉、《通典》卷一〇略同。

〔註34〕《舊唐書》卷一七二〈李石傳〉載：「咸陽令韓遼請開興成渠。舊漕在咸陽縣西十八里，東達永豐倉，自秦、漢以來疏鑿，其後埋廢。昨遣計度，用功不多。此漕若成，自咸陽抵潼關，三百里內無車輓之勤，則輓下牛盡得歸耕，永利秦中矣。」，頁4485。《新唐書》卷一三一本傳略同，頁4545。

　　唐代洛陽地區水患頻繁，多爲洛水、穀水、伊水、汝水、汜水等河流泛濫造成。洛陽共發生水患二十二次，其中洛水就有十七次泛濫。〔註35〕遠超過全國其他河流，泛濫之次數。在相同的氣候條件與相近的地理條件下，洛陽河流泛濫何以特別頻繁？或許是受到過度採伐造成水土破壞的影響。自東漢至六朝以來，都以洛陽爲國都，國都爲政治經濟，人口眾多，再加上朝代更替時，屢遭兵燹，《三國志》卷六〈董卓傳〉載：「獻帝初平元年（190）二月，董卓焚燒洛陽宮室，徙天子都長安。」〔註36〕其後曹魏、西晉仍都洛陽。晉後十六國時，石季龍曾修建洛陽宮。《晉書》卷一百六〈石季龍傳〉載：「季龍……盛興宮室，於鄴起臺觀四十餘所。又發諸州二十六萬，修洛陽宮。」〔註37〕北魏於魏孝文帝時遷都洛陽，其後又大加修整。洛陽在當時非常繁榮，爲歷代所不及。

　　隋煬帝時以洛陽爲東京，大加整建，《隋書》載：隋煬帝大業元年（605）三月，於洛陽城西十八里建東京城，每月役丁二百萬人，歷時十月始完成。周圍五十五里，備極宏麗；又掘西苑，周長二百里，內爲海，周長十餘里；同時徙豫州居民及各州富賈數萬戶於東京以實之。《隋書》卷三〈煬帝本紀〉載：

> 大業元年（607）三月丁未，詔尚書令楊素、納言楊達、宇文愷營建東京。徙豫州郭下居人以實之。……採海內奇禽異獸草木之類，以實園苑。徙天下富商大賈數萬家於東京。」〔註38〕

特別是隋煬帝時期和唐代前期以洛陽爲東都，更是大興土木。唐於武德四年（621）平王世充，焚隋之乾元殿。〔註39〕唐高宗與武后續修宮室。高宗麟德元年（664），命司農少卿田仁汪因舊址修乾元殿。高一百二十尺，東西三百四十五尺，南北一百七十六尺。至麟德二年（665）乾元殿造成。垂拱四年（686）二月，拆乾元殿，於其地造明堂。〔註40〕並於天授二年（691）七月二十日，徙關中雍、同、泰等七州數十萬以實雒陽。〔註41〕

〔註35〕唐代洛陽地區水患出處，請參見本章第三節（表2-14）。
〔註36〕《三國志》卷六〈董卓傳〉，台北，鼎文出版社，八十六年5月九版，頁176。
〔註37〕《晉書》卷一〇六〈石季龍傳〉，頁2777。
〔註38〕《隋書》卷三〈煬帝紀〉，頁63。《資治通鑑》卷一八〇〈隋紀四〉，頁5617。
〔註39〕《唐會要》卷三〇〈洛陽宮〉，頁551。
〔註40〕《唐會要》卷三〇〈洛陽宮〉，頁552。
〔註41〕《冊府元龜》卷四八六〈邦計部・遷移〉，頁5820。

　　證聖元年（695）東都發生火災，燒毀明堂和天堂。〔註42〕武后下令重建明堂、天堂，日役萬人，采木江嶺，數年之間，所費以萬億計。〔註43〕

　　歷代都城，常因政權交替的戰火而毀壞。新帝國建立時又大規模的興建宮殿，而這些規模浩大工程，需要無數的土、石、木材，其中大部分在洛陽周圍就地取材，其結果便造成採伐過度。隋煬帝修顯仁宮時，大木材採自豫章；武后修天堂時，用木採於江嶺。為何要大費周章，捨近求遠？主要因素是洛陽建材已不敷所需。由於過度採伐，導致植被破壞，生態失去平衡，導致水土易於流失，因此遇雨成災，以致洛陽水患成為唐代之冠。

（二）能源的消耗

　　在煤炭未成為日常生活燃料前，木柴是古代人們日常生活不可缺的生活能源。正如南宋吳自牧在《夢梁錄》云：「人家每日不可缺者，柴米油鹽醬醋茶。」可見木柴的重要性。因此，唐代設有專門機構司農寺的鉤盾署來負責京師薪炭供銷。其主要職責為「掌供邦國薪芻之事」，為宮廷、百官、藩客和祭祀、朝會、賓客、宴享等重要活動提供薪炭。其薪炭主要來源有二：一是收納官府雇人採伐的材木，二是從市場上購買。〔註44〕鉤盾署在農閒時收購薪柴，在冬春季節供給薪柴。〔註45〕而一般市民所需薪炭則多購自市場。

　　然而過量的薪炭樵採會破壞森林涵養水源、調節氣候和水土保持的功能，以長安為例，唐人日常生活所需薪炭量如下：

1. 百官每年所需

　　唐代京官每年依品階供給薪炭，《唐六典》卷十九〈鉤盾署〉載，「凡京官應給炭，五品已上日二斤。」〔註46〕《唐六典》卷四〈尚書禮部・膳部郎中〉載，五品已上京官，春季每日給炭三斤、木橦二分，冬季每日給炭五斤、木橦三分五釐。六品至九品以上京官，春季每日給木橦二分，冬季給木橦三分。」〔註47〕若一季以九十天計，則五品以上京官，每年給炭七百二十斤，木橦四百

〔註42〕　《元河南志》卷四〈唐城闕古蹟〉，引自《兩京城坊考》卷五〈東京〉，頁650。
〔註43〕　《資治通鑑》卷二〇五〈唐紀二一〉，頁6498。
〔註44〕　《唐六典》卷十九〈司農寺・鉤盾署〉，北京中華書局，1992年，1月一版，頁527。
〔註45〕　《唐六典》卷七〈尚書工部・虞部郎中〉，頁224。《舊唐書》卷四十三〈職官二〉，台北市鼎文書局，民國83年10月八版，頁1841。
〔註46〕　《唐六典》卷十九〈司農寺・鉤盾署〉，頁527。
〔註47〕　《唐六典》卷四〈尚書禮部・膳部郎中〉，頁128～129。

九十五分。(如表 2-1) 此外,親王已下每日木橦十根,炭十斤。〔註48〕唐代〈鉤盾署〉每年從市場購買木橦一十六萬根,又於京兆府、岐州、隴州雇壯丁七千人,每年各輸作木橦八十根,共計五十六萬根。〔註49〕每年共得木橦七十二萬根,以供百官使用,若不夠用,則「以苑內蒿根柴兼之」。〔註50〕

表 2-1　唐代京官薪炭配給量〔註51〕

品　階	木　橦（分）					木　炭（斤）				
	春　季		冬　季		年總量	春　季		冬　季		年總量
	每日	天數	每日	天數		每日	天數	每日	天數	
一至五	2×90		3.5×90		495	3×90		5×90		720
六至九	2×90		3×90		450	/		/		/
說明:「木橦」是指粗大的薪材,宋司馬光〈類編〉卷十六〈木橦〉載:「木一截也。唐式:柴方三尺五寸曰一橦。」西安出土的唐代鎏金鏤花銅尺長為 0.304m,因此一橦約合 0.1m³。〔註52〕										

2. 宮中每年所需

唐代宮中人數常常超過萬人,《唐會要》卷三〈出宮人〉載:武德九年(626)八月十八日,詔曰:「王者內職,取象天官。……朕顧省宮掖,其數實多,憫茲深閉,久離親族,一時減省,各從娶聘,自是中宮前後所出,計三千餘人。貞觀二年(628)春三月,中書舍人李百藥上封事:大安宮及掖庭內,無用宮人,動有數萬。〔註53〕中宗神龍年間,僅宦官就有三千人。」〔註54〕據估計唐代宮中以萬人計,每年所需薪柴約六千二百餘萬斤。〔註55〕

〔註48〕《唐六典》卷四〈尚書禮部‧膳部郎中〉,頁 128。
〔註49〕《唐六典》卷十九〈司農寺‧鉤盾署〉,頁 527。
〔註50〕《唐六典》卷十九〈司農寺‧鉤盾署〉,頁 527。
〔註51〕資料來源:《唐六典》卷四〈尚書禮部‧膳部郎中〉,頁 128～129。
〔註52〕龔勝生,〈唐長安城薪炭供銷的初步研究〉,載於《中國歷史地理論叢》,1991年第三期。
〔註53〕《唐會要》卷三〈出宮人〉,頁 35、36。
〔註54〕《唐會要》卷六五〈內侍省〉,頁 1131。
〔註55〕龔勝生,〈唐長安城薪炭供銷的初步研究〉,載於《中國歷史地理論叢》,1991年第三期。轉載,王慶雲,《石渠餘記》卷一〈紀節儉〉載:「明末宮中每年需薪柴二千六百餘萬斤,木炭一千二百餘萬斤,當時宮中只有宮人九千人。若以一斤木炭折三斤薪柴,則明代宮中薪柴年需六千二百餘萬斤。依此計,則唐代宮中年需薪柴亦約與明代同。

3. 京兆府居民所需

　　貞觀十三年（639）的京兆府人口為九十二萬三千三百二十人。〔註56〕若一人年需薪柴以五百斤計，以「唐代衡」一斤為今之六八〇公克計，〔註57〕則唐代一人一年所需薪柴為今之三百四十公斤，則京兆府居民年需薪柴四億五千萬餘斤為今之四億六百餘萬公斤。

　　綜上所述，則京兆府一年所需的薪材超過六億斤（約今之四億六百萬公斤），其對京兆府附近的森林採伐之大，可想而知；再加上宮殿的修造，以致到了玄宗時代長安的薪柴已不敷使用，必須向外漕運木材入城。〔註58〕由此可知京兆府附近植被破壞之嚴重。植物樹冠有截留雨水功能，使雨水不致直接打在泥土上，造成水土流失；而樹根有涵養水源的功能，雨季時吸收水份，乾季時釋放水份，以調節河水的流量。由於森林的採伐過度，加上人口的增加（如表2-2），〔註59〕農地開墾面積相對增多，也破壞了原始的植被，使得黃河中游的天然林降低了水土保護功能，以致夏秋雨季來臨，往往形成嚴重的水患。

表2-2　唐代州縣、戶口數表

年　號	戶　數	口　數	出　處
武德	2,000,000		通典卷七
神龍元年（705）	6,156,141	37,140,000	唐會要卷八四、資治通鑑卷二〇八
開元十四年（726）	7,069,565	41,419,712	舊唐書卷八
開元二十年（732）	7,861,236	45,431,265	通典卷七
開元二十年（732）	7,861,236	45,431,265	舊唐書卷八
開元廿二年（734）	8,018,710	46,285161	唐六典卷三
開元廿八年（740）	8,412,871	48,443,609	舊唐書卷三八

〔註56〕梁方仲，《中國歷代戶口、田地、田賦統計》，上海，上海人民出版社，1980年，頁78。

〔註57〕據胡戟〈唐代度量衡與畝里制度〉研究結果：「唐代一斤，為今之六八〇公克。」載於《中國古代度量衡論文集》，鄭州市，中州古籍出版社，1990年2月第一版。頁312～316。

〔註58〕《新唐書》卷三七〈地理志〉，載：「天寶二年（743），京兆尹韓朝宗引渭水入金光門，置潭於西市以貯木材。」（舊唐書卷九玄宗紀載為天寶元年）、「大曆元年（766），尹黎幹自南山開漕渠抵景風、延喜門，入苑以漕炭薪。」頁962。

〔註59〕唐初至玄宗天寶年間人口約增加二倍多。

天寶元年（742）	8,348,395	45,311,272	通典卷七
天寶元年（742）	8,525,763	48,909,800	舊唐書卷九
天寶十三年（754）	9,069,154	52,880,488	唐會要卷八四、資治通鑑卷二一七
天寶十三年（754）	9,619,254	52,880,488	舊唐書卷九
天寶十四年（755）	8,914,709	52,919,309	通典卷七
乾元三年（760）	1,933,174	16,990386	通典卷七
廣德二年（764）	2,933,125	16,920,386	舊唐書卷一一、唐會要八四
大曆中	1,200,000		通典卷七
建中元年（780）	3,085,076		資治通鑑卷二二六舊唐書卷一二
元和二年（807）	2,440,254		舊唐書卷一四
元和十五年（820）	2,375,400	15,760,000	舊唐書卷一六
長慶元年（821）	2,375,805	15,762,432	舊唐書卷一六
長慶元年	3,944,959		唐會要卷八四
寶曆	3,978,982		唐會要卷八四
大和	4,357,575		唐會要卷八四
太和四年（830）	4,996,752		舊唐書卷一七
開成四年（839）	4,996,752		唐會要卷八四
會昌五年（845）	4,955,151		唐會要卷八四、資治通鑑卷二四八

第二節　唐代玄宗前黃河中下游水患

　　根據兩《唐書》、《唐會要》、《冊府元龜》等史籍的記載，唐代二八九年中，約有一二五年發生過大小程度不同的水患，亦即約 2.3 年中，就有一年有水患發生。這個比例遠高於其他各種天災（如表 2-3）。在唐代的史料中，水患記錄開始於太宗貞觀三年（629），〔註60〕終於光化三年（906），共計二一〇次。（如表 2-4）。其中發生在黃河流域的水患，計有一五三次（如表 2-5）。

　　唐代水患記錄中，有具體月份的計有一五四次，有季節而無月份的計四七次，而無月份及季節的計九次，共計二一〇次。從（表 2-6）可歸納出唐代水患在各月份、季節的出現率，主要集中在夏、秋季（如表 2-7）。夏、秋二

〔註60〕一般言唐代水患始於武德六年（623），秋，關中久雨。（《新唐書》卷三四，〈五行一〉頁 876），因未記載久雨所造成的災情，所以不列入本文水患範圍。

季的水患佔全部水患的 85%。主要因素與中國大陸性季風氣候的雨季集中在夏、秋季節有密切關係。

表 2-3　唐代災害統計表

災別＼頻數＼月別	正月	二月	三月	四月	五月	六月	七月	八月	九月	十月	十一月	十二月	春	夏	秋	冬	無	合計
水　災	2	2	5	6	12	27	38	27	21	5	4	5	1	15	31		9	210
旱　災		5	11	11	9	9	11	2	1				15	22	11	5	21	133
地　震	9	4	4	7	5	4	6	4	1	6	7	3	1		1		1	63
霜　害		1	1				2	6					2		1		4	17
霖　雨				1	2	1	2	1	1									8
風　災			3	3	3	7	2						1	1			4	24
蝗　災			3		4	4	5	2						10	7		3	38
雨　雹	1	2	1	7	5	5	2	1	1	1		2		3	3		4	38
山　摧							2										2	4
饑		1	2	1			2	1		2			10	3	2	3	25	52

註：本表各項災害資料來源取自：《唐會要》、《舊唐書》、《新唐書》、《冊府元龜》、《資治通鑑》
　　等史籍。

表 2-4　唐代水患統計表一

帝號＼頻數＼時間	一月	二月	三月	四月	五月	六月	七月	八月	九月	十月	十一月	十二月	春	夏	秋	無	合計
太　宗	1					1	3	2	2				1	5	1		16
高　宗			3	6	5	4	4	1						4	1		28
武　后		2	1	2	1	3	4		1						1		15
中　宗			2		1	3	1	1		1							9
睿　宗						1											1
玄　宗		2		2	5	5	6	6	1				1	6	2		36
肅　宗															1		1
代　宗	1			1		4		2					1	2			11
德　宗		1	1	1	2	3	2		1		1	1	2	2			17
順　宗													1	1			2

帝號	一月	二月	三月	四月	五月	六月	七月	八月	九月	十月	十一月	十二月	春	夏	秋	無	合計
憲 宗	1				3	4	2	1	1		2	4		1	2		21
穆 宗						1	1	1						1	1		5
敬 宗						1	2		1		1			1	2		8
文 宗		1		1	3	4	3	2	1	1				4	3		23
武 宗						2											2
宣 宗								1						1			2
懿 宗						2	1		1					2	1		7
僖 宗								1							1	1	3
昭 宗			1					1								1	3
合 計	2	2	5	6	12	27	38	27	21	5	4	5	1	15	31	9	210

註：

一、本表水患次數計算方式以月爲單位，同月有許多地方同時有水患，以一次計算。

二、本表資料來源取自：《唐會要》、《舊唐書》、《新唐書》、《冊府元龜》、《資治通鑑》等史籍。請參閱附錄一。

表2-5　唐代黃河流域水患統計表一

帝號＼時間	一月	二月	三月	四月	五月	六月	七月	八月	九月	十月	十一月	十二月	春	夏	秋	無	合計
太 宗	1				1	3	2	2						1	5	1	16
高 宗				2	4	2	3	2	1						4		18
武 后				1	2	1	2	3		1					1		11
中 宗				2		1		2	1			1					7
睿 宗								1									1
玄 宗				2	6	4	3	4	1					1	4	2	27
肅 宗															1		1
代 宗				1		2		3							2		8
德 宗				1	2	4	1								1	1	10
順 宗											1						1
憲 宗	1			1	3	1	1		1	1	4		1				14
穆 宗							2		2						1		5
敬 宗															1	2	3
文 宗				1	1	2	3	2			1			4	1		15

武　宗						1											1
宣　宗					1	1	2								1		5
懿　宗					1		1								1	1	4
僖　宗							1								1	1	3
昭　宗	1			1												1	3
合　計	2	1	0	5	10	22	25	21	15	4	3	5	0	8	24	8	153

註：本表水患次數計算方式以月爲單位，同月有許多地方同時有水患，以一次計算。
　　本表資料來源取自：《唐會要》、《舊唐書》、《新唐書》、《冊府元龜》、《資治通鑑》等史籍。請參閱附錄一。

表 2-6　唐代水患統計表二

合計		一　月		二　月		三　月		四　月		五　月		六　月	
次數	百分比	次數	百分比	次數	百分比	次數	百分比	次數	百分比	次數	百分比	次數	百分比
210	100%	2	1%	2	1%	5	2%	6	3%	12	6%	27	13%

七　月		八　月		九　月		十　月		十一月		12月	
次數	百分比	次數	百分比	次數	百分比	次數	百分比	次數	百分比	次數	百分比
38	18%	27	12%	21	10%	5	2%	4	2%	5	2%
春		夏		秋		無					
1	0.5%	15	7%	31	15%	9	4%				

註：本表水患次數計算方式以月爲單位，同月有許多地方同時有水患，以一次計算。
　　本表資料依據表 2-4 統計結果。

表 2-7　唐代水患統計表三

合　計		春		夏		秋		冬		無	
次數	百分比	次數	百分比	次數	百分比	次數	百分比	次數	百分比	次數	百分比
210	100%	10	5%	60	29%	117	56%	14	7%	9	4%

註：本表水患次數計算方式以月爲單位，同月有許多地方同時有水患，以一次計算。
　　本表資料依據表 2-4 統計結果。

壹、唐初黃河中下游及支流水患情況

在唐代二一〇次水患中，黃河中下游的水患佔一五三次（如表 2-5），佔唐代水患的 73%。黃河夏季水患記錄有四五次，佔 29%；秋季水患計八五次，佔 56%。夏、秋二季的水患佔黃河流域水患的 85%，其中又以六、七、八月份為最多，水患集中在夏、秋二季，與黃河流域的降雨集中夏、秋季節有密切關係。

表2-8　唐代黃河流域水患統計表二

合　計		春		夏		秋		冬		無	
次數	百分比	次數	百分比	次數	百分比	次數	百分比	次數	百分比	次數	百分比
153	100%	3	2%	45	29%	85	56%	12	8%	8	5%

註：本表水患次數計算方式以月為單位，同月有許多地方同時有水患，以一次計算。
　　本表資料：依據表 2-5 統計結果。

唐代的水患不但次數多，而且範圍大。唐太宗至睿宗的八十六年（627～712）中，有四十二年水患發生的記錄，而黃河水患的記錄就有三十六年。在整個唐代的黃河水患史中，水患發生的時間主要集中在六、七、八月，這是因為黃河流域春季雨水稀少，出現降雨型水患的可能性很少，降雨多出現在夏季和初秋，特別是六、七、八月份。黃河流域降雨特性：集中在夏秋季，且大範圍連續霖雨或暴雨，當雨水傾盆而下時，降低地表調節機能，溝洫、河流水迅速增加，有時水流宣洩不及，河水四溢，輕則導致作物損傷、生產暫時停頓。重則淹沒村莊、交通阻礙、房屋損毀、人命傷亡。

貳、本期黃河中下游水患的類型

一、貞觀時期水患類型有二

（一）降雨型水患有十一次，全部集中在下游的河南、河北，且均無災情記錄。只有貞觀十九年（645）秋，沁、易二州水，災情為害稼。（二）河水泛溢水患有三次，一次為貞觀七年六月的滹沱河，另二次為十一年七月穀水、洛水、九月黃河。

（一）降雨直接導致水患

發生在貞觀：三年、四年、六年、七年、八年、十年、十六年、十八年、

十九年、廿一年及廿二年。水患季節大部分在六、七、八、九月，只有貞觀六年的水患發生在正月。其中水患範圍超過十州的有三次：七年的四十州、十年的廿八州、十八年的十州；以上水患均無災情記錄。

（二）降雨導致河水泛溢

貞觀七年（633）六月的滹沱河決於洋州，壞人廬舍。[註61] 十一年（637）七月，穀水、洛水溢入洛陽宮，壞左掖門，毀官室十九所，漂六百餘家，溺死者六千餘人；九月河溢陝州，毀河陽中潬及太原倉。十一年穀水、洛水及黃河的泛溢爲貞觀時期最嚴重水患，太宗親自到洛陽與河陽白馬坡巡視災情。並遣使賑恤。

二、高宗時期的水患類型有三

（一）山洪暴發型

有五次：一次在閏五月、二次在六月、二次在八月。其中以永徽五年（654）閏五月，廿三日山洪暴發最嚴重，《資治通鑑》卷一九九〈唐紀十五〉載：

> 永徽五年（654）閏五月，丁酉（23 日）夜，大雨，山水漲溢，衝玄武門；宿衛士皆散走。右領軍郎將薛仁貴，登門桄大呼以警宮內。上（高宗）遽出乘高，俄而水入寢殿，水溺衛士及麟遊居人，死者三千餘人。[註62]

山洪暴發的水患，多爲突發猝至，雖然水患範圍可能不廣，但卻具有嚴重的殺傷力與破壞力，最常見災情爲毀壞廬舍，及溺殺人命，嚴重時甚至危及國家元首的安全。高宗時山洪暴發，以發生在永徽五年（654），長安及麟遊縣的這次最嚴重。山水漲溢，衝入玄武門，頃刻間水就流入內宮，還好薛仁貴及時報警，高宗才有時間走避，這場水一夜間，淹沒玄武門，差一點傷及元首，漂溺了宮中衛士及麟遊縣居民三千多人，其災情之嚴重，令人怵目驚心。而農作物的毀損不知有多少，但水患時間應不會太久，否則傷亡可能更嚴重。

（二）降雨型

水患發生在永徽：元年（650）、二年、四年、六年；麟德二年（665），總章二年（669），儀鳳元年（676），永隆元年（680），開耀元年（681），永

[註61]《冊府元龜》卷一○五〈帝王部・惠民〉，頁 1256。
[註62]《資治通鑑》卷一九九〈唐紀十五〉，頁 6285。

淳元年（682）等十年，其中最嚴重為：

> 總章二年（669），冀州自六月十三日夜降雨，至廿日，水深五尺，
> 其夜暴水深一丈已上，壞屋一萬四千三百九十區，害田四千四百九
> 十六頃。〔註63〕

> 永淳元年（682）八月，河南、河北大水。許遭水處百姓往江淮以南
> 就食，仍遣使分道給之。〔註64〕

總章二年（669）六月十三日，河北冀州連續下了八天大雨，海河流域暴漲，
水災來得很快，廿日的白天水深五尺，到了晚上水已漲到一丈以上，被水患
沖壞的民宅有一萬四千多區；被水淹沒的農田四千四百多頃，以唐代一般農
田每畝收獲量為一石計，〔註65〕則這次水患損失農作物達四百四十萬九千餘
石。而其他未記錄的災情不計，這次水患的災情，無論是政府或百姓的損失
都很嚴重。開耀元年（681）八月，河南、河北的水患，雖沒有記載災情，但
從政府准許災區百姓遷移至江淮以南就食，並遣使分道賑給的情形看，其災
情不可能不嚴重的。

（三）河水泛溢型

有四次，其中以永淳元年（682）五月，東都及長安大雨所造成的水患最
嚴重：

> 永淳元年（682）五月十四日，（東都）連日澍雨；廿三日，洛水溢，
> 壞天津橋，損居人千餘家。〔註66〕

> 西京平地水深四尺已上，麥一束止得一二升，米一斗二百二十文，
> 布一端止得一百文。國中大饑，蒲、同州等沒徙家口并逐糧，飢餒
> 相仍，加以疾疫，自陝至洛，死者不可勝數。西京米斗三百已下。
> 〔註67〕關中先水後旱、蝗，繼以疾疫，米斗四百，兩京間死者相枕
> 於路，人相食。〔註68〕

水患來襲的速度通常都很快，尤其是河水泛溢型的水患，破壞力很強，河水

〔註63〕《舊唐書》卷五〈高宗本紀〉，頁93。《舊唐書》卷三七〈五行志〉，頁1352。

〔註64〕《冊府元龜》卷一四四，頁1749。

〔註65〕唐代農業生產量，平均每畝約為一石餘。請參閱胡戟〈唐代糧食畝產量〉載
於《西北大學學報》（社會科學版）1980年，第三期。

〔註66〕《唐會要》卷四三，頁779。

〔註67〕《舊唐書》卷三七〈五行志〉，頁1352。

〔註68〕《資治通鑑》卷二百三，〈唐紀十九〉，頁6410。

衝破河堤，或是河道來不及宣洩而導致河水脫離河道，其造成的傷害，通常是漂毀屋宇，沖毀橋梁、浸壞農作物，甚至溺死人命，而水患之後饑荒與疾疫可能相繼而來，對社會國家都是嚴重的傷害。永淳元年（682）五月，由於洛陽連續十天大雨，導至洛水泛濫，沖壞天津橋，漂損居民千餘家。長安也因大雨導致水患，水災損毀麥、稻，使得關中大饑，蒲、同州百姓為了糧食只得遷移他鄉就食。關中因水旱災相繼，而造成疾疫流行，長安至洛陽之間米斗四百錢，兩京百姓因饑饉與疾疫而死於道路上的非常多，甚至饑饉到「人相食」的悲劇。

三、武后時期的水患類型
（一）河水泛溢型
洛水泛溢以長壽元年（692）連續在四、五、七月，泛溢漂溺居民廬舍五千餘家，最為嚴重。同年八月十四日，河溢，壞河陽城。

聖曆二年（699），七月，丙辰（四日），神都大雨，洛水溢，壞天津橋。〔註69〕同年秋，河溢懷州，漂千餘家。

（二）山洪暴發
「長安三年（703），六月，關內道寧州雨，山水暴漲，漂流二千餘家，溺死者千餘人。」〔註70〕山洪暴發是所有水患來勢最快的，大部分的人都來不及準備，也是造成人員傷亡最嚴重的水患。

四、中宗時水患
以洛水泛溢最嚴重，神龍元年（705）七月、二年四月，連續泛溢，前者，壞居民二千餘家。後者，壞天津橋，溺死數百人。〔註71〕

參、黃河泛溢
唐代黃河直接泛濫造成水患，大都限於較小區域，並沒有形成很大影響。在唐代的河患有二十一次。（表 2-7）安史亂前有十次，其中太宗時一次、高宗時二次、武后時三次，及玄宗時四次。安史亂前的河患地點為中游的河陽、陝州、懷州及下游的齊州、棣州。

〔註69〕《新唐書》卷四〈武后本紀〉，頁92。《新唐書》卷三六〈五行志〉，頁930。
〔註70〕《舊唐書》卷六、三七，頁131、1353。
〔註71〕《新唐書》卷三六〈五行志〉，頁930。《舊唐書》卷三七，戴：「神龍二年，4月洛水泛溢，壞天津橋，漂流居人廬舍，溺死者數千人。」

一、黃河中游河患五次

河陽（河南孟縣）有三次：太宗貞觀十一年（636）、高宗永淳二年
（683）及武后長壽元年（692）。

陝州（河南陝縣）一次，在太宗貞觀十一年（637）。

懷州（河南沁陽縣）一次，在武后聖曆二年（699）。

二、黃河下游的河患二次

齊州（山東濟南市）一次，在高宗永徽六年（655）；棣州一次：在
武后長壽二年（693）。

河陽城的三次河患比較嚴重，三次均衝壞河陽城。貞觀十一年時，除壞
河陽城，還毀太原倉，唐太宗非常關心，還親自到白馬坡觀察災情，並賜給
遭水之家粟帛。〔註72〕高宗永淳二年，河水高出河陽城內五六尺，百姓房舍
全部被漂沒，天津橋南北道路無不破碎。而黃河下游的河患以棣州、懷州為
較嚴重，前者，壞居民二千餘家；後者漂毀居民千餘家。〔註73〕

表 2-9　唐代黃河泛溢年表

年　　代	季節	地區	水　患　情　況	出　　處	頁碼
貞觀十一年（636）	九月	陝州河陽	丁亥（六日），河溢。壞陝州河北縣，毀河陽中潬。太宗幸白司馬坂以觀之，賜瀕河遭水家粟帛。〔註74〕	新唐書卷二太宗本紀	37
永徽六年（655）	十月	齊州	齊州河溢。	新唐書卷三六五行志	928
永淳二年（683）	三月	洛州河陽	洛州黃河水溺河陽縣城，水面高於城內五六尺。自鹽坎已下至縣十里石灰，並平流，津橋南北道無不碎破。	舊唐書卷三七五行志	1353

〔註72〕《舊唐書》卷三七〈五行志〉，頁 1352。（《唐會要》卷四三，頁 779、《舊唐
書》卷三〈太宗紀〉，頁 48、《新唐書》卷二〈太宗紀〉、三六〈五行志〉頁
37、928、《冊府元龜》卷一〇五〈帝王部惠民一〉，頁 1257，略同）

〔註73〕請參閱 2-7 唐代黃河泛溢年表。

〔註74〕《唐會要》卷四三〈水災上〉，頁 779、《舊唐書》卷三〈太宗紀〉，頁 48。《舊
唐書》卷三七〈五行志〉，頁 1352、《新唐書》卷三六〈五行志〉，頁 928。《冊
府元龜》卷一〇五〈帝王部惠民一〉，頁 1257，略同。

永淳二年（683）	七月	河陽	己巳（乙巳廿日），河溢，壞河陽橋。〔註75〕	新唐書卷三六五行志	929
永淳二年（683）	八月	河陽	己巳（十四），河溢壞河陽城。	新唐書卷三高宗本紀	78
長壽元年（692）	八月	河陽	甲戌（十二），河溢，壞河陽縣。	新唐書卷四武后本紀	93
長壽二年（693）	五月	棣州	棣州河溢，壞居民二千餘家。是歲，河南州十一，水。五月癸丑（廿五），棣州河溢。	新唐書卷三六五行志（《資治通鑑》卷二百五〈唐紀〉廿一頁6492）	929
聖曆二年（699）	秋	懷州	是秋，河溢懷州，漂千餘家。	新唐書卷四	92
				新唐書卷三六	930
開元十年（722）	六月	博、棣二州。	河決博、棣二州。丁巳（十八日），博州河決，命按察使蕭嵩等治之〔註76〕	新唐書卷五玄宗本紀新	129
				唐書卷三六五行志	931
開元十四年（726）	八月	魏州	丙午（一日）河決魏州。	新唐書卷五玄宗本紀（《資治通鑑》卷二一三〈唐紀〉二九，頁6773	132
開元十五年（727）	七月	冀州	戊寅（八日），冀州河溢。	資治通鑑卷二一三唐紀二九	6778
天寶十三載（754）		濟州	濟州為河所陷沒。（在陽穀縣以縣屬鄆州）	元和郡縣圖志卷十鄆州	259
乾元二年（759）		齊州	史思明南侵，守將李銑于長青縣邊家口決黃河，東流至禹城縣，禹城縣遷治所。（南岸人為決口）長青在今縣西	太平寰宇記卷十九齊州	
大曆十二年（777）	秋		秋，京畿及宋、亳、滑三州大雨，害稼，河南尤甚，京師平地深五尺，河溢。	新唐書卷三六五行志	932

〔註75〕《舊唐書》卷五〈高宗紀〉，頁111略同。
〔註76〕《資治通鑑》卷二一二〈唐紀〉二八，頁6750。

元和七年 （812）	正月	振武	癸酉（十三日），振武河溢，毀東受降城。〔註77〕	新唐書卷七憲宗本紀	212
元和八年 （813）	12月	滑州	河溢浸滑州羊馬城之半。 滑州薛平、魏博田弘正徵役萬人，於黎陽界開古黃河道，決舊河水勢，滑人遂無水患。	舊唐書卷十五憲宗本紀	448
大和二年 （828）	六月	棣州	河溢，壞棣州城。	新唐書卷八文宗本紀	231
開成三年 （838）	夏	鄭、滑州	夏，河決，浸鄭、滑外城。	新唐書卷三六五行志	934
乾寧三年 （896）	四月	滑州	河圮于滑州，朱全忠決其堤，因爲二河，散漫千餘里。	新唐書卷三六五行志	935
建中元年 （780）	冬	河北	無雪。黃河、滹沱、易水溢。	新唐書卷七德宗本紀	185
乾符五年 （878）	秋		大霖雨，汾、澮及河溢流，害稼。	新唐書卷三四五行志	877

第三節　玄宗時期黃河中下游水患

　　唐玄宗在位期間的四十三年（713至755）中，唐代約有二十一年有水患發生的記錄，共計三十六次。（如表2-4）平均每二年中，就有一年是水患年；而在四十三年中，黃河流域有十九年的水患記錄，共計二十七次。（如表2-5）

　　唐代水患發生的次數以河南道最高爲一一四次，江南道次之有四十九次，河北道四十一次，居第三位，其後爲關內道三十一次（表2-10）。〔註78〕而各帝在位時期，全國各道水患發生頻數比例如（表2-11）。

　　唐玄宗時代各道的水患，共計四十三次。（如表2-11）其中以黃河流域中、下游的河南道、河北道和中游的關內道的比率最高，分別爲二十五次、八次和三次。黃河流域水患記錄最少的爲河東道，僅有一次。而南方各道水患分別爲江南道的三次、山南道的二次、淮南道的一次。此外隴右道、劍南道和嶺南道等三道，都沒有水患的記錄。〔註79〕

〔註77〕《唐會要》卷四四〈水災下〉，頁784《新唐書》卷三六，頁933《舊唐書》卷三七〈五行志〉，頁1360。《舊唐書》卷十五〈憲宗紀〉，頁441。
〔註78〕本文唐代全國各道以貞觀年間所設的十道爲依據。
〔註79〕隴右道、劍南道和嶺南道等三道，因地處偏遠，距京師遠，交通不便，縱有水患，也可能因交通不便，而缺乏記錄。

表 2-10　唐代各道水患統計表一

合　計		河南道		河北道		關內道		河東道		山南道	
次數	百分比	次數	百分比	次數	百分比	次數	百分比	次數	百分比	次數	百分比
288	100%	114	40%	41	14%	31	11%	4	1%	15	5%
		淮南道		江南道		劍南道		嶺南道		無	
		次數	百分比	次數	百分比	次數	百分比	次數	百分比	次數	百分比
		20	7%	49	17%	6	2%	5	2%	3	1%

註：本表水患次數計算方式以道爲單位，同月有許多道同時有水患，則每道各計一次。
　　本表資料：依據表 2-11 統計結果。

表 2-11　唐代各道水患統計表二

道別 頻數 帝號	河南道	河北道	關內道	河東道	山南道	隴右道	淮南道	江南道	劍南道	嶺南道	無	合計
太宗	13	8	1	1	2		2	2	2	2		33
高宗	13	6	3		1			8	2	1	1	35
武后	9	1	1					4				15
中宗	4	4	1		1		1	2				13
睿宗	1						1					2
玄宗	25	8	3	1	2		1	3				43
肅宗	1											1
代宗	6		1	1			1	4		1	1	15
德宗	10	3	2		1		5	2		1		24
順宗			1					2				3
憲宗	10	4	9		1		2	7				33
穆宗	2	1			1			3				7
敬宗	3		2					2				8
文宗	7	2	6		4		5	7	2			33
武宗		1			1							2
宣宗	1	1					1	1			1	5
懿宗	6						1	1				8
僖宗	1	2	1	1								5

昭 宗	2							1				3
合 計	114	41	31	4	15	0	20	49	6	5	3	288

註：本表水患次數計算方式以道為單位，同月有許多道同時有水患，則每道各計一次。

　　本表資料來源取自：《唐會要》、《舊唐書》、《新唐書》、《冊府元龜》、《資治通鑑》等史籍。請參閱附錄一。

表 2-12　玄宗時各道水患統計表

道名 / 頻數 / 月份	河南道	河北道	關內道	河東道	山南道	隴右道	淮南道	江南道	劍南道	嶺南道	無	合計
三月								1				1
四月												0
五月	1			1	1							3
六月	5	1	1									7
七月	5	1			1							7
八月	3	2					1	1				7
九月	3											3
十月	1	1										2
夏	1											1
秋	4	2	2					1				9
無	2	1										3
合 計	25	8	3	1	2	0	1	3	0	0	0	43

註：本表水患次數計算方式以道為單位，同月有許多道同時有水患，則每道各計一次。

　　本表資料來源取自：《唐會要》、《舊唐書》、《新唐書》、《冊府元龜》、《資治通鑑》等史籍。請參閱附錄一。

　　從表 2-11 唐代水患的統計數字得知，唐玄宗時代的水患頻數居全國之冠，而黃河流域的水患又居玄宗時期的水患之冠。其中又以河南道的二十五次最多，河北道的八次居第二。而這時期的黃河流域水患均集中在雨季的夏秋二季，因此，黃河流域的水患是降雨與河流泛濫所造成。黃河流域的水患，直接由降雨導致的有十四次，降雨導致河流泛溢造成水患有二十五次，降雨導致山洪暴發所造成的水患有三次。本章節將探討降雨形態發生的水患及災情。

壹、降雨導致的水患及災情

唐玄宗時期黃河流域的水患，集中在夏秋二季，均由降雨過多所致，依其發生的形態可分為：河流泛濫、山洪暴發和降雨引發的水患。這三類形的水患，以河流泛濫所形成的災情最嚴重，而山洪暴發的衝擊力強，常在最短時間內造成最多人員的傷亡。

一、河流泛溢

唐玄宗時期，黃河流域由河流泛濫的水患有二十五次。洛水、瀍水居冠，各六次；黃河次之，四次；伊水三次、穀水二次；汝水、澗水、氾水各一次。（如表 2-13）各河流泛濫的範圍都集中在黃河中、下游的河南道（都畿道）和河北道。

表 2-13　唐玄宗時黃河流域諸水泛溢統計表

河　　名	二月	三月	四月	五月	六月	七月	八月	九月	夏	合計
黃　　河					1	2	1			4
瀍　　水					3	1		1	1	6
北洛水						1				1
伊　　水	1			1		1				3
洛　　水					2	3		1		6
穀　　水							1		1	2
澗　　水							1			1
汝　　水				1						1
氾　　水					1					1
合　　計	1	0	0	2	7	8	3	2	2	25

註：本表資料來源取自：《唐會要》、《舊唐書》、《新唐書》、《冊府元龜》、《資治通鑑》等史籍。請參閱表 2-15。

（一）黃河的水患

唐玄宗時，黃河第一次水患發生在黃河流域下游的博州、（山東聊城縣）、棣州（山東惠民縣南）。〔註80〕發生時間，據《新唐書》、《資治通鑑》記載為開元十年（722）六月，而《舊唐書》載：開元十年八月。災情方面，《新唐

〔註80〕《新唐書》卷二八，〈地理志二〉，頁 995。

書》與《資治通鑑》均未記載災情。僅《舊唐書》載：漂損田稼。〔註81〕黃河水患在歷代皆被視爲大事，黃河一年內連續在六月、八月決堤於博州、棣州，是件不尋常的事，史書應不至於缺漏。筆者認爲這次水患發生在六月，因爲根據當時唐玄宗對這次黃河水患的處理情形，則可以確定此次水患發生時間在六月，《冊府元龜》卷四九七〈邦計部·河渠二〉載：

> 開元十年六月，博州黃河隄壞湍泲洋溢不可禁止，詔博州刺史李畬、
> 冀州刺史裴子餘、趙州刺史柳儒，乘傳旁午分理，兼命按察使蕭嵩
> 總其事。〔註82〕

唐玄宗對於在位以來第一次黃河決於博州的事情非常重視，當時（六月）就派遣博、冀、趙三州刺史共同協商治河事件，並命按察使蕭嵩總其事，所以更能確定這次黃河水患發生在六月。

黃河第二次泛溢在開元十四年（726）八月。《新唐書》與《資治通鑑》均記載：「開元十四年，八月一日，黃河決堤於魏州（今河北大名縣）。」〔註83〕與第一次相同，亦未記載災情，「河決」，顧名思義是河水毀壞河堤。河道下游本爲河水匯流處，且黃河之水剛從山勢陡峻的山谷，進入平原，若逢雨季水勢一瀉千里，有如脫韁之馬，湍急不可止，因此河決於魏州，必造成災情，只是史籍未載。

黃河水患第三次發生在開元十五年（727）七月。《資治通鑑》載：「七月，戊寅（八日），冀州河溢。」〔註84〕此次黃河水患，《資治通鑑》以「河溢」記載，「河溢」，顧名思義則是河水過多，河道宣洩不及才會外溢。因此「河溢」的水患，似乎比「河決」所造成的水患更嚴重。然而同樣沒有災情的記載，但黃河連續二年在魏州（冀州即魏州）〔註85〕決溢，對魏州所造成的災

〔註81〕《新唐書》卷三六，〈五行志〉，載：「開元十年六月，博州、棣州河決。」，頁931。《資治通鑑》，卷二一二〈唐紀二八〉，載：「開元十年六月十八日，博州河決。」頁6750。《舊唐書》卷八〈玄宗紀〉，載：「八月，丙申，博、棣等州黃河堤破，漂損田稼。」（註：開元10年8月無丙申日。）頁184。

〔註82〕《資治通鑑》卷二一二亦載：「開元十年，六月丁巳日（十八），博州河決，命按察使蕭嵩等治之。」頁6750。

〔註83〕《新唐書》卷五〈玄宗本紀〉，頁132。及《資治通鑑》，卷二一三〈唐紀二九〉，頁6773。

〔註84〕《資治通鑑》，卷二一三〈唐紀二九〉，頁6778。

〔註85〕《新唐書》卷三九載：「冀州，本武陽郡，龍朔二年（662）更名爲冀州，咸亨三年（672）復曰魏州。」

情應不至太輕微。

第四次黃河水患發生在天寶十三年（754）。據《元和郡縣圖志》載：「濟州（治所在今山東荘平縣），〔註86〕為黃河所陷沒。」黃河淹沒濟州是非常嚴重的水患，卻不見於其他史籍，是何原因？或是記載有誤？令人懷疑。

從唐玄宗時期黃河「河決」、「河溢」的記錄上，除第四次外，都未記載災情，顯然此時期的黃河水患，在當時的水患中，不算太嚴重，否則史家應不至於吝於著墨。

（二）洛水、瀍水、穀水三水之泛溢

洛水、瀍水、穀水三水是唐玄宗時代泛溢災情最嚴重的河流。瀍水、穀水均為洛水支流，三水因地緣關係，經常同時泛溢，使得洛陽諸州的水患雪上加霜更為嚴重，其泛溢的時間如下（詳情請參閱表2-14）：

洛水泛溢：開元四年七月、八年六月、十四年七月，十八年六月、廿九年七月和天寶十三載九月。

瀍水泛溢：開元五年六月、六年六月、八年六月、十四年七月、十八年六月和天寶十三載九月。

穀水泛溢：開元八年六月廿一日、十五年八月八日。

上述諸水泛濫中，洛水、瀍水有四次泛溢時間重疊，即八年六月、十四年七月、十八年六月和天寶十三載九月。瀍水、洛水在這四次的泛溢均互相影響，而造成玄宗時代最嚴重的水患。而其中又以開元八年六月，穀、洛、瀍三水同時泛溢，災情最嚴重。其情形如下：

（1）開元八年（720）六月，穀水、洛水、瀍水同時泛溢，洛陽的災情非常嚴重，《新唐書》卷三六〈五行志〉載：

> 開元八年，六月，庚寅（九日）夜，穀、洛溢，入西上陽宮，宮人死者十七八，畿內諸縣田稼廬舍蕩盡。掌閑衛兵溺死千餘人，京師興道坊一夕陷為池，居民五百餘家皆沒不見。〔註87〕

《資治通鑑》卷二一二載：

〔註86〕《元和郡縣圖志》卷十〈河南道六‧鄆州〉，北京，中華書局，1995年1月北京第二次印刷，頁259。

〔註87〕《新唐書》卷三六〈五行三〉：「京師興道坊一夕陷為池，居民五百餘家皆沒不見。」穀、洛水在洛陽，這裡的京師興道坊應在洛陽。」，頁930。《舊唐書》卷三七、《冊府元龜》卷一四七、《唐會要》卷四十四，略同。

開元八年，六月，瀍、穀水漲溢，漂溺幾二千人。〔註88〕

《唐會要》卷四四載：

開元八年，六月廿一日，東都穀、洛、瀍三水溢，損居人九百六十
一家，溺死者八百一十五人，許、衛等州，田廬蕩盡，掌關兵士，
溺死者一千一百四十八人。〔註89〕

從上述，史籍記載，穀水、洛水溢，瀍、穀水漲溢，到穀、洛、瀍三水溢，
時間同在六月，又據三水的地緣關係，同時間泛溢是極有可能的。從穀水、洛
水溢入東都的西上陽宮，宮人溺死者十之七八，及宮裡掌閑衛兵溺死千餘人，
就知道穀水、洛水泛溢的速度之快，水流之急，大部分的人還在睡夢中，來不
及反應，就已漂溺在水中。從洛陽城內諸縣田稼廬舍蕩盡，就知道這次大水造
成的災情的嚴重性。更不可思議的是城內興道坊一夜間被淹沒，下陷為大水池，
五百家居民被淹沒在水中。在極短暫的時間，穀、洛水淹沒東都及附近諸縣，
所造成的災情是難以估計，再加上瀍水推波助瀾，洛陽的水患是雪上加霜。

（2）開元十四年（722），《新唐書》卷五載：

七月，癸未（八日），瀍水溢。庚寅（十五日）洛水溢。〔註90〕

《舊唐書》卷三七載：

七月癸未（十四），瀍水溢。瀍水暴漲，流入洛漕，漂沒諸州租船數
百艘，溺死者甚眾，漂失楊、壽、光、和、廬、杭、瀛、棣租米十
七萬二千八百九十六石，并錢絹雜物等。〔註91〕

據《舊唐書》載，瀍水溢入洛渠，漂沒當時進入洛水的江南各州租船數百艘，
漂失了楊、壽等州租米十七萬多石，溺死的人非常多。對政府的財政造成很
大的損失，為了搶救漂水的官物，唐政府立即派人開斗門決堰，引瀍水南入
洛水及漕渠，使穀水燥竭，以搜漉官物，找回漂失的物品有十之四五。〔註92〕

（3）開元十八年（730）六月，據《新唐書》卷三六載：

六月壬午（廿九日），東都瀍水溺揚、楚等州租船。洛水壞天津、永

〔註88〕《資治通鑑》卷二一二〈唐紀二八〉，頁6740。
〔註89〕《唐會要》卷四四〈水災下〉，頁783。另外《冊府元龜》卷一四七〈帝王部・恤下二〉，略同，1779。
〔註90〕《新唐書》卷五〈玄宗紀〉，頁132。
〔註91〕《舊唐書》卷三七〈五行志〉，頁1357、1358。《唐會要》卷四四〈水災下〉，略同。
〔註92〕《舊唐書》卷三七〈五行志〉，頁1358。

濟二橋及民居千餘家。〔註93〕

《舊唐書》卷三七載：

> 六月乙丑（十二日），東都瀍水暴漲，漂損揚、楚、淄、德等州租船。
>
> 壬午（廿九日），東都洛水泛漲，壞天津、永濟二橋及漕渠斗門，漂
> 損提象門外助鋪及仗舍，又損居人廬舍千餘家。〔註94〕

瀍水再度泛溢，漂溺了揚、楚等州的租船。而洛水的泛溢衝壞了天津、永濟二橋，漂損居民千餘家。由於瀍、洛水的水患嚴重，造成國家社會的嚴重傷害，唐玄宗在同年的閏六月，派將作大匠范安及等疏通瀍、洛水，《舊唐書》卷三七載：

> 閏六月己丑（六日），令范安及、韓朝宗就瀍、洛水源疏決，置門以
> 節水勢。

但這次治水活動，並未徹底的解決瀍、洛二水的水患問題，因此開元廿四年（736），唐玄宗再度派河南尹李適之整治瀍水、洛水。〔註95〕

（4）唐玄宗時期瀍、洛水最後一次泛溢在天寶十三載（754）九月。水患情形，據《新唐書》卷三七載：「九月，東都瀍、洛溢，壞十九坊。」災情不像前三次那麼嚴重，所不同的是這次水患發生在九月，原因或許是天候異常，降雨時間延遲的關係，當時京師大霖雨，從八月到十月，六十餘日。〔註96〕

（5）洛水的另外兩次水患，發生在開元四年（716）七月，與開元廿九年（741）七月，《新唐書》卷三六載：

> 開元四年，七月丁酉（廿三日），洛水溢，沈舟數百艘。〔註97〕
>
> 開元廿九年（741）七月，伊、洛及支川皆溢，害稼，毀東都天津橋
> 及東西漕、上陽宮仗舍，溺死千餘人。

前者，造成數百艘船隻沉沒在洛水。後者（開元廿九年）為伊、洛水及支川同時泛溢，災情又相當嚴重：害稼，毀東都天津橋及東西漕、上陽宮仗舍，溺死千餘人。

此外，開元十五年（727）七月泛溢的洛水為關內道的北洛水，《新唐書》卷三六〈五行志〉載：

〔註93〕《新唐書》卷三六〈五行三〉，頁931。
〔註94〕《舊唐書》卷三七〈五行志〉，頁1358。
〔註95〕請參閱第四章第一節。
〔註96〕《冊府元龜》卷一〇五，頁1261。
〔註97〕《新唐書》，卷三六〈五行志〉，頁930。

七月洛水溢，入廓城，平地丈餘，死者無算，壞同州城市及馮翊縣，
漂居民二千餘家。〔註98〕

（6）瀍水的另外兩次泛溢，在開元五年、六年的六月。災情，壞人廬舍，
溺殺千餘人。

（7）開元十五年（727）八月，《新唐書》卷三六載：「八月，澗、穀溢，
毀澠池縣。」《舊唐書》卷三七載：「八月八日，澠池縣夜有暴雨，澗水、穀
水漲合，毀郭邑百餘家及普門佛寺。」〔註99〕由於澠池縣的暴雨，造成穀水
及其支流澗水泛漲，而淹沒了澠池縣。

總之，洛水及支流瀍水、穀水等河流的泛溢，造成的農作物、房屋的漂
毀，人命傷亡，橋梁、城市的毀壞，租船、租米的漂沒等，所造成的社會成
本的損失是無法估算。

此外，伊水、汝水在開元十年（722）五月，因洛陽大雨造成二水同時泛溢，
水高六尺，毀了洛陽城東南隅，漂溺數千家。〔註100〕至於汜水的泛溢，是在開
元五年（717）六月，十四日，其災情爲漂壞近河百姓二百餘戶。〔註101〕

總之，唐玄宗時期，黃河與其支流諸水泛溢的災情：漂沒舟船計二次，
漂損居民廬舍計十一次，被毀壞之屋舍不計其數。官寺、城郭的毀壞計六次，
衝毀橋樑有二次，溺死者超過三萬餘人，田稼毀損者，不計其數，對唐代經
濟造成嚴重的傷害。

表2-14　唐代洛陽及洛陽附近黃河支流——穀、洛、瀍等水泛溢表

年　代	季節	水　患　情　況	出　處	頁碼
貞觀十一年（636）	七月	七月一日，黃氣際天，大雨，穀水溢，入洛陽宮，深四尺，壞左掖門，毀官寺十九；洛水漂六百餘家。	舊唐書卷三七	1352
		乙未（十三日），詔百官言事。壬寅（二十日），廢明德宮之玄圃院，賜遭水家。	新唐書卷三六五行志（《新唐書》《舊唐書》太宗本紀《唐會要》略同）	928

〔註98〕《新唐書》卷三六〈五行志〉，頁931。《舊唐書》卷三七，頁1358。
〔註99〕《新唐書》卷三六〈五行志〉，頁931。《舊唐書》卷三七，頁1358。
〔註100〕《新唐書》卷三六〈五行志〉，頁931。此外，《舊唐書》、《資治通鑑》、《唐會要》、《冊府元龜》等書亦略同。
〔註101〕《舊唐書》卷三七〈五行志〉，頁1357。

永徽五年（654）	九月	九月乙酉（十三日），洛水溢。	新唐書卷三高宗紀	56
永徽六年（655）	秋	洛水泛溢，壞天津橋。	新唐書卷三六五行志（《冊府元龜》卷一〇五）	928 1257
永淳元年（682）	五月	五月丙午（十四日），東都連日澍雨；乙卯（廿三日），洛水溢，壞天津橋及中橋，漂居民千餘家。	新唐書卷三六五行志	929
如意元年（692）	四月	洛水溢，壞永昌橋，漂居民四百餘家。	新唐書卷三六五行志	929
如意元年（692）	七月	洛水又溢，漂居民五千餘家。		
聖曆二年（699）	七月	七月丙辰（四日），神都大雨，洛水溢，壞天津橋。	新唐書卷四 新唐書卷三六	92 930
神龍元年（705）	六月	六月戊辰（廿日），洛水溢，流二千餘家。	資治通鑑卷二百八唐紀廿四	6594
神龍元年（705）	七月	七月甲辰（廿七日），洛水溢，壞居民二千餘家。	新唐書卷三六五行志	930
神龍二年（706）	四月	四月辛丑（廿八日），洛水壞天津橋，溺死數百人。	新唐書卷三六五行志	930
開元四年（716）	七月	七月丁酉（廿三日），洛水溢，沈舟數百艘。	新唐書卷五玄宗紀、卷三六五行志	125 930
開元五年（717）	六月	六月甲申（十六日），瀍水溢，溺死千餘人；鞏縣大水，壞城邑，損居民數百家。	新唐書卷三六五行志	930
開元六年（718）	六月	六月甲申（廿日），瀍水暴漲，壞人廬舍，溺殺千餘人。	舊唐書卷八玄宗紀 新唐書卷五玄宗本紀	179 126
開元八年（720）	六月	六月庚寅（九日）夜，穀、洛溢，入西上陽宮，宮人死者十七八，畿內諸縣田稼廬舍蕩盡。掌閑衛兵溺死千餘人，京師興道坊一夕陷為池，居民五百餘家皆沒不見。	新唐書卷五玄宗紀卷三六五行志（舊唐書：一千一百四十八人）	128 930
開元十四年（726）	七月	癸未（八日），瀍水溢。 庚寅（十五日）洛水溢。	新唐書卷五玄宗紀	132
開元十四年（726）	七月	七月癸未（十四），瀍水溢。瀍水暴漲，流入洛漕，漂沒諸州租船數百艘，溺死者	舊唐書卷三七五行志	1357

		甚眾，漂失楊、壽、光、和、廬、杭、瀛、棣租米十七萬二千八百九十六石，并錢絹雜物等。 因開斗門決堰，引水南入洛，漕水燥竭，以搜漉官物，十收四五焉。		
開元十五年（727）	七月	七月庚寅（二十日），鄜州雨，洛水溢入州城，平地丈餘，損居人廬舍，溺死者不知其數。	新唐書卷五玄宗紀	132
		二十一日，同州損郭邑及市，毀馮翊縣。	舊唐書卷三七五行志	1358
開元十八年（730）	六月	六月壬午（廿九日），洛水壞天津、永濟二橋及民居千餘家。	新唐書卷三六五行志	931
開元廿九年（741）	七月	伊、洛及支川皆溢，害稼，毀東都天津橋及東西漕、上陽宮仗舍，溺死千餘人。	新唐書卷三六五行志	931
天寶十三載（754）	九月	九月，東都瀍、洛溢，壞十九坊。	新唐書卷三六五行志	931
廣德二年（764）	五月	五月，東都大雨，洛水溢，漂二十餘坊。	新唐書卷三六五行志	931
大曆元年（766）	七月	自五月大雨，洛水泛溢，漂溺居人廬舍二十坊。	舊唐書卷十一代宗紀	283

二、山洪暴發

由降雨導致山洪暴發，在玄宗時期的黃河流域有三次，主要為連續暴雨，在極短時間內降下大量的水所造成的。通常山洪暴發都是突發猝至，且造成嚴重的殺傷力，屋毀、人亡是常見的實例，在三次山洪暴發中，前二次發生在河南，第三次在關內，其情況如下：

第一次在開元五年（717）六月。據《舊唐書》卷八、卷三七載：

> 開元五年（717）六月十四日，鞏縣暴雨連日，山水泛漲，壞郭邑廬舍七百餘家，人死者七十二。〔註102〕

第二次在開元八年（720），夏天。據《舊唐書》卷三七載：

> 開元八年（720），夏，契丹寇營州，發關中卒援之，軍次澠池縣之闕門，野營穀水上。夜半，山水暴至，二萬餘人皆溺死。唯行網役夫樗蒲，覺水至，獲免逆旅之家，溺死死人漂入苑中如積。〔註103〕

〔註102〕《舊唐書》卷八、三七〈玄宗本紀〉〈五行志〉，頁178、1357。
〔註103〕《舊唐書》卷三七〈五行志〉，頁1357。《新唐書》卷三六：載「一萬餘人」，餘略同。頁930。

第三次在天寶元年（742）六月。據《舊唐書》卷九〈玄宗本紀〉載：

> 天寶元年（742），六月，庚寅（十七日），武功山水暴漲，壞人廬舍，溺死數百人。〔註104〕

造成上述三次山洪暴發水患的共同因素，皆爲山區暴雨帶來豐沛雨量。當時暴雨應是今日氣象局所謂的豪大雨，其特點即在極短時間內降下大量的雨水，使得河道、溝渠一時無法容納突然驟降的雨水，從上游傾洩而出。其共同特色爲：水患發生的速度極快，使人來不及走避，且破壞力強。主要災情：常是屋毀、人亡。從上述人員傷亡之多，即可知山洪暴發在極短的時間，所造成的破壞力與殺傷力爲其最大特色。

三、降雨直接導致的水患

唐玄宗時期，由降雨而導致黃河流域的水患記錄的十一年中，共計十四次。其中水患主要發生在夏、秋兩季，水患地點主要集中在河南、其次爲河北、關中、河東等地。水患情形如下：

（一）河南、河北的水患

開元三年（715）河南、河北水。〔註105〕開元十年（722），秋，河南汝、許、仙、豫、唐、鄧等州，各言大水害秋稼，漂沒居人廬舍。〔註106〕開元十二年（724），六月，豫州大水。〔註107〕，八月，兗州大水。〔註108〕開元十四年（726），七月，河南、北大水，溺死者以千計。〔註109〕秋，五十州言水，河南、河北尤甚，同、福、蘇、嘗四州漂壞廬舍。〔註110〕開元十五年（727），秋（歲），天下六十三州，大水，害稼及居人廬舍，河北尤甚。〔註111〕開元十九年（731），秋，河南水，害稼。〔註112〕開元二十年（732），九月戊辰（廿八日），宋、滑、兗、鄆等州大水。〔註113〕

〔註104〕《舊唐書》卷九〈玄宗本紀〉，頁215。
〔註105〕《新唐書》卷三六《五行志》，頁930。
〔註106〕《舊唐書》卷三七〈五行志〉，頁1357。
〔註107〕《新唐書》卷三六〈五行志三〉，頁931。
〔註108〕同上註。
〔註109〕《資治通鑑》卷二一三〈唐紀二九〉，頁6773。
〔註110〕《舊唐書》卷八〈玄宗紀上〉，頁191；卷三七〈五行志〉，頁1538。《冊府元龜》卷一〇五〈惠民一〉，載：「天下八十五州水。」
〔註111〕《新唐書》卷三六〈五行志三〉，頁931。
〔註112〕同上註。
〔註113〕同上註。

開元廿二年（734），秋，關輔、河南州十餘水，害稼。〔註114〕開元廿八年（740），十月，河南郡十三，水。〔註115〕同年十月《冊府元龜》載：河北十三州水。開元廿九年（741），秋，河南、河北郡二十四，水，害稼。〔註116〕天寶四載（745），九月，河南、睢陽、淮陽、譙等四郡水。〔註117〕

（二）河東道水患

開元十五年（727），五月，晉州大水。〔註118〕

（三）關內道水患

開元廿二年（734），秋，關輔、河南州十餘，水，害稼。〔註119〕

由以上水患得知，降雨直接導致黃河流域的水患，絕大部分水患集中在河南、河北。水患的區域從一州至五、六十州。其中以開元十年、十二年、十九年在一州至五州以上。開元十四、十五年、廿二年、廿八和廿九年的水患特別嚴重，受災區域：「十州至五、六十州」，受災的情形：「漂損居人廬舍、溺死者千人、害稼等。」水患的範圍這麼大，可以推想到當時水患各州縣均暴雨連連，其災情之嚴重不難想像。如：開元十年，秋季，「河南道的汝、許、仙、豫、唐、鄧等州，大水害秋稼，漂沒居人廬舍。」開元十四年七月十八日，「懷、衛、鄭、滑、汴、濮、許等州澍雨，河及支川皆溢，人皆巢舟以居，死者千計，資產苗稼無子遺。」由於數十州大雨滂沱，導致黃河和各支流河水暴漲，水流來不及宣洩，因此泛溢成災，到處溝渠洋溢，沼澤瀰漫，道路阻絕，居民廬舍漂毀，百姓都被迫避難至高處，或被迫以舟船為家，被溺死的人在一千以上，財物漂沒了，連田裡的苗稼都被水泡壞。同年，秋天，「天下五十州大水。」其中河北、河南特別嚴重。十五年（727），秋「天下六十三州，大水，害稼及居人廬舍」，河北特別嚴重，造成大饑饉。朝廷趕緊漕運江淮之南租米百萬石來賑濟災民。廿二年（734）秋，「關輔、河南州十餘水」，田裡的秋收作物又泡湯了。天寶十三載（754），長安大霖雨從八月至十月六十多天，秋收的作物因雨而損毀，京城城牆、房屋也都毀壞殆盡，物價暴貴，人多乏食。政府出太倉米一百萬石，開十場，減時價糶

〔註114〕同上註。
〔註115〕同上註。
〔註116〕同上註。
〔註117〕《新唐書》卷三六〈五行志三〉，頁931。
〔註118〕《新唐書》卷三六〈五行志三〉，頁931。
〔註119〕《新唐書》卷三六〈五行志三〉，頁931。

以濟貧民。〔註120〕

貳、水患災情的損害程度

　　水患破壞力非常強烈，帶來的災害雖然有程度的不同，但以造成經濟上的損傷及人員的傷亡最為常見及嚴重。若以水患造成的災害，其損害程度可歸納為：（一）漂毀官寺民居，溺死人畜；（二）衝毀橋梁、倉城、覆沒坊邑；（三）溺損田苗禾稼，使農作物減產或無收成，導致饑饉及疾疫；（四）造成重大意外事故，危害國家。水患的範圍從一州縣至五、六十州縣不等。

　　玄宗時代黃河流域水患（如表 2-15）為害之烈，依其造成的災情造成的損害程度可分為下列幾個方面探討：

一、漂毀官寺、民居及造成人員傷亡的水患

　　凡遭水患之處，普遍牆倒屋毀，人命傷亡；嚴重的甚至廬舍蕩盡，成千上萬人漂溺而死。下列為這類型的水患：

> 開元五年（717），六月壬午（十四日），鞏縣暴雨連月，山水泛濫，毀郭邑廬舍七百餘家，人死者七十二。氾水漂壞近河百姓二百餘户。甲申（十六日），瀍水暴漲，壞人廬舍，溺死者千餘人。〔註121〕

> 開元八年（720）六月九日夜，穀、洛溢，入西上陽宮，宮人死者十七八，畿內諸縣田稼廬舍蕩盡。掌閑衛兵溺死千餘人……。同年，夏，契丹寇營州，……夜半，山水暴至，萬餘人皆溺死。……，溺死死人漂入苑中如積。〔註122〕（《舊唐書》載：二萬餘人溺死）

> 開元十年（722）五月，河南、許、仙、豫、陳、汝、唐、鄧等州大水，害稼，漂沒民居，溺死者甚眾。〔註123〕

> 開元十四年（726），七月甲子（午）日（十九日），懷、衛、鄭、滑、汴、濮、許等州澍雨，……，死者千計。河南、北大水，溺死者以

〔註120〕《舊唐書》卷三七〈五行志〉載：「天寶十三載，秋，京城連月澍雨，損秋稼」。頁 1358。同書卷九載〈玄宗紀下〉：「天寶十三載，秋，霖雨積六十餘日，京城垣屋頹壞殆盡，物價暴貴，人多乏食。出太倉米一百萬石，開十場，賤糶以濟貧民。」頁 229。
〔註121〕《舊唐書》卷八、三七，頁 178、1357。《新唐書》卷三六〈五行志三〉，頁 930。
〔註122〕《新唐書》卷三六〈五行志三〉，頁 930。《舊唐書》卷三七〈五行志〉，頁 1357。
〔註123〕《新唐書》卷三六〈五行志三〉，頁 931。

千計。〔註124〕

開元十五年（727），五月，晉州大水。漂損居人廬舍。七月，庚寅（二十日），廓州雨，洛水溢入州城，壞人廬舍，及溺死者甚眾。〔註125〕

開元十八年（730），六月，壬午（廿九日），東都洛水泛漲，損居人廬舍千餘家。〔註126〕

開元廿九年（741）七月，乙亥（廿七日），東都洛水溢，溺死者千餘人。〔註127〕

天寶元年（742），夏六月，庚寅（十七日），武功山水暴漲，壞人廬舍，溺死數百人。〔註128〕

天寶十載（751），秋，霖雨積旬，牆屋多壞，西京尤甚。〔註129〕

天寶十三載（754），秋，霖雨積六十餘日，京城垣屋頹壞殆盡。〔註130〕

從上述，玄宗時期黃河水患中，溺死人的記錄超過十次，且每次溺死者從數十人至萬人以上，有時候甚至不清楚水患喪生的人數，而僅能以溺死者甚眾記之。依這樣的記錄可想而知是比較保守，因為無溺死者記錄的水患並不表示就無人傷亡，因此當時水災所造成的傷亡可能更嚴重。而最嚴重的一次在開元八年（720），夏天發生在澠池縣的山水暴發，死亡人數達一萬餘人（舊唐書記：二萬餘人）。而屋舍的損毀也都在數百家至數千家，這麼多的人員傷亡與屋宇的損壞，其損失是無法估計的，對當時的農業社會的衝擊應是相當大的。總之，黃河水患所造成的損害，由於當時記載不夠明確，因此無法統計出溺死者人數，或漂毀之廬舍屋宇之精確數量，但可以知道其造成的傷亡

〔註124〕《舊唐書》卷八〈玄宗紀〉，頁190；卷三七〈五行志〉，頁1357。《舊唐書》卷八〈玄宗紀上〉：「六月壬寅（九日）夜，東都暴雨，穀水泛漲。新安、澠池、河南、壽安、鞏縣等廬舍蕩盡，共961戶，溺死者815人。許、衛等州掌閑番兵溺者1148人。」頁181。

〔註125〕《舊唐書》卷八〈玄宗紀〉，頁190。

〔註126〕《舊唐書》卷三七〈五行志〉，頁1358。

〔註127〕《舊唐書》卷八〈玄宗紀〉，頁213。

〔註128〕《舊唐書》卷九〈玄宗紀下〉，頁215。

〔註129〕《舊唐書》卷九〈玄宗紀下〉，頁225。

〔註130〕《舊唐書》卷九〈玄宗紀下〉，頁229。《冊府元龜》卷一〇五〈帝王部·惠民一〉，略同，頁1261。

及損失對社會經濟與治安都造成很大的影響。

二、衝毀橋梁、毀壞城邑、宮坊

水患的破壞力非常巨大，凡遭水患之處，多有衝毀道路、橋梁、倉庫、城郭之事，嚴重是甚至整個村莊、城市皆覆沒。

開元五年（717），六月，鞏縣大水，壞城邑。

開元八年（720）六月，庚寅（九日）夜，穀、洛溢，入西上陽宮，……京師興道坊一夕陷為池，居民五百餘家皆沒不見。

開元十年（722），二月，四日，伊水漲，毀都城南龍門天竺、奉先寺，壞羅郭東南角。五月，伊、汝水溢，毀東都城東南隅。

開元十五年（727），七月，二十一日，同州損郭邑及市，毀馮翊縣。

開元十八年（730），六月，壬午（廿九日），洛水壞天津、永濟二橋。

開元廿九年（741），七月，乙卯（七日），洛水泛漲毀天津橋及上陽宮仗舍。

天寶十三載（754），七月，東都瀍、洛溢，壞十九坊。秋，霖雨積六十餘日，京城垣屋頹壞殆盡。

以上遭水之處，其城邑、宮坊毀壞之記錄計七次，橋梁被衝毀二次，其損壞情形因史籍未載，無法得知詳情。但以城市、橋樑均為水災所毀壞而言，當時水患所造成的災情一定相當嚴重，其對經濟與政治必有一定程度的影響。

三、溺損田苗禾稼，使農作物減產或無收成，導致饑饉、疾疫

凡遭水患之處，田稼無不溺損，農業大面積減產，嚴重的甚至全部田地皆被淹沒，禾稼蕩盡，全無收成，以致出現地區性饑荒。

開元五年（717），六月，河南水，害稼。

開元十年（722），五月，河南許、仙、豫、陳、汝、唐、鄧等州大水，害稼。

開元十四年（726），七月，懷、衛、鄭、滑、汴、濮、許等州澍雨，河及支川皆溢，人皆巢舟以居，……，資產苗稼無孑遺。

開元十五年（727），秋（歲），天下州六十三，大水，害稼…河北尤甚。

開元十九（731），秋，河南水，害稼。

開元廿二年（734），秋，關輔、河南州十餘水，害稼。

開元廿九年（741），秋，河南、河北郡二十四，水，害稼。

天寶十三載（754），九月，京城連月澍雨，損秋稼，人多乏食。
〔註131〕

　　凡遭水患之處最直接的損失，就是田裡作物的溺損。農作物很難通過水患的傷害，以農立國的中國，農作物的播種與收成，受天候因素影響很大，唐代的主要糧食為粟米、小麥。唐代農業已非常發達，由於肥料的使用，發展出輪作複種制，主要是冬夏作物的複種，以粟麥為主。冬麥和其他冬季作物，一般都在初夏收成，稱夏麥、夏糧；粟和其他夏季作物都是秋季收成，因而稱「秋稼」或秋苗。〔註132〕貞觀十四年（640）十月，太宗幸同州校獵，櫟州縣丞劉仁軌上言：

　　　今年甘雨應時，秋稼極盛，玄黃互野，十分纔收一二，盡力刈穫，
　　　月半猶未訖功，貧家無力，禾下如擬種麥。〔註133〕

從以上得知貞觀十四年（640），同州的秋稼在十月收割，小麥也已下種了。以此推得唐代的秋收應在九月，冬麥種植亦在九月份。〔註134〕而夏麥收成則在五月，因為，據《冊府元龜》卷五〇二載：天寶四載（745）五月，麥子豐收，倍勝常年，詔河北諸郡長官收糴大麥。〔註135〕此外，元和二年（807）白居易的〈觀刈麥〉詩寫：「田家少閒月，五月人倍忙，夜來南風起，小麥伏隴黃，……。」〔註136〕因此而知唐代河北一帶小麥收獲是在五月份。

　　從以上黃河水患資料中，得知唐玄宗時，黃河流域的十九年水患中，有十一次水患有傷害田稼的記錄。而這些水患記錄又集中在五至九月，其中六月二次，五、七、八、九月，各一次，另四次為只有季節的秋季，一次為只有年份。足見玄宗時期黃河流域的水患所損毀的糧食以秋收的穀物為主，也

〔註131〕《新唐書》卷三六〈五行志三〉頁930～931。《舊唐書》卷三七〈五行志〉，頁1357～1358。

〔註132〕林立平，〈唐代主糧生產的輪作復種制〉，載於《暨南學報（哲學社會科學）》，1984年，第一期，頁44。

〔註133〕《舊唐書》卷八四〈劉仁軌傳〉，頁2790。《資治通鑑》卷一九五〈唐紀十一〉，略同，頁六一五六。

〔註134〕貞觀十四年為閏年，閏10月。

〔註135〕《冊府元龜》卷五〇二〈邦計部・常平〉，頁6022。

〔註136〕白居易著，丁如明、聶世美校點《白居易全集》卷一〈觀刈麥〉，上海古籍出版社，1999年，5月第一版，頁3。

因此數次造成遭水州縣的饑荒。

四、造成重大意外事故，危害國家

　　水患的形成時間大多極為快速，且具有強大的破壞力大，有時甚至造成國家經濟和國防意想不到的破壞，進而危及到國家社會的安全。

　　唐玄宗時期以開元八年（720）夏，澠池大水，對國防的殺傷力最大，當時契丹入寇營州，唐玄宗從關中派遣一支援軍去支援抵禦契丹，沒想到，軍隊才到澠池，就被一場突如其來山洪暴發的大水襲擊，一夜之間，將二萬多人的軍隊給毀滅了，〔註137〕對當時的國防造成不可彌補的損失。

　　唐玄宗時期水患造成經濟損失最嚴重的一次水患，發生在開元十四年（726）七月。當時瀍水暴漲，流入洛漕，將江南數百艘運租船漂沒了，漂失了楊、壽、光、和、廬、杭、瀛、棣等州的租米十七萬二千八百九十六石，及錢絹雜物等國家租稅，〔註138〕造成國庫稅收的損失，對當時財政造成嚴重的打擊。

　　另外有些水患在史籍上，僅記載發生的時間及區域，沒有記錄其受災情形，如下：

　　開元三年（715），河南、河北水。

　　開元十年（722），六月，博州、棣州河決。

　　開元十二年（724），六月豫州大水。八月，兗州大水。

　　開元十四年（726），八月，丙午（一日），黃河決魏州。

　　開元十五年（727），七月，戊寅（八日），冀州河溢。

　　開元十八年（730），六月，乙亥（廿二日），瀍水溢。

　　開元十九年（731），九月，戊辰（廿八日），宋、滑、兗、鄆四州水。

　　開元廿八年（740），十月，河南郡十三，水。

　　天寶四載（745），九月，河南、睢陽、淮陽、譙等八郡大水。〔註139〕

〔註137〕《舊唐書》卷三七〈五行志〉，頁 1357。《新唐書》卷三六〈五行志三〉略同，唯載：「溺死者萬餘人。」頁 930。
〔註138〕《舊唐書》卷三七〈五行志〉，頁 1357。《唐會要》卷四四〈水災下〉，略同，頁 783。
〔註139〕《新唐書》卷三六〈五行志三〉，頁 930～931。《舊唐書》卷三七〈五行志〉，頁 1357～1358。

以上九次水患，都發生在河南、河北，給當時的人類社會帶來什麼災情，雖然文獻未記載，但可以肯定的是水患的發生，其破壞力多少會損毀田裡農作物，也會紊亂社會的經濟與百姓正常生活作息。

　　總之，水患災情所造成的損失以經濟方面最嚴重，而水患發生後，政府最重要的工作是如何做好賑恤的善後救援，使既已形成的傷害，因及時賑給，而將傷害降至最低；並協助災區的百姓盡快的恢復生產，不致流離失所，以穩定民心及社會秩序。只要生產恢復，民心即可安定，社會秩序就會恢復。然而事後賑恤只是降低災後傷害的補救工作，最重要的是事前做好防患未然工作。因此，下一章將探討唐玄宗政府對水患防禦與水利的建設。

表 2-15　唐玄宗時期黃河流域水患表

年　代	季節	地　區	水　患　情　況	出　處	頁碼
開元三年（715）		黃河、海河流域	河南、河北水。	新唐書卷三六五行志三	930
開元四年（716）	七月	洛水	丁酉（廿三日），洛水溢，沈舟數百艘。	新唐書卷五玄宗紀	125
開元五年（717）	六月	洛水瀍水	甲申（十六日），瀍水溢，溺死千餘人；鞏縣大水，壞城邑，損居民數百家；河南水，害稼。	新唐書卷三六五行志三	930
			瀍水暴漲，壞人廬舍，溺殺千千餘人。	舊唐書卷八玄宗紀	179
開元五年（717）	六月	鞏縣、汜水	十四日，鞏縣暴雨連日，山水泛漲，壞郭邑廬舍七百餘家，人死者七十二。汜水同日漂壞近河百姓二百餘戶。	舊唐書唐書卷八玄宗紀	178
				舊唐書唐書卷三七五行志	1357
開元六年（718）	六月	洛水支流	甲申日（二十日），瀍水暴漲，壞人廬舍，溺殺千千餘人。	舊唐書卷八玄宗紀	179
開元六年（718）	六月		甲申日（二十日），瀍水溢。	新唐書卷五玄宗紀	126
開元八年（720）	夏	洛水在洛陽附近各縣	契丹寇營州，發關中卒援之，軍次澠池縣之闕門，野營穀水上。夜半，山水暴至，二萬餘人皆溺死。唯行網役夫樗蒲，覺水至，獲免逆旅之家，溺死死人漂入苑中如積。（新唐書：一萬餘人）	新唐書卷三六五行志三 / 舊唐書三七五行志	930 / 1357
開元八年（720）	六月	黃河支流、洛陽洛水、瀍水、穀水支流	廿一日，東都穀、洛、瀍三水溢，損居人九百六十一家，溺死者八百一十五人，許衛等州，田廬蕩盡，掌關兵士，溺死者一千一百四十八人。	唐會要卷四十四水災下	783

開元八年 （720）	六月	黃河支流、 洛陽洛水、 瀍水、穀水 支流	河南府、東都穀、洛、涯（瀍）三水泛漲，漂溺居人四百餘家，壞田三百餘頃。諸州當防丁當番衛士掌閑　者千餘人。	冊府元龜卷 一四七帝王 部恤下二	1779
開元八年 （720）	六月	黃河支流、 洛陽洛水、 瀍水、穀水 支流	庚寅（九日），夜，穀，洛溢，入西上陽宮，宮人死者十七八，畿內諸縣田稼廬舍蕩盡。掌閑衛兵溺死千餘人，京師興道坊一夕陷爲池，居民五百餘家皆沒不見。（舊唐書：一千一百四十八人）	新唐書卷五 玄宗紀	128
				新唐書卷三 六五行志三	930
			是年，鄧州三鵶口大水塞谷，…俄而暴雷雨，漂溺數百家。	舊唐書卷三 七五行志	1357
開元八年 （720）	六月	瀍、穀水	瀍、穀水漲溢，漂溺幾二千人。	資治通鑑卷 二一二唐紀 二八	6740
開元八年 （720）	六月	黃河支流、 洛陽、洛 水、瀍水、 穀水支流	壬寅（二十日）夜，東都暴雨，穀水泛漲。新安、澠池、河南、壽安、鞏縣等廬舍蕩盡，共九百六十一戶，溺死者八百一十五人。許、衛等州掌閑番兵溺者千一百四十八人。	舊唐書卷八 玄宗紀	181
開元十年 （722）	二月	黃河南岸支流	四日，伊水漲，毀都城南龍門天竺，奉先寺，壞羅郭東南角，平地水深六尺已上，入漕河，水次屋舍樹木蕩盡。河南汝、許、仙、豫、唐、鄧等州，各言大水害秋稼，漂沒居人廬舍。	舊唐書卷三 七五行志	1357
開元十年 （722）	五月	黃河南岸支流	伊、汝水溢，毀東都城東南隅，平地深六尺；河南許仙豫陳汝唐鄧等州大水，害稼，漂沒民居，溺死者甚眾。	新唐書卷五 玄宗紀	129
				新唐書卷三 六五行志三	931
			東都大雨，伊、汝等水泛漲，漂壞河南府及許、汝、仙、陳等州廬舍數千家，溺死者甚眾。	舊唐書卷八 玄宗紀上	183
			東都大雨，伊、汝等水泛，壞河南府及許、汝、仙、陳四州廬舍數千家，溺死者甚眾。	冊府元龜卷 一四七帝王 部恤下二	1779
開元十年 （722）	五月	黃河南岸支流	伊、汝水溢，漂溺數千家。胡注〈漢志〉伊水出弘農郡盧氏縣，東北入洛。汝水出弘農，入淮。史言伊、汝水溢，而漂溺數千家。既二水分流，相去日益遠，人何能漂流數千家！此必於發源之地水溢而并流也。被災之家，當在虢、洛二州界。	資治通鑑卷 二一二唐紀 二八	6749
開元十年 （722）	六月	當時黃河北 岸，今聊城 至惠民地區	博州、棣州河決。	新唐書卷五 玄宗紀	129
				新唐書卷三 六五行志三	931

			丁巳（十八日），博州河決，命按察使蕭嵩等治之	資治通鑑卷二一二唐紀二八	6750
開元十年（722）	八月		丙申（7月27日），博、棣等州黃河堤破，漂損田稼。	舊唐書卷八玄宗紀	184
開元十年（722）	八月		東都大雨，伊、汝等水泛漲，漂壞河南府及許、汝、仙、陳等州廬舍數千家。	冊府元龜卷一〇五帝王部惠民一	1259
開元十二年（724）	六月	河南道	豫州大水。	新唐書卷三六五行志三	931
開元十二年（724）	八月	河南道	兗州大水。		
開元十四年（726）	七月	洛陽、洛水支流	癸未（八日），瀍水溢。瀍水暴漲，流入洛漕，漂沒諸州租船數百艘，溺死者甚眾，漂失楊、壽、光、和、廬、杭、瀛、棣租米十七萬二千八百九十六石，并錢絹雜物等。	舊唐書卷三七五行志	1357
開元十四年（726）	七月	洛陽、洛水支流、黃河下游南北岸	十四日，瀍水暴漲入洛，損諸州租船數百艘，損租米十七萬二千八百石。十八日，懷、衛、鄭、汴、滑、濮大雨，人皆巢居，死者千計。	唐會要卷四十四水災下	783
開元十四年（726）	七月		癸丑，瀍水暴漲入洛漕，漂沒諸州租船數百艘，溺者甚眾。	舊唐書卷八玄宗紀	190
開元十四年（726）	七月		甲子（午）日（十九日），懷、衛、鄭、滑、汴、濮、許等州澍雨，河及支川皆溢，人皆巢舟以居，死者千計，資產苗稼無孑遺。	舊唐書卷三七五行志	1358
開元十四年（726）	七月		懷、鄭、許、滑、衛等州水潦。	冊府元龜卷一四七帝王部恤下二	1779
開元十四年（726）	七月	黃河下游南北岸	河南、北大水，溺死者以千計。	資治通鑑卷二一三唐紀二九	6773
開元十四年（726）	八月	黃河下游北岸	丙午（一日），黃河決魏州。	新唐書卷五玄宗紀	132
			丙午（一日）朔，魏州言河溢。	資治通鑑卷二一三唐紀二九	6773
開元十四年（726）	秋	黃河下游、海河流域	是秋，五十州言水，河南、河北尤甚，蘇、同、常、福四州漂壞廬舍。	舊唐書卷八玄宗紀上	190
			是秋，五十州言水，河南、河北尤甚，蘇、同、常、福四州漂壞廬舍。	舊唐書卷三七五行志	1358
			天下五十州水，河南、河北尤甚。河及支川皆溢，懷衛鄭滑汴濮人或巢或舟以居，死者千計。	新唐書卷三六五行志三	931

開元十四年（726）	九月	黃河下游、海河流域	八十五州言水，河南河北尤甚，同、福、蘇、嘗四州漂壞廬舍，遣吏部侍郎宇文融籍覆賑給之是	冊府元龜卷一○五帝王部惠民一	1259
開元十五年（727）	五月	黃河中游支流（河東道）	晉州大水。	新唐書卷三六五行志三	931
			晉州大水。漂損居人廬舍。	舊唐書卷八玄宗紀上	190
開元十五年（727）	七月	北洛水流域	庚寅（二十日），鄜州雨，洛水溢入州城，平地丈餘，損居人廬舍，溺死者不知其數。	新唐書卷五玄宗紀	132
			二十一日，同州損郭邑及市，毀馮翊縣。	舊唐書卷三七五行志	1358
開元十五年（727）	七月	北洛水流域	庚寅（二十日），鄜州洛水泛漲，壞人廬舍。辛卯（二十一日），又壞同州馮翊縣，及溺死者甚眾。	舊唐書卷八玄宗紀上	191
開元十五年（727）	七月	北洛水流域	鄧州大水，溺死數千人 洛水溢，入鄜城，平地丈餘，死者無算，壞同州城市及馮翊縣，漂居民二千餘家。	新唐書卷三六五行志三	931
開元十五年（727）	七月	黃河下游河北道	戊寅（八日），冀州河溢。	資治通鑑卷二一三唐紀二九	6778
開元十五年（727）	八月	洛水支流	澗、穀溢，毀澠池縣。	新唐書卷五新卷三六三	133 931
			澠池縣夜有暴雨，澗水、穀水漲合，毀郭邑百餘家及普門佛寺。	舊唐書卷三七五行志	1358
開元十五年（727）	秋	黃河下游北岸海河流域	是秋（歲），天下州六十三，大水，害稼及居人廬舍，河北尤甚。	新唐書卷三六五行志三	931
				舊唐書卷三七五行志	1358
開元十八年（730）	六月	洛陽、洛水支流	乙亥（廿二日），澠水溢。 壬午（廿九日），洛水溢。	新唐書卷五玄宗紀	135
			壬午（廿九日），東都澠水溺揚、楚等州租船。 洛水壞天津、永濟二橋及民居千餘家。	新唐書卷三六五行志三	931
開元十八年（730）	六月	洛陽、洛水支流	壬午（廿九日），洛水溢，溺東都千餘家。	資治通鑑卷二一三唐紀二九	6790
開元十八年（730）	六月	黃河、淮河之間	乙丑（二日），東都澠水暴漲，漂損揚、楚、淄、德等州租船。壬午，東都洛水泛漲，壞天津、永濟二橋及漕渠斗門，漂損提象門外助舖及仗舍，又損居人廬舍千餘家。	舊唐書卷三七五行志	1358

開元十八年（730）	六月	黃河、淮河之間	壬午（廿九日），東都洛水泛漲，壞天津、永濟二橋提象門外仗舍，損居人廬舍千餘家。	舊唐書卷八玄宗紀	195
開元十九年（731）	秋	黃河、淮河之間	河南水，害稼。	新唐書卷三六五行志三	931
開元二十年（732）	九月	黃河下游南岸（河南道）	戊辰（廿八日），宋、滑、兗、鄆四州水。	新唐書卷五玄宗紀	136
			戊辰（廿八日），宋、滑、兗、鄆等州大水。	新唐書卷三六五行志三	931
開元二十年（732）	九月		戊辰（廿八日），河南道宋、滑、兗、鄆等州大水傷禾稼，特放今年地稅。	冊府元龜卷四九○邦計部蠲復二	5863
開元廿二年（734）	秋	黃河中游、下游	關輔、河南州十餘水，害稼。	新唐書卷三六五行志三	931
開元廿八年（740）	十月	黃河下游南北兩岸	河南郡十三，水。	新唐書卷三六五行志三	931
			河北十三州水。	冊府元龜卷一○五帝王部惠民一	1261
開元廿九年（741）	七月	洛陽、洛水支流	乙亥（廿七日），伊、洛溢。	新唐書卷五玄宗紀	142
開元廿九年（741）	七月	洛陽、洛水支流	乙亥（廿七日），東都洛水溢，溺死者千餘人。	資治通鑑卷二一四唐紀三十	6844
			暴水，伊、洛及支川皆溢，損居人廬舍，秋稼無遺，壞東都天津橋及東西漕；河南北諸州，皆多漂溺。	舊唐書卷三七五行志	1358
開元廿九年（741）	七月	洛陽、洛水支流	乙卯（7日），洛水泛漲毀天津橋及上陽宮仗舍。洛、渭之間，廬舍壞，溺死千餘人。	舊唐書卷九玄宗紀下	213
			伊、洛及支川皆溢，害稼，毀東都天津橋及東西漕、上陽宮仗舍，溺死千餘人。	新唐書卷三六五行志三	931
開元廿九年（741）	九月		大雨雪，稻禾偃折，又霖雨月餘，道途阻滯。	舊唐書卷九玄宗紀下	214
開元廿九年（741）	秋	黃河下游南北兩岸、支流	是秋，河南、河北郡二十四，水，害稼。	新唐書卷三六五行志三	931
			是秋，河北博、洛等二十四州言雨水害稼。	舊唐書卷九玄宗紀下	214
			河北二十四州雨水害傷稼。	冊府元龜卷一○五帝王部惠民一	1261

天寶元年（742）	六月	武功	庚寅（十七日），武功山水暴漲，壞人廬舍，溺死數百人。	舊唐書卷九玄宗紀下	215
天寶四載（745）	八月	黃河下游南北兩岸、支流汴、淮之間	河南、睢陽、淮陽、譙等八郡大水。	舊唐書卷九玄宗紀下	219
天寶四載（751）	九月		河南、淮陽、睢陽、譙四郡水。	新唐書卷三六五行志三	931
天寶十載（751）	秋	長安	霖雨積旬，牆屋多壞，西京尤甚。	舊唐書卷九玄宗紀下	225
天寶十二載（753）	八月	長安	京城霖雨，米貴。	舊唐書卷九玄宗紀下	227
			京師連雨二十餘日，米涌貴。	冊府元龜卷一四四帝王部弭災二	1752
天寶十三載（754）	九月	洛陽、洛水	東都瀍、洛溢，壞十九坊。	新唐書卷三六五行志三	931
			東都瀍、洛水溢，壞十九坊。	新唐書卷五玄宗紀	150
天寶十三載（754）	秋	長安	京城連月澍雨，損秋稼。京城坊市牆宇，崩壞向盡。 東方瀍、洛水溢隄穴，衝壞一十九坊。	舊唐書卷三七五行志	1358
天寶十三載（754）	秋	長安	霖雨積六十餘日，京城垣屋頹壞殆盡，物價暴貴，人多乏食。 東都瀍、洛暴漲，漂沒一十九坊。	舊唐書卷九玄宗紀下	229
			大霖雨自八月至十月幾六十餘日，如霽、京城坊市垣墉隤毀殆盡，米價踴貴。	冊府元龜卷一〇五帝王部惠民一	1261
天寶十三載（754）		齊州	濟州爲河所陷沒。	元和郡縣圖志卷十鄆州	259

第三章　唐代的治河與水利建設

第一節　唐代的水利管理與防洪工程建設

　　水利管理爲預防水患的重要措施。水患的發生是歷代所不能避免，因此歷代都非常重視河流的整治、陂塘的修築、堤堰的修護等水利工程，這些水利建設，除了防範水患功能外，平時還能用於農業灌溉、交通運輸及飲用水的供給等各項功能。

　　我國的水利管理有悠久的歷史，相傳早在舜時，就令伯禹作司空，專門負責水利。〔註 1〕《尚書》〈堯典〉載：舜命禹爲司空，是百官之首，職責是平水土。《荀子》〈五利〉序官及《禮記》卷十五〈月令〉等都指出司空的官高位重，職責：「脩利隄防、道達溝瀆、開通道路，毋有障塞。」〔註 2〕

　　秦代設有都水長丞。漢承秦制，西漢在中央政府設有都水長丞，「掌諸池沼，後政爲使者。」東漢改都水長丞爲河堤謁者，並「設司空，公一人，掌水土事。凡營城起邑、浚溝洫、修墳防之事，則議其利，建其功。凡四方水土功課，歲盡則奏其殿最而行賞。」〔註 3〕

　　魏晉以後，司空爲三公，與水利無關。魏以水衡都尉主天下水軍舟船器械。又因於漢而設河堤謁者。晉置水部、運漕，大司農統都水長東西南北部

〔註 1〕　《尚書》卷一〈堯典第一下〉，頁 61。
〔註 2〕　孫希旦撰《禮記集解》卷十五〈月令〉，台北，文史哲出版社，民國 79 年 8
　　　　　月文一版，頁 432。
〔註 3〕　《後漢書》志第二十四〈百官志〉，台北市，鼎文書局，民國 85 年 11 月八版，
　　　　　頁 3561、3562。

護漕掾。北魏、北齊有水部屬都官尚書，掌舟船津梁之事。隋初置水部侍郎，屬工部。隋煬帝改稱都水監使者。唐代綜合前代制度，發展出一套較完備的水流管理制度，並制訂中國第一部水流管理法律稱為《水部式》。〔註4〕

壹、唐代水利管理

唐代在水流管理，採分層負責制度。由中央工部尚書的水部負責掌管全國河川、陂塘、堤堰……等政令之制定，與疏通溝渠、修築堤防、舟檝航行及農田灌溉等監督巡視職權；而負責實際執行水流管理工作者，則為地方長官的刺史與縣令。據《唐六典》載：

> 尚書省工部有水部郎中、員外郎，各一人，主事二人。水部郎中、員外郎掌天下川瀆、陂池之政令，以導達溝洫，堰決河渠。凡舟檝灌溉之利，咸總而舉之。〔註5〕

其職務亦即是《新唐書》卷四十六〈百官志〉載：「掌津濟、船艫、渠梁、堤堰、溝洫、漁捕、運漕、碾磑之事。」工部尚書水部外，專管水流的有都水監。設都水監使者二人，職務為「掌川澤、津梁、渠堰、陂池之政，總河渠、諸津監署。」〔註6〕水部官員與都水監使者均為掌管全國河川、堤堰的中央官員，其職務相異處為：前者是水流立法及水流行政的審查的官署，後者則為監督巡視水流行政的特派官長。在地方，刺史、縣令都有監督指導水流管理與堤堰修繕的職權。《新唐書》卷四十六〈百官志〉載：「諸州堤堰，刺史、縣令以時檢行，而涖其決築。」〔註7〕同書卷四十八：「府縣以官督察」。地方的水流管理官吏，掌交通的在各地有津吏。〔註8〕

由於唐代的水流管理與堤堰修繕由地方官吏負責，因此，唐代法律對地方官，於堤防有損壞的當時不修補，或修而失時者，有嚴格的處罰規定。《唐

〔註4〕 《水部式》殘卷，一八九九年，考古學界在甘肅敦煌縣鳴沙山千佛洞發現，為唐代「水流管理辦法」的法律條文。

〔註5〕 《唐六典》卷七〈工部水部郎中〉，北京，中華書局1992年1月第一次印刷，頁225。《新唐書》卷四十六〈百官志〉，頁1202。

〔註6〕 《新唐書》卷四十八〈百官志〉，頁1276。

〔註7〕 《新唐書》卷四十六〈百官志〉，頁1202。

〔註8〕 《新唐書》卷四十八〈百官志〉載：諸津令，各一人，正九品上；丞二人，從九品下。掌天下津濟舟梁。頁1277。由於有關水上交通管理，如「水上交通的管理法令規定、舟車水陸行程的法令規定、無橋梁渡口的法令規定」不在本文範圍，因此不討論；至於農業灌溉用水管理，留待第二節討論。

律疏議》卷二十七〈雜律第三十六條〉總四二四〈失時不修堤防〉條載：

> 諸不修隄防及修而失時者，主司杖七十；毀害人家、漂失財物者，
> 坐贓論減五等；以故殺傷人者，減鬪殺傷罪三等。即水雨過常，非
> 人力所防者，勿論。其津濟之處，應造橋、航及應置船、筏，而不
> 造置及擅移橋濟者杖七十，停廢行人者杖一百。〔註9〕

除了地方官不修隄防及修而失時，而導致水患，毀壞廬舍，漂損財物者，或因此而造成百姓傷亡，必須受到嚴重的刑罰外；此外對百姓，盜決堤防水，無論公私，若因此而導致水患毀壞人家廬舍及財物，均有嚴重刑罰。同卷〈雜律第三十七條〉總四二五條〈盜決堤防〉載：

> 諸盜決堤防者杖一百，若毀害人家及漂失財物贓重者坐贓論，以故
> 傷人者減鬪殺傷罪一等。若通水入人家致毀害者，亦如之。其故決
> 隄防者徒三年，漂失贓重者準盜論，以故殺傷者以故殺傷論。〔註10〕

由於水患造成的災情，對人們生活、財物及生命的傷害，與社會的衝擊，都很嚴重；再加上嚴格的法令規定，所以無論百姓或地方官對河堤的維護與修繕，都很重視，因此唐代的水利工程建設有輝煌記錄。（如表 3-1）

表3-1　唐代水利工程建設統計表

道別＼工程數＼年代	關內道	河南道	河東道	河北道	山南道	淮南道	江南道	劍南道	嶺南道	隴右道	合計
高祖（618～626）	4	5	2				2	1			14
太宗（627～649）		6	4	3		2	8	4			27
高宗（650～683）	1	4	4	22		1	1	3			36
武后（684～704）	2	4		3	3	2	1	3	1		19
中宗（705～709）		1		3							4
睿宗（710～712）		1						1	1		3
玄宗（713～755）	10	9	4	17	1	1	9	6			57

〔註9〕　《唐律疏議》卷二七〈雜律〉四二四條〈失時不修堤防〉，頁 1877。唐律疏議
　　　　曰：依《營繕令》：「近河及大水有隄防之處，刺史、縣令以時檢校。若須修理，
　　　　每秋收訖量功多少，差人夫修。若闊暴水汎溢，損壞隄防，交為人患者，先
　　　　即修營，不拘時限。」若有損壞，當時不修補，或修而失時者，主司杖七十。
〔註10〕《唐律疏議》卷二七〈雜律〉四二五條〈盜決堤防〉，頁 1880、1881。

											總計
肅宗（756～762）											0
代宗（763～779）	4	1			2	2	4				13
德宗（780～804）	6	1	2	1	1	2	9	2	1		25
順宗（805）											0
憲宗（806～820）		1		1	1	1	7				11
穆宗（821～824）	1			1	3	2	3				10
敬宗（825～826）	1		1			1	9		1		13
文宗（827～840）	4	1	1	1			4		1		13
宣宗（847～859）				1							1
懿宗（860～873）	1				1		3		1		6
年代不詳	15	4		3	2		3				27
總計	49	38	18	56	15	14	63	21	5	0	279

註：資料來源：《新唐書》卷三七至卷四三〈地理志〉、《舊唐書》〈本紀〉〈食貨志〉、《唐會要》卷八七、〈漕運〉、《冊府元龜》卷四九七〈邦計部・河渠〉、《元和郡縣圖志》卷二至十六〈關內道、河南道、河北道、河東道〉。

貳、唐代的治河工程

　　河流、溝渠、運河的疏通與堤堰的修繕、維護之工程，是防範水患的重要措施，對減輕水患的侵襲有一定的功能。而河防、堤堰工程之建設是經歷長時間，集眾人之才智合力完成的，其功能也非限於一朝一代。因此本文治河與水利，不局限於玄宗時代，而將上溯唐代安史亂前的各項水利工程建設。

　　唐代見於史籍的治河活動僅有五次，三次在唐玄宗開元年間，一次在元和八年（813），一次在咸通四年（863）。後二次不在本文範圍不予討論。

　　唐代最早的一次治河工程在開元七年（719）。據《元和郡縣圖志》卷四〈關內道〉載：

　　　　會州會寧縣〔註11〕有黃河堰，開元七年築。時黃河泛流，漸逼州城，
　　　　刺史安敬忠率團練兵起造此堰，拔河水向西北流，遂免淹沒。〔註12〕

由於刺史安敬忠事先率團練兵修築此黃河堰，將河水導向西北流，遂使得會寧城免於河水淹沒，避免了一場水患的浩劫。

　　第二次，在開元十年（722）六月。據《新唐書》卷五、卷三六載：「開

〔註11〕會州會寧縣位於黃河上游的州縣。
〔註12〕《元和郡縣圖志》卷四，頁97。

元十年六月，博州、棣州河決」。《資治通鑑》卷二一二〈唐紀二八〉載：「六月丁巳（十八日），博州河決，命按察使蕭嵩等治之。」而《冊府元龜》卷四九七〈邦計部·河渠二〉載：

> 開元十年六月，博州黃河隄壞湍湣洋溢不可禁止，詔博州刺史李畬、
> 冀州刺史裴子餘、趙州刺史柳儒，乘傳旁午分理，兼命按察使蕭嵩
> 總其事。〔註13〕

這是唐玄宗即位以來第一次黃河河決造成的水患。大水衝毀博州〔註14〕河隄，河水湍急洋溢，無法遏止。災後，唐玄宗即派遣博州刺史李畬、冀州刺史裴子餘、趙州刺史柳儒，乘傳旁午分理，並命按察使蕭嵩總其事，可見玄宗對黃河水患的重視。從其委派三州的地方長官治河，並由按察使「總領其事」來看，這次治河應頗具規模。而此次河決應不止博州受害，其受害的程度，與此次治河的活動，都因未見史籍記載，而無從得知。

第三次治河是在開元十三年（715）的濟州。據《新唐書》卷一九七〈裴耀卿傳〉載：裴耀卿任濟州刺史時，「大水，河防壞。」當時，「諸州不敢擅興役」，裴耀卿認為這種態度不是地方官應有的作為，於是他決定在未奉朝命下率領民眾搶修堤防，並親自督工，在工程未完成時，卻接獲朝廷徙官派令。〔註15〕裴耀卿擔心調職消息會影響此次堤防的修護工程，就暫不宣布調職消息，督工愈急。直至隄成，才發詔而去。〔註16〕濟人感謝他的盡責，為之立碑頌德，來紀念這次治河活動。〔註17〕

參、唐代的防洪工程

唐代的防洪治河工程大都採疏浚河道，開渠分流，將水勢導入其他河渠，達到分散水勢，暢通水流，消除水患的目的。或是修築、陂塘，一方面蓄水分擔過剩水流，或是以堤堰阻擋水流，甚至將水流導向其他河道。

〔註13〕《冊府元龜》卷四九七〈邦計部·河渠二〉，頁5951。
〔註14〕博州治聊城。博州聊城、武水、高唐等縣均臨河。
〔註15〕《資治通鑑》卷二一二〈唐紀二八〉載：開元十三年（725）11月，玄宗車駕東巡泰山，濟州刺史裴耀卿表現優異，……玄宗認為耀卿等三位刺史不勞人以市恩，真良吏也。……由是遷……裴耀卿為定州（宣州）刺史。」，頁6768。
〔註16〕《新唐書》卷一二七〈裴耀卿傳〉，頁4452。
〔註17〕開元十三年，不見史籍有黃河流域水患記載。且《資治通鑑》卷二一二〈唐紀二八〉載：開元十三年，「東都斗米十五錢，青、齊五錢，粟三錢。」

一、修築河渠分洪治水

在唐代治水的經驗中以「開渠分水流」效果最好。水患來時水勢迅猛，水流不可擋。唐人因勢利導，採取分流的辦法來削弱水勢，達到消除水患的目的。高宗永徽五年（654），河北滄州水潦為災，刺史薛大鼎主持滄州無棣縣（今河北鹽山縣東南）無棣溝重修工程。又疏導洪水分別注入長蘆、漳、衡等三渠，分泄夏潦，滄州境內因此不復有水患。〔註18〕開元十六年（728）復開無棣溝，並開清池縣（今河北滄州市東南）東南的陽通河，又築縣南十五里的浮河隄、陽通河隄，三十里的永濟北隄。〔註19〕開元二年（714）姜師度在華州華陰縣，鑿敷水渠以洩水害。〔註20〕開元五年，刺史樊忱復鑿敷水渠，使通渭漕。〔註21〕

二、修築陂塘、斗門以調節水勢

洛水、瀍水唐玄宗時代最容易泛溢的河流，泛溢記錄各有六次，開元十八年（730）六月，由於瀍、洛水的泛溢嚴重，造成國家社會的嚴重傷害，閏六月唐玄宗派將作大匠范安及等疏通瀍、洛水之水源，並做斗門調節水勢，《舊唐書》卷三七載：

> 閏六月己丑（六日），令范安及、韓朝宗就瀍、洛水源疏決，置門以節水勢。

但顯然這次治水活動，未能徹底解決洛水水患問題，於是開元二十四年（736），唐玄宗再派遣河南尹李適之負責修築積翠、月陂和上陽三個蓄水陂塘，以調節穀水、洛水的逕流量，來防禦穀、洛二水的水患。《資治通鑑》卷一九五〈唐紀十一〉玄宗二十四年條，胡三省註載：

> 玄宗開元二十四年（736），以穀、洛二水或泛溢，疲費人功，遂出內庫和僱，脩三陂以禦之，一曰積翠，二曰月陂，三曰上陽；爾後

〔註18〕《新唐書》卷一九七，〈薛大鼎傳〉，頁5621。《冊府元龜》卷四九七〈邦計部·河渠二〉，載：「永徽元年薛大鼎為滄州刺史，州界有無棣河，隋末填廢，大鼎奏開之。引魚鹽於海，百姓歌之，曰新河得通舟楫利直達滄海魚鹽至。昔日徒行，今日騁駒，美哉，薛公德滂被。大鼎又以州界卑下遂決長蘆及彰、衡等三河，分泄夏潦，境內無復水災。」頁5950。

〔註19〕《新唐書》卷三九〈地理志〉，頁1017。

〔註20〕《新唐書》卷三七〈地理志一〉載：「華州鄭縣西南二十三里有利物渠，引喬谷水，東南十五里有羅文渠，引小敷谷水，支分溉田，皆開元四年，詔陝州刺史姜師度疏故渠，又立隄以捍水害」，頁964。

〔註21〕《新唐書》卷三七〈地理志一〉，頁964。

　　二水無勞役之患。〔註22〕

自從李適之負責修築積翠、月陂和上陽三陂塘之後，洛水再度泛濫是開元廿九年（741）七月、天寶十三載七月，代宗廣德二年（764）五月、大曆元年（766）七月。此後，唐代文獻就不再有洛水泛濫記錄。由上述洛水泛溢紀錄，說明河道、堤堰、陂塘等修繕、維護工作必須隨時進行。此外《新唐書》卷三九〈地理志〉載：河北道，重新疏通舊有的陂渠，以蓄洩水潦的工程有：

　　永徽五年（654）趙州平棘縣令弓志元，引太白渠以注入縣東二里的
　　廣潤陂，縣東南畢泓，以畜洩水利。〔註23〕

　　開元四年（716），莫州任丘縣，縣令魚思賢開築通利渠，以洩陂淀，
　　自縣南五里至城西北入淲，得地二百餘頃。〔註24〕

河北道海河平原地勢低窪，地面坡度小，排水不暢，受到洪澇嚴重威脅，爲了宣洩洪澇，唐代先後開鑿了許多排水溝渠。任丘縣令魚思賢開築通利渠，不但排除這裡低窪地區的水，而且還獲得二百餘頃的耕地。

三、修築堤堰阻擋水流

　　《新唐書》卷三七、三八〈地理志〉載：貞觀十年（636），仇源在萊州即墨縣東南，築堰以防淮涉水。〔註25〕開元二年（714），河南尹李傑調發汴、鄭丁夫重濬河、汴之交年久失修的梁公堰，使得江淮運道重新暢通。〔註26〕開元四年（716）華州鄭縣，縣令姜師度疏故利俗渠、羅文渠，立隄以捍水害。〔註27〕開元十四年（726），河南道海州朐山，苦海嘯之害，刺史杜令昭率民築永安隄，北起接山，環城十里，用以捍海潮，乃絕其害。〔註28〕久視元年（700），開築德州平昌縣（今山東臨邑縣北）馬頰河，當時稱爲「新河」。〔註29〕開元中（713 至 741）趙州柏鄉縣令王佐浚千金渠，築萬金堰，以排水潦。〔註30〕開元十五年（727），將作大匠范安及簡較鄭州河口斗門，先是

〔註22〕《資治通鑑》卷一九五〈唐紀十一〉，頁 6130。
〔註23〕《新唐書》卷三九，〈地理志三〉，頁 1017。
〔註24〕《新唐書》卷三九，〈地理志三〉，頁 1021。
〔註25〕《新唐書》卷三八，〈地理志二〉，頁 995。
〔註26〕《冊府元龜》卷四九七〈河渠二〉，頁 5950。
〔註27〕《新唐書》卷三七，〈地理志一〉，頁 964。
〔註28〕《新唐書》卷三十八，〈地理志二〉，頁 996。
〔註29〕《新唐書》卷三九〈地理志〉，頁 1018。
〔註30〕《新唐書》卷三九〈地理志〉，頁 1017。

雒陽人劉宗器上言請塞汜水舊汴河口於下流滎澤界，梁公堰置斗門，以通
淮、汴至是新渠塞，行舟不通。遂發河南府懷、鄭、汴、滑三萬人孔決兼舊
河口，旬日而畢。〔註31〕

　　此外，從杜甫寄給齊州臨邑弟弟杜穎的一首詩中，可以略知當時地方官
吏率領河工修築黃河河堤心情的寫照。杜穎是齊州臨邑縣的主簿，負責管理
當地河川的地方官。杜甫這首詩題名為「臨邑舍弟書至苦雨黃河泛濫，堤防
之患，簿領所憂，因寄此詩，用寬其意。」其詩中：「二儀積風雨，百谷漏波
濤。聞道洪河坼，遙連滄海高。」描述當時天地間瀰漫了風雨，波濤洶湧的
河水流入低窪處，波濤洶湧。洪水衝破黃河河堤，河水遙連滄海，一望無際
的形勢，並以「版築不時操。」來描述其弟帶領工人修築河堤的辛勞，也描
述出當時地方官為了防洪而必須率領河工不斷的修護河堤，勤苦的工作情
景。〔註32〕

　　唐代雖沒有大規模的水利工程建設，卻有一群勤奮而盡責的刺史與縣
令，在地方上隨時進行河渠、堤堰、陂塘……等水利工程的修繕與重建。所
以，玄宗時期黃河流域的水患雖多，卻能很快恢復，這些河渠、堤堰、陂塘
等水利建設都能發揮防禦水患的功能，使災區能迅速的恢復生產，不致造成
人民生活的失序與社會的不安。

第二節　農業灌溉

　　唐代是我國水利事業發展的重要階段。這時的水利開發普及，水利工程
數量，較前代顯著的增加，顯示出唐代的水利建設的蓬勃氣象。唐代水利工
程的功能是多方面的，除了上一節的防洪治水外，農業灌溉、漕運都是唐代
水利事業發展的主因。中國很早就知道灌溉用水對農業的重要，為了增加農
業生產的需要，春秋戰國時期，水利建設已為各諸侯國所重視，開始興建各

〔註31〕《舊唐書》卷四九〈食貨志〉，頁 2114。
〔註32〕《杜甫全集》卷九，詩名〈臨邑舍弟書至苦雨黃河泛濫，堤防之患，簿領所
　　　　憂，因寄此詩，用寬其意。〉全詩如下：「二儀積風雨，百谷漏波濤。聞道洪
　　　　河坼，遙連滄海高。職思憂悄悄，郡國訴嗷嗷。舍弟卑栖邑，防川領簿漕。
　　　　尺書前日至，版築不時操。難假黿鼉力，空瞻鳥鵲毛。燕南吹畎畝，濟上沒
　　　　蓬蒿。螺蚌滿近郭，蛟螭乘九皋。徐關深水府，碭石小秋毫。白屋留孤樹，
　　　　青天矢萬艘，吾衰同泛梗，利涉想蟠桃。倚賴天涯釣，猶能掣巨鰲。」上海，
　　　　上海古籍出版社，1996 年 11 月第一版。

種水利工程，以灌溉農田，防治水旱，確保農業的收獲。

　　從戰國後期到秦漢，關中地區人口逐漸增加，糧食需求量也愈來愈大。爲解決關中的糧食問題，政府一方面依賴外地漕糧的供應，一方面則是發展當地農業，擴大農地種植面積以提高農業產量，而這兩者的先決條件就是要有完善的水利運輸與農業灌溉用水系統。在這種情況下，關中著名的鄭國渠、白渠，及漕渠、六輔渠、靈軹、成國、韓渠等，一系列大規模的農業灌溉渠道，陸續興建完成，以作爲關中廣大的農田灌溉系統。〔註33〕漢武帝太始二年（前95年）。趙中大夫白公，穿渠，引涇水，溉田四千五百頃，名曰白渠。〔註34〕不但有效地供應農作物生長所需用水量，而且又沖淡土壤的鹽鹵，改良了土質，使鹽鹵的不毛之地變爲「沃壤」。《漢書》〈溝洫志〉載：「若有渠溉，則鹽鹵下溼，填淤加肥，故種禾麥，更爲秔稻，高田五倍，下田十倍。」〔註35〕說明興建水利，灌溉農田，對提高農作物產量有很大的效益。

　　經歷隋末連年戰亂，唐建國之初，北方中原地區，人口凋零，生產破壞，田園荒蕪。《舊唐書》卷七十一〈魏徵傳〉載：

　　　自伊、洛以東，暨乎海岱，灌莽巨澤，蒼茫千里，人煙斷絕，雞犬
　　　不聞，道路蕭條，進退艱阻。〔註36〕

唐初統治者面對戰後百廢待舉的國事，採取與民休息，不奪農時的治國政策，積極的恢復農業生產，以充實國力。再逐漸恢復往日伊、洛繁榮的景象。從唐高祖的事例，就可以知道唐初的重農政策。武德五年（622）四月時，關中小麥成熟，高祖擔心農民人力不足，延誤小麥收成時間，便下令朝廷各部門僅留一、二人值勤，其餘的文武官員全部休假，回家幫忙田裡收成；連犯流罪以下的囚犯，都假釋回家，到田裡幫忙收割小麥。〔註37〕可見初唐時人口稀少，造成農忙時人力嚴重的不足，以致政府要「滿朝文武官員」及監獄流罪的「囚犯」都放農務假。

<hr>

〔註33〕《漢書》卷二九〈溝洫志〉，頁1684～1685。
〔註34〕《漢書》卷二九〈溝洫志〉，頁1685。
〔註35〕《漢書》卷二九〈溝洫志〉，頁1695。
〔註36〕《舊唐書》卷七十一〈魏徵傳〉，頁2560。《資治通鑑》卷一九四〈唐紀十〉載：「（貞觀六年）今自伊、洛以東至於海、岱，煙火尚希，灌莽極目。」頁6094。
〔註37〕《冊府元龜》卷七〇〈帝王・務農〉，載：「高祖謂群臣曰：比者兵革事煩，不遑隴畝，今諸方略定，軍國無虞，太平之基在於家給人足。今茲麥既大熟，宜停庶務，每司別留一二人守曹局，餘皆宜休假親事務農。流罪以下囚，罪名定者，亦放收穫。」頁788。

　　太宗時，採納魏徵「撫民以靜」的治國之政策，目的也是恢復農業生產。太宗認為：國家以人民為根本，人民以食為天，農作物如果收成不好，百姓將不會留在土地上，流離失所的百姓，不為國家所有。貞觀十六年（642），太宗以天下粟價斗值三至五錢，謂侍臣曰：

> 國以民為本，人以食為命，若禾黍不登，則兆庶非國家所有。既屬
> 豐稔若斯，朕為億兆人父母。……今省徭賦，不奪其時，使比屋之
> 人，恣其耕稼，此則富矣。〔註38〕

　　中宗景龍二年（706）七月，「誠諸州郡督刺史、縣令務盡地利，禁游食。」〔註39〕玄宗開元四年（716）九月，詔曰：「關中田苗今正熟，若不收刈，便恐飄零，緣頓差科時日尚遠，宜令併功收拾，不得有科喚致妨農業，乃令左右御史撿察奏聞。」〔註40〕可見當時統治者對農業的重視。

　　農業發展除了受氣候、土壤、地形之環境因素及農業技術、耕具等影響外，決定農業產量的另一因素為農作物需水量的供應。因此，興修水利，為發展農業的重要條件之一。

　　黃河流域中、下游的黃土高原與平原的土壤，根據近代土壤科學研究，認為具有高孔隙性和強毛細管吸收力，黃土本身含有豐富的鉀、磷和石灰，只要適量的水灌溉，就能產生自然肥力，非常適合農業發展。因此黃河中、下游的黃土高原與黃淮平原成為唐代中國農業重要穀倉。然而黃河流域的降雨季節分配不平均，經常水、旱為害，對農業生產造成很大威脅。因此，引水溉田的水利設施就應運而生，中國的農業灌溉工程，可追溯到戰國時代的鑿渠引涇水灌溉農田。〔註41〕

　　唐朝是中國歷史上第二個光輝燦爛的盛世，其成為強盛繁榮帝國的因素固然很多，但基本上與其農業發達有關。而農業發達又與農田水利建設有密切關係。唐代的農田水利建設甚為普遍，根據兩《唐書》、《元和郡縣圖志》、《冊府元龜》等文獻記載，唐代興修的水利工程，多達二七九件。其中最多

〔註38〕《貞觀政要》卷八〈務農〉，頁238。
〔註39〕《冊府元龜》卷七〇〈帝王・務農〉，頁789。
〔註40〕《冊府元龜》卷七〇〈帝王・務農〉，頁789。
〔註41〕《漢書》卷二九〈溝洫志〉載：「韓……使水工鄭國間說秦，令鑿涇水，自中山西邸瓠口為渠，並北山，東注洛，三百餘里，欲以溉田。……渠成而用注填閼之水，溉舄鹵之地四萬餘頃，收皆畝一鍾。於是關中為沃野，無凶年，秦以富彊，卒并諸侯，因名曰鄭國渠。」頁1678。

的爲江南道六十三件、其次爲河北道的五十六件、關內道的四十九件，河南道的三十八件。最少爲隴右道的零件及嶺南道的五件。唐代水利建設發展分爲前、後兩個階段。安史亂前，以北方的黃河流域中、下游爲重心，共計一○九件，南方爲五○件。安史亂後，水利建設中心以南方爲主，南方建設總數六十二件，遠超過北方的三○件，另外有二十七件年代不詳。（請參閱表 3-1）。

壹、關中水利

關中爲唐代畿輔重地，爲了增強京師的經濟實力和中央的財政收入，滿足長安的糧食需求，唐政府一方面改善漕運路線與漕運方法，以增加黃河下游與江淮漕糧轉運量。另一方面則加強關中地區農業和水利興建。「凡京畿之內渠堰陂塘之壞決，則下於所由，而後修之。」〔註 42〕並設專門官員管理關中水利修建工程，以促進關中農業灌溉事業的發展。

唐代關中水利以修復和擴建古老灌溉區爲主。長安城的農田水利灌溉建設，早在漢代就很發達，鄭白渠就是其中之一。（圖 3-1）

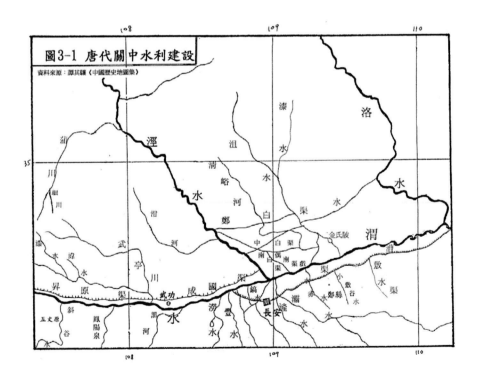

圖3-1 唐代關中水利建設

資料來源：譚其驤《中國歷史地圖集》

〔註 42〕《唐六典》卷二十三〈都水監〉，頁 599。

一、鄭白渠灌溉效益的重修

歷史上有名的鄭國渠和白渠，唐代稱鄭白渠，據《元和郡縣圖志》〈京兆府‧涇陽縣〉載：當時鄭白渠有太白、中白和南白三大支渠。太白渠，在涇陽縣東北十里；中白渠，由太白渠分出，東流入高陵縣界；南白渠，又由中白渠分出，東南流，也入高陵縣界。稱三白渠。說明唐代鄭白渠灌溉區的擴展。

秦國興修的鄭國渠東越石川河，注入洛水（北洛水）。至唐時，石川河以東的鄭國渠久已廢棄。《新唐書》卷三七〈地理志〉載：「武德二年（619），引白渠水注入下邽縣金氏二陂，以置監屯田。」〔註43〕鄭白渠的灌溉效益，明顯得到恢復。永徽六年（655）時，據《通典》卷二〈食貨‧水利田〉載：今富商大賈在鄭白渠上，「競造碾磑，堰遏費水，渠流梗澀，止溉一萬許頃。」〔註44〕雖然還未達到秦漢時鄭白渠，溉田四萬四千餘頃〔註45〕的規模。但鄭白渠灌溉區內的水稻田面積比從前增加。《唐會要》卷八九〈碾磑〉載：

> 廣德二年（764），李栖筠奏請拆京城北白渠上王公寺碾磑七十餘所，
> 以廣水田之利，計歲收粳稻三百萬石。〔註46〕

廣德二年，歲收粳稻三百萬石，則每畝產稻約為三石。〔註47〕鄭白渠灌溉區每年可收粳稻三百萬石，說明當時水稻種植面積不小。水稻的需水量比其他穀類作物來得多。如將這因素考慮進去，則鄭白渠灌溉面積與鄭國渠就差不多了。

此外，鄭白渠上游南岸，在雲陽縣（今三原縣西北）和三原縣（今三原縣東北）交界一帶，還有六道小渠，《元和郡縣圖志》認為就是漢代的六輔渠，〔註48〕皆用為農田灌溉用水。

二、成國渠的維修與昇原渠的興建

關中平原的西部，漢代修有成國渠灌溉區，後來經過曹魏時期的擴建，其渠上承千水，循周原周圍東流，在武功過漆水後，經咸陽北，沿茂陵、昭陵南，東流入渭水。成國渠的漆河上的六門堰坐落在武功縣（今武功縣西北）

〔註43〕 《新唐書》卷三七〈地理志〉，頁964。
〔註44〕 《通典》卷二〈食貨‧水利田〉，頁39。
〔註45〕 《元和郡縣圖志》卷一〈關內道〉，頁11。
〔註46〕 《唐會要》卷八九〈碾磑〉，頁1622。
〔註47〕 若以永徽六年鄭白渠溉田一萬餘頃數計，廣德二年，歲收粳稻三百萬石，則每畝產稻約為三石。
〔註48〕 《漢書》載：「元鼎六年（前111）兒寬為左內史，奏請穿六輔渠，以益溉鄭國旁高卬之田。」

東。唐代爲了發揮成國渠的溉田的水利效益，在貞觀、永徽、聖曆、久視和大曆年間，曾進行過多次修築，重點在維修六門堰。〔註49〕

昇原渠位於成國渠西段的西北面，是一條灌溉兼漕運的渠道。唐代對虢縣至武功間的成國渠雖有維修，但因其渠水走向偏低，解決不了周原的灌溉問題。《新唐書》卷三七〈地理志〉載：「垂拱初，寶雞縣西北有昇原渠，引汧水至咸陽。」〔註50〕《類編長安志》卷六〈泉渠〉記載較爲具體：

> （昇原渠）在興平縣南十五里。西自武功縣流入縣界，凡六十里，
> 溉田七千餘頃，東流入咸陽。其源出汧水，自鳳翔虢縣西北原，流
> 至武亭，合（武亭水）流數里，西南至六門堰東（與）成國渠合流，
> 西南出縣界。以其昇原渠而流，故名之。〔註51〕

唐代的昇原渠引汧水，經虢縣西北東南流，又合武亭水入六門堰，在六門堰東，匯入成國渠（東段）。因爲引水上了周原，故名昇原渠。《元和郡縣圖志》卷二〈鄠縣〉條載：成國渠在縣東北九里，受渭水以溉田。

綜上可知：唐代漆水河以西有兩條高低不同，走向相同的渠道；昇原渠引汧水循周原東流，承納岐水、漳水等川谷水，經六門堰，東與成國渠合流；成國渠西段從虢縣引渭水東經原下鄠、扶、武等地，亦匯入六門堰。這兩條渠道使渭、汧、莫、香、武、漳六水匯集漆水河谷內，通過六門堰調節控制使渭北水利資源獲得進一步的開發與利用。

三、引洛水堰黃河灌溉工程的重建

洛水下游是一處古老的灌溉區，但從北周重開龍首渠以後，長期沒有水利建設的記載。致使朝邑一帶不少地方重新成爲鹹鹵之地。開元七年（719）在同州刺史姜師度主持下，重建引洛水灌溉區。《舊唐書》卷一八五〈姜師度傳〉載：

> （姜師度）於朝邑、河西二縣界，就古通靈陂，擇地引雒水及堰黃
> 河灌之，以種稻田，凡二千餘頃，內置屯十餘所，收獲萬計。〔註52〕

〔註49〕　《長安志》卷十四，引〈李石記〉。引自，汪家倫、張芳編著《中國農田水利
　　　　　史》，蘭州，農業出版社，1990年12月第一版。頁213。
〔註50〕　《新唐書》卷三七〈地理志〉，頁967。
〔註51〕　《類編長安志》卷六〈泉渠〉，頁193。
〔註52〕　《舊唐書》卷一八五〈姜師度傳〉，頁4816。《新唐書》卷三七〈地理志〉載：
　　　　　「引洛堰河以溉通靈陂田百餘頃。」《元和郡縣圖志》卷二《新唐書》卷一百
　　　　　〈姜師度傳〉載：「載二百餘頃」。

姜師度採取引洛水堰黃河水以溉通靈陂窪地，同時又開鑿田間溝洫，引水浸田，種稻洗碱，使大片荒蕪不毛的鹹鹵洼地，變成爲原田彌望，畎澮連屬的膏腴稻田。由於姜師度重修引洛水灌田取得顯著效益，使朝邑、河西一帶棄地二千頃化爲上田，收穫萬計。所以開元八年（720）九月，唐玄宗特詔表彰他將「繇來榛棘之所遍爲秔稻之川，倉庾有京坻之饒，關輔致畝畬之潤。」的功績。〔註53〕

此外，唐代在朝邑東北大規模引黃灌溉也取得成功。武德七年（624），《新唐書》卷三七〈地理志〉載：治中雲得臣自龍門（今韓城縣），引河溉田六千餘頃。〔註54〕

四、長安地區的水利

隋唐兩代皆以長安爲都城。長安附近水利相當發達，長安城外的八水遠在漢代就已有名於世。八水指涇、渭、滻、澇、灃、鎬、灞、潏。隋、唐時期鎬水已湮沒，其南的交水可能就是鎬水的上源。〔註55〕隋時徙長安於龍首原下，本因漢代故城水皆鹹鹵，水不適飲用。新都建成後，城內用水主要引自八水的交水、滻水和潏水。引水渠道分別是引交水的永安渠，〔註56〕引滻水的清明渠和引潏水的龍首渠。〔註57〕隋朝在長安城北開鑿漕渠，引渭水入黃河，運輸關東糧食，這條漕渠到唐代還繼續維修使用。〔註58〕唐代又曾在長安城南開鑿漕渠，引滻水入城，以漕運南山薪炭。〔註59〕更重要的則是引水灌溉，促進農業發展。長安附近有一條賀蘭渠，也稱爲灃水渠，

〔註53〕《冊府元龜》卷四九七〈邦計部・河渠二〉，頁5951。

〔註54〕《新唐書》卷三七〈地理志〉，頁965。

〔註55〕《水經注・渭水》載：「鎬水上承鎬池於昆明池北」，是鎬池爲鎬水源頭。鎬池湮塞，鎬水也就斷流。鎬池爲一蓄水池泊，如何能爲鎬水源頭？昆明池爲漢武帝時所鑿，池水主要引自交水。在昆明池未開鑿前，交水可能就是鎬水的上源。引自史念海〈隋唐時期自然環境的變遷及與人爲作用的關係〉載於《歷史研究》，1990年第一期，頁51。

〔註56〕《類編長安志》卷六〈泉渠〉，頁192。

〔註57〕同上註。

〔註58〕《隋書》卷二四〈食貨志〉，頁683。

〔註59〕《新唐書》卷三七〈地理志〉載：「天寶二年（743）京兆尹韓朝宗引渭水入金光門，置潭于西市之西街，以貯材木。」頁962。《新唐書》卷一四五〈黎幹傳〉載：大曆元年（766）「京師苦樵薪乏，幹度開漕渠，興南山谷口，尾入于苑，以便運載。」頁4721。黎幹所開漕渠地點恰與韓朝宗漕渠終點銜接，黎幹引南山之水，故韓朝宗應引滻水而不是渭水。

是引澧水至交水的渠道。〔註60〕又有清渠和漆渠，清渠是由鄠縣入於長安，北流入渭；漆渠是分坈河分水，經縣界二十里入漕河。〔註61〕引水入長安城的諸渠，除供給都城用水外，也用於灌溉。此外，流入曲江的黃渠就有一支流入樊川灌溉稻田。〔註62〕至於未引入城內的各水，當地農民自然不會輕易放過。

綜合以上可知，唐代關中水利灌溉發達，促進了關中農業生產的興盛。大片鹹鹵地得到改良利用，稻作面積擴大，鄭白渠灌溉區、引洛灌溉區、長安附近出現膏腴稻田；麥類作物的種植普遍，且有粟麥輪作的二年三獲制。《冊府元龜》卷四九七〈邦計部・河渠〉載：「倉腴有京坻之饒，關輔致畝畬之潤。」〔註63〕

貳、河東道水利灌溉

河東道範圍包括今天的山西全省和河北省西北的部分地區，西鄰關中，是唐代重要農業地區之一。唐代在轉漕江淮的同時，也常漕汾、晉之粟，以供京師需用，所以河東道的農田水利受到相當重視。河東道的水利工程主要分布在汾河中、下游的太原府（山西太原市）、晉州（山西臨汾市）、絳州（山西新絳縣）及蒲州（山西永濟縣西南蒲州鎮，開元後改為河中府）。

太原是唐代起兵的發祥地，又是唐代北藩重鎮，為唐代的北都。唐初，武德（618至626）年間屯田太原，以省饋運，歲收粟十萬斛。〔註64〕在太原府還興建了許多灌溉工程。如貞觀（627至649）中，榆次縣令孫湛常主持興修了引洞渦水灌溉工程。〔註65〕武德二年（619），汾州刺史蕭顗在文水縣（今文水縣東）西十里，修常渠，引文水溉田。〔註66〕貞觀三年（629）又在文水縣西北二十里修柵城渠，引文谷水，溉田數百頃。〔註67〕開元二年（714）在文水縣令戴謙的率領下，又在縣東北鑿甘泉渠、蕩莎渠、靈長渠千畝渠，俱

〔註60〕 《長安志》卷一二引〈括地志〉。
〔註61〕 《類編長安志》卷六〈泉渠〉，頁192。
〔註62〕 《長安志》卷一一〈萬年〉。
〔註63〕 《冊府元龜》卷四九七〈邦計部・河渠〉，頁5951。
〔註64〕 《新唐書》卷九五〈竇威傳附竇靜傳〉，頁3848。《舊唐書》卷六一〈竇威傳附竇靜傳〉歲收穀數不同，為「歲數千斛」。頁2369。
〔註65〕 《讀史方輿紀要》，卷四十〈山西二〉，頁276。
〔註66〕 《新唐書》卷三九〈地理志〉，頁1004。
〔註67〕 同註66。

引文谷水，傳溉田數千頃。〔註68〕

　　太原以南的晉州水利灌溉也很發達，尤其臨汾的高梁堰灌區和龍祠泉、霍泉灌區最爲著名，據《新唐書・地理志》載：武德中臨汾縣（今山西臨汾市）東北十里築高梁堰，引高梁水溉田，渠水又引入百金泊，形成渠塘串聯的形式。貞觀十三年（639）高梁堰爲洪水衝壞。永徽二年（651），由刺史李寬主持興建縣東二十五里的夏柴堰，改引濔水溉田，其時縣令陶善鼎復治百金泊，亦引濔水溉田。十六年以後，即乾封二年（667）夏柴堰又壞，乃西引晉水（即平水）溉田。〔註69〕

　　唐代絳州的農田灌溉也有很大的發展，永徽元年（650），曲沃縣令崔翳在東北三十五里，修新絳渠，引古堆水（即澮水）溉田百餘頃。〔註70〕儀鳳二年（677）聞喜縣（今聞喜縣東北）東南三十五里修沙渠，引中條山水，灌溉涑水南岸的農田。〔註71〕而鑿汾水灌溉曲沃最有成就的應是德宗貞元年間的刺史韋武。《新唐書》卷九八〈韋武傳〉載：「絳州刺史（韋武），鑿汾水溉田萬三千餘頃。」〔註72〕

　　河中府的水利灌溉工程，唐代文獻記錄僅四次，都在貞觀年間：貞觀十年（636）在龍門縣（今河津縣）北三十里修築瓜谷山堰。貞觀十七年（643）刺史薛萬徹在虞縣（今永濟縣東）北十五里修築涑水渠，自聞喜縣境引涑水下流至臨晉（今山西臨猗縣西）。貞觀二十三年（649）縣令長孫恕在龍門縣東南修築十石壚渠，溉田良沃，畝收十石。並修築縣西馬鞍塢渠。〔註73〕這是唐代文獻中農業生產，每畝收成量最高單位記錄。

　　由於水利灌溉的發展，河東地區農作物產量得以提高，成爲富饒的糧產區。開元二年（714），設置龍門倉，〔註74〕收貯河東之穀糧，就近供應京師，以省關東漕運。

參、河南道的水利灌溉

　　唐代的河南道包含今山東、河南兩省黃河故道以南和江蘇、安徽兩省淮

〔註68〕同註66。
〔註69〕《新唐書》卷三九〈地理志〉，頁1001。
〔註70〕《新唐書》卷三九〈地理志〉，頁1001～1002。
〔註71〕同上註，頁1002。
〔註72〕《新唐書》卷九八〈韋武傳〉，頁3905。
〔註73〕《新唐書》卷三九〈地理志〉，頁1000、1001。
〔註74〕《新唐書》卷三九〈地理志〉，頁1001。

河以北的地區。也是唐代東都洛陽所在地。漢魏以來，這個地區相繼興修了許多著名的水利工程，因而成為僅次於關中的重要農業經濟區。但在隋末戰爭中，河南道遭到嚴重的破壞，「自伊、洛之東，暨乎海、岱，萑莽巨澤，茫茫千里，人烟斷絕」，〔註75〕幾乎成了一片廢墟。唐朝建立之後，為了重整河南道蕭條的狀況，對陂塘渠堰工程進行了廣泛的修治。據不完全的統計，唐代河南道見於文獻記載的修治工程共有三十八件（見表 3-1），其中三十件在安史亂前。這些灌溉工程分佈在虢、滑、潁、許、陳、蔡、汴、濠、宿、青、兗、沂、密等十三個州，引黃河和淮、汝、汴、潁、伊、洛等水為農業灌溉，其中溉田萬畝以上的有：鴻臚水、玉梁渠、觀省陂、椒陂塘、牌湖堤及大崇陂等灌溉區。

一、鴻臚水灌溉區

鴻臚水灌溉，位於虢州弘農縣（今河南靈寶縣），其水源引自鴻臚水（今宏農潤），經弘農縣北十五里入靈寶縣，溉田四百餘頃。〔註76〕

二、玉梁渠灌溉區

玉梁渠灌溉區，位於蔡州新息縣（今河南息縣）西北五十里，隋文帝仁壽（601 至 604）中修，開元（713 至 741）中縣令薛務重新疏浚整治，渠水和兩岸十六個陂塘聯結，構成陂渠串聯，引蓄水結合工程型式，溉田三千餘頃。〔註77〕蒼陵堰灌溉區位於汝陽縣（今汝南縣），堰汝水溉田千頃。〔註78〕

三、椒陂塘灌溉區

椒陂塘灌溉區，位於潁州汝陰（今安徽阜陽縣）南三十五里，永徽（650至 655）中，刺史劉寶積修，引潤水溉田二百頃。〔註79〕

四、觀省陂灌溉區

觀省陂灌溉區，位於汴州陳留縣（今河南陳留），貞觀十年（636）縣令劉雅修，引水溉田百頃。〔註80〕

〔註75〕《貞觀政要》卷二〈論納諫〉頁 70。
〔註76〕《元和郡縣圖志》卷六〈河南道二〉，頁 162。
〔註77〕《元和郡縣圖志》卷九〈河南道五〉，頁 240。《新唐書》卷三八〈地理二〉，頁 989。
〔註78〕《讀史方輿紀要》卷四十，上海出版社，1998 年，頁 276。
〔註79〕《新唐書》卷三八〈地理二〉，頁 987。
〔註80〕《新唐書》卷三八〈地理二〉，頁 989。

五、牌湖堤灌溉區

牌湖堤灌溉區，位於宿州符離縣（今安徽宿縣北）東北九十里，隋代興修，顯慶（656 至 661）中復修，灌田五百餘頃。〔註81〕灘水故堰，位於密州諸城縣東北四十六里，蓄以爲塘，方二十餘里。漑水田萬頃。〔註82〕

此外，位於潁州下蔡縣（今安徽鳳臺縣）西北百二十里的大崇陂，八十里的雞陂，六十里的黃陂，東北八十里的湄陂，皆隋末廢，唐復之，漑田數百頃。〔註83〕成爲頗具規模的灌溉區。位於濠州鍾離縣南有故千人塘，乾封（666 至667）中修，以漑田。〔註84〕位於青州北海縣，長安中（702），縣令竇琰於故營丘城東北穿渠，引白浪水，曲折三十里以漑田，號竇公渠。〔註85〕位於沂州承縣的十三陂，居民蓄水以漑田，貞觀（627 至 649）以來修築。〔註86〕

唐代全面修治河南道農田灌溉工程，使得黃、淮之間的許、豫、陳、亳等州開闢廣大的稻田，開元廿二年（734）七月，任張九齡爲河南開稻田使，八月於許、豫、陳、亳等州置水屯，〔註87〕廣開稻田之利。

肆、河北道的水利灌溉

唐代河北道的轄區相當於現在的河北省、遼寧省的大部，以及河南、山東兩省的古黃河以北地區。唐代安史亂前對這地區的古老的引漳灌溉區和太白灌溉區的水利工程均有所改建，同時也在海河平原興修不少排澇防洪工程。

一、天平渠灌溉區

戰國時代創建的引漳灌溉渠道，到唐代前演變爲天平渠。高宗咸亨年間（670 至 673）對天平渠灌溉區進行整修，並擴建金鳳渠、菊花渠、利物渠三條支渠。《新唐書》卷三九〈地理志〉載：

> 金鳳渠在相州鄴縣（今河北臨漳縣鄴鎮）南五里，咸亨三年（672）
> 引天平渠水漑田。菊花渠於咸亨四年（673）由臨漳縣令李仁綽開，
> 自鄴引天平渠水過臨漳（今臨漳縣西南舊縣村）南漑田長三十里。縣

〔註81〕《新唐書》卷三八〈地理二〉，頁 991。
〔註82〕《元和郡縣圖志》卷一一〈河南道七〉，頁 299。
〔註83〕《新唐書》卷三八〈地理二〉，頁 987。
〔註84〕《新唐書》卷三八〈地理二〉，頁 991。
〔註85〕《新唐書》卷三八〈地理二〉，頁 994。
〔註86〕《新唐書》卷三八〈地理二〉，頁 996。
〔註87〕《舊唐書》卷八〈玄宗紀上〉，頁 201。

北三十里的利物渠，亦引天平渠水，從滏陽（今磁縣）經臨漳下入成安（今成安縣），以溉田。咸亨三年（672）還在堯城（今安陽市東）北四十五里修萬金渠，引漳水，入北齊時開的都領渠以溉田。〔註88〕這個地區除引漳水外，對安陽水（洹水）進行開發，《新唐書》卷三九〈地理志〉載：咸亨三年（672）刺史李景在安陽縣西二十里開高平渠，引安陽水東流溉田，入廣潤陂。〔註89〕

二、太白渠灌溉區

太白渠之水源取自綿曼水（即滹沱河）。《漢書》卷二八上〈地理志上〉常山郡蒲吾縣載：「大白渠水首受縣曼水，東南至下曲陽入斯洨。」〔註90〕唐代前期從平山（今河北平山縣）開大唐渠，引太白渠灌溉獲鹿及石邑（今石家莊西南）農田。〔註91〕永徽五年（654）在趙州平棘縣（今趙縣），縣令弓志元引太白渠水注入廣潤陂。〔註92〕總章二年（669）又從石邑西北開禮教渠，引太白渠水東流入眞定（今河北正定縣）界以溉田。天寶二年（743）又延長大唐渠，從石邑向東南開渠四十三里，下流仍入太白渠。〔註93〕總之，太白渠灌溉區經過以上系列渠道的疏鑿，形成渠道暢通的灌溉網。

三、幽州與瀛州間的灌溉區

唐代在幽州與瀛州的河間縣附近，修建一些農業灌溉工程。《冊府元龜》〈河渠二〉載：

永徽（650至655）中，檢校幽州都督裴行方，引盧溝水（今永定河）廣開稻田數千頃，百姓賴以豐給。〔註94〕

瀛州河間縣於貞觀廿一年（646）與開元廿五年（737），先後開有二條長豐渠：

縣西北百里有長豐渠，貞觀二十一年（646），刺史朱潭開。縣西南五里有長豐渠，開元二十五年（737），刺史盧暉自東城、平舒引滹沱東入淇通漕，溉田五百餘頃。〔註95〕

〔註88〕《新唐書》卷三九〈地理志〉，頁1012。
〔註89〕《新唐書》卷三九〈地理志〉，頁1012。
〔註90〕《漢書》卷二八上〈地理志上〉，頁1576。
〔註91〕《新唐書》卷三九〈地理志〉，頁1015。
〔註92〕《新唐書》卷三九〈地理志〉，頁1017。
〔註93〕《新唐書》卷三九〈地理志〉，頁1015。
〔註94〕《冊府元龜》卷四九七〈邦計部·河渠二〉，頁5950。
〔註95〕《新唐書》卷三九〈地理志〉，頁1020。

此外，薊州三河縣（今三河縣西）北十二里的渠河塘，與西北六十里的孤山陂，共溉田三千頃。〔註96〕莫州任丘縣，有通利渠，開元四年（717），縣令魚思賢開，以洩陂淀，自縣南五里至城西北入滱，得地二百餘頃。〔註97〕

由於河北道，在太宗至玄宗年間就修築有四十八件水利工程建設（如表3-1），為當時全國水利灌溉工程最發達的地區，因此，河北道是唐代前期最重要的農業生產中心，也是當時的農業穀倉，可見灌溉用水對農業發展的重要。

伍、唐代灌溉用水制度

唐代是我國水利事業發展的重要階段。為了有效管理水利工程，提高水資源的使用效益，及加強工程維修與長期使用，因此，建立一套有效的水利管理辦法，即〈水部式〉〔註98〕（表3-2水部式殘卷二十九條），作為水利管理的依據，並設有專門機構和專職官吏管理。

〈水部式〉是一八九九年，考古學界在甘肅敦煌縣鳴沙山千佛洞發現，洞內封藏六朝及唐代卷帙的豐富寫本。其中唐代的〈水部式〉於一九○八年被法人伯希和盜走，現藏於巴黎國立圖書館。民國初年由羅振玉影印，收入《鳴沙石室佚書》中。唐代有關農業灌溉的管理，在〈水部式〉有詳細的規定：

一、斗門興建規格與材質的規定

唐代河渠上的斗門有一定的興建規格與材質規定，以確保斗門的堅固。白渠和其他大型灌溉區，渠上均設置斗門，以控制灌溉用水流量。斗門即渠上的閘門，而這些閘門必須用石塊砌築，閘板則是木製的，整座閘門必須堅實牢固，且有一定的尺寸規格，以達到確實控制灌溉水的分配比例。〔註99〕

唐代鄭白渠上的較大型閘門已有一百多座之多。〔註100〕調節主、支渠的

〔註96〕《新唐書》卷三九〈地理志〉，頁1022。
〔註97〕《新唐書》卷三九〈地理志〉，頁1021。
〔註98〕〈水部式〉曾出現在唐代文獻中的宋刻《白氏六帖事類集》（近圖影印江安傅氏藏本），在該書注解「畎澮清白渠斗門式」時，白居易曾引用〈水部式〉的文字，該段記載：〈水部式〉：京兆府高陵界清、白二渠交口置斗門，堰清水。恒准為五分，三分入中白渠，二分入清渠。若雨水過多即上下處相開放，還入清水。3月1日已前，8月20日已後任開放之。」引自周魁一〈「水部式」與唐代的農田水利管理〉載於《歷史地理》第四輯。
〔註99〕〈水部式〉第一條，收錄於敦煌《鳴沙石室佚書》。
〔註100〕《宋史》卷九四〈河渠四〉，載：「至道元年（995），皇甫選視察鄭白渠後報

分水比例。以便按照各渠道所控制的灌溉面積大小，作物種類的不同及各種作物在不同生長季節中對灌溉用水需求量的變化，合理分配用水。例如：在清渠與中白渠交匯處，設斗門調節水量，使五分之三分流入中白渠，五分之二分流入清渠。〔註101〕又如南白渠有多餘的水量可以接濟中白渠和偶南渠，其水量分配同樣用斗門控制。〔註102〕而灌溉渠上的斗門需要不斷的維修，才能提高灌溉管理效益。

二、灌溉渠道上不得任意攔河造堰以保持主幹道水位

灌溉渠道上不得任意攔河造堰以保持水道水位，即使主幹渠水位較低，以至支渠難以自流灌溉時，也不得爲提高上游水位，而在主幹渠上攔河造堰。在這種情況下，若將支渠斗門向主渠上游移動，以提高支渠引水高程，則是可以允許的。但是，改建的新支渠斗門時必須先向州縣申報，並按批准的規格施工和驗收。不過，爲了使支渠附近的高田能夠自流灌溉，而要求在支渠內臨時築堰壅高水位者，是可以被接受。

三、實施灌溉前必須事先統計灌溉區內農田面積

唐代農田實施灌溉前必須事先統計灌溉區內農田面積。《水部式》規定灌溉區內各級渠道控制的灌溉面積大小均須預先統計清楚。灌溉區內實行分區輪灌制。當某渠道所屬的範圍內的農地灌溉完畢，應立即關閉該渠斗門。務必使灌溉區內各部份田地能夠普遍均勻受益，不得有所偏廢。

唐代農地的灌溉先後次序也有明確規定：「溉田自遠始，先稻後陸」，〔註103〕「凡用水自下始」。〔註104〕「自遠始」、「自下始」，即說明輪流灌水的順序是由灌溉區渠道末端開始，再依次至水渠的中游，最後至水渠的上游；這規定有助於避免上下游之間的用水矛盾。而在旱作與水稻田相間的農地，則先灌水田，再溉旱田。這是根據作物耐旱程度的差別決定輪灌用水的次序。「溉田自遠始，先稻後陸」的輪灌次序，在唐代各地普遍實行。

告說：「其三白渠溉涇陽、櫟陽、高陵、雲陽、三原、富平六縣田三千八百五十餘頃，此渠衣食之源也，望令增築堤堰，以固護之。舊設節水斗門一百七十有六，皆壞，請悉繕完。」宋初人指出鄭白渠上「舊」有灌溉閘門一百七十六座，這個數字應可以代表唐代的情況。頁2346。

〔註101〕〈水部式〉第三條，收錄於敦煌《鳴沙石室佚書》。藏於國家圖書館臺灣分館。
〔註102〕〈水部式〉第四條，收錄於敦煌《鳴沙石室佚書》。
〔註103〕《新唐書》卷四八〈百官志·都水監〉，頁1276。
〔註104〕《唐六典》卷七〈水部郎中〉，頁226。

四、灌溉用水開放時間因地區而異

灌溉用水開放時間因地區而異，如京兆府高陵縣界清、白二渠，二月一日以前，八月卅日以後任意開放。〔註105〕同州河西縣潼水，正月一日以後，七月卅日以前，聽百姓用水。〔註106〕

五、灌溉用水優於碾磑用水。

〈水部式〉第二十條載：諸溉灌小渠上先有碾磑，其水以下即棄者。
每年八月卅日以後，正月一日以前聽動用。自餘之月仰所管官司於
用磑斗門下著鏁封印，仍去却磑石，先盡百姓溉灌。若天雨水足，
不須澆田，任聽動用。其傍渠疑有偷水之磑，亦准此斷塞。

此外，《唐六典》也載：「凡水有溉灌者，碾磑不得與爭其利。」〔註107〕這是唐代重視農業，保障農業生產的措施，以避免渠水爲富商、大官所壟斷，而破壞生產。但其效果則因政府的態度而定。高宗、玄宗等都有下令拆除渠道上的碾磑。

唐代地方官對灌溉區用水的管理，將被列爲年終考核晉級的重要依據。諸渠長及斗門長，在農田灌溉期間，負責分配各農田的用水量。每年的這個時間，州縣會各派一官員，來考察諸渠長或斗門長，在農田灌溉時段，分配各灌溉區用水量的情形。若諸渠長分配灌溉用水得當，而使農作物豐收者，則記功獎勵；如果分配灌溉用水不均和浪費水量的官員者，則記過處分。〔註108〕《唐六典》也記載：「至灌田時，……每歲府縣差官一人以督察之，歲終錄其功以爲考課。」〔註109〕兩者都說明州縣定期派都水官督察各渠水分配灌溉用水是否公平合理。

唐代的農業收成率平均每畝約產糧爲一石，經過灌溉以後，則每畝產稻約爲三石。〔註110〕由於唐代政府重視農業的發展，有良好的灌溉系統及制訂完善溉田制度，使農業生產量大增。到了天寶八年（750）天下諸色米都九千六百六萬二千二百二十石。〔註111〕（如表3-3）若再加上民間用米及儲藏米的

〔註105〕〈水部式〉第三條，收錄於敦煌《鳴沙石室佚書》。
〔註106〕〈水部式〉第十二條，收錄於敦煌《鳴沙石室佚書》。
〔註107〕《唐六典》卷七〈水部郎中〉，頁226。
〔註108〕〈水部式〉第二條，收錄於敦煌《鳴沙石室佚書》。
〔註109〕《唐六典》卷二三〈都水監〉，頁599。
〔註110〕若以永徽六年鄭白渠溉田一萬餘頃數計，廣德二年，歲收粳稻三百萬石，則每畝產稻約爲三石。
〔註111〕《通典》卷十二〈食貨典〉，頁291。

數量,則不知當時年收成之米有幾千萬石,由此可知玄宗時代農業發達。

綜觀上述,唐代農業之發達與農田水利灌溉有密切關係,農業灌溉使糧食的產量增加,以增強國家的經濟實力,而且唐代的農業水利建設,無論是灌溉渠道、漕運通道或是防洪工程,都具有多重功能。而各種水利建設,都有專人管理,除了固定在春天疏通河道、溝渠與堤防外,只要發現河渠、堤堰有被水患衝壞者,都必須隨時補修。如,「仲春乃命通溝瀆,立隄防,孟冬而畢。若秋、夏霖潦,泛溢衝壞者,則不待其時而修葺。」〔註112〕〈水部式〉第五條也載:「龍首、涇堰、五門、六門、昇原等堰,令隨近縣官專知檢校,仍堰別各於州縣差中男廿人、匠十二人分番看守,開閉節水,所有損壞隨即修理。如破多人少,任縣申州差夫相助。」所以唐代的灌溉工程,也是防洪、洩水害的水利建設。

表 3-2 　〈水部式〉殘卷（資料來源:敦煌鳴沙石室佚書）

第一條:有關灌溉用水制度的規定:「涇、渭、白渠及諸大渠用水溉灌之處皆安斗門,並須累石及安木傍壁,仰使牢固。不得當渠造堰。諸溉灌大渠有水下地高者不得當渠(造)堰,聽於上流勢高之處為斗門引取。其斗門皆須州縣官司檢行安置,不得私造。其傍支渠有地高水下,須臨時暫堰溉灌者聽之。凡澆田皆仰預知頃畝,依次取用。水遍,即令閉塞,務使均普,不得偏併。」
第二條:諸渠長及斗門長至澆田之時,專知節水多少,其州縣每年各差一官,檢校長官及都水官司,時加巡察。若用水得所田疇豐殖及用水不平,并虛棄水利者,年終錄為功過附考。
第三條:京兆府高陵縣界清、白二渠,交口着斗門,堰清水。恒淮水為五分,三分入中白渠,二分入清渠。若水雨過多,即與上下用水處相知開放,還入清水。二月一日以前,八月卅日以後亦任開放。涇、渭二水大白渠每年京兆尹一人檢校。其二口大斗門,至澆田之時,須有開下,放水多少委當界縣官共專。當官司相知,量事開閉。
第四條:涇水南白渠、中白渠、南渠水口初分欲入中白渠、偶南渠處各着斗門、堰;南白渠水一尺以上,二尺以下,入中白渠及偶南渠,若水雨過多,放還本渠,其南北白渠雨水汎漲,舊有洩水處,令水次州縣相知撿校疏決,勿使損田。
第五條:龍首、涇堰、五門、六門、昇原等堰,令隨近縣官專知檢校,仍堰別各於州縣差中男廿人、匠十二人分番看守,開閉節水,所有損壞隨即修理。如破多人少,任縣申州差夫相助。

〔註112〕《唐六典》卷七〈水部郎中〉,頁226。

第六條：	藍田新開渠每斗門置長一人，有水槽處置二人，恒令巡行，若渠堰破壞，即用隨近人修理，公私材木並聽運下。百姓須溉田處，令造斗門節用，勿令廢運。其藍田以東，先有水磑者，仰磑主作節水斗門，使通水過。
第七條：	合壁官舊渠深處，量置斗門節水，使得平滿，聽百姓以次取用，仍量置渠長，斗門長，檢校。若溉灌周遍，令依舊流，不得回茲棄水。
第八條：	河西諸州用水溉田，其州縣府鎮官人、公廨田及職田計營頃畝，共百姓均出人功，同修渠堰。若田多水少，亦准百姓量減少營。
第九條：	揚州揚子津斗門二所，宜於所管三府兵及輕疾內量差分番守當，隨須開閉。若有毀壞，便令兩處併功修理，從中橋以下洛水內及城外在側，不得造浮磑及捺堰。
第十條：	洛水中橋、天津橋等每令橋南北捉街衛士灑掃，所有穿穴隨即陪填，仍令巡街郎將等檢校，勿使非理破損，若水漲，令縣家檢校。
第十一條：	諸水碾磑，若擁水，質泥塞渠，不自疏導，致令水溢渠壞，於公私有妨者，碾磑即令毀破。
第十二條：	同州河西縣潼水，正月一日以後，七月卅日以前聽百姓用水，仍令分水入通靈陂。
第十三條：	諸州運船向北太倉，從子苑內過者，若經宿船，別留一兩人看守，餘並關出。
第十四條：	沙州用水澆田，令縣官檢校。仍置前官四人，三月以後，九月以前行水時，前官各借官馬一匹。
第十五條：	會寧關有船伍拾隻，宜令所管差強了官檢校，着兵防守，勿令北岸停泊。自餘緣河堪渡處，亦委所在州軍嚴加捉搦。
第十六條：	滄、瀛、貝、莫、登、萊、海、泗、魏、德等十州，共差水手五千四百人。三千四百人海運，二千人平河。宜二年與替，不煩更給勳賜，仍折免將役年及正役，年課役兼准毛丁例，每夫一年各怗一丁，其丁取免雜傜人，家道稍殷有者，人出二千五百文資助。
第十七條：	勝州轉運水手一百廿人，均出晉、絳兩州，取勳官充，不足兼取白丁。並二年與替，其勳官每年賜勳一轉、賜絹三匹、布三端，以當州應入京錢物充，其白丁充者應免課役，及資助，並准海運水手例不顧代者聽之。
第十八條：	河陽橋置水手二百五十人，陝州大陽橋置水手二百人，仍各置竹木匠十人在水手數內，其河陽橋水手於河陽縣取一百人，餘出河清、濟源、偃師、汜水、鞏、溫等縣，其大陽橋水手出當州，並於八等以下戶取白丁灼然解水者，分為四番，並免課役，不在征防雜抽使役及簡點之限，一補以後，非身死遭憂，不得輒替。如不存檢校，致有損壞，所由官與下考，水手決卅。安東都里鎮防人糧令萊州召取當州經渡海得勳人諳知風水者，置海師貳人、拖師肆人，隸蓬萊鎮。令候風調海晏，併運鎮糧同京上勳官例年滿聽選。
第十九條：	桂、廣二府鑄錢及嶺南諸州庸調并和市折租等物，遞至揚州訖。令揚州差綱部領送都應，須運腳於所送物內取充。

第二十條：	諸溉灌小渠上先有碾磑，其水以下即棄者，每年八月卅日以後，正月一日以前聽動用。自餘之月，仰所管官司於用磑斗門下著鑰封印，仍去却磑石，先盡百姓溉灌。若天雨水足，不須澆田，任聽動用。其傍渠疑有偷水之磑，亦准此斷塞。
第廿一條：	都水監，三津各配守橋丁卅人，於白丁中男內取灼然便水者充。分為四番上下，仍不在簡點及雜徭之限。五月一日以後，九月半以前，不得去家十里。每水大漲即追赴橋，如能接得公私材木枕等，依令分賞。三津仍各配木匠八人，四番上下。若破壞多，當橋丁近不足三橋通役，如又不足仰本縣長官量差役，事了日停都水監、漁師二百五十人。其中長上十人隨駕京都短番，一百廿人出虢州，明資一百廿人出房州，各為分四番上下。每番送卅人，並取白丁及雜色人五等已下戶充。並簡善採捕者為之，免其課役及雜徭，本司、雜戶、官戶並令教習，年滿廿補替漁師，其應上人，限每月卅日文牒，并身到所由，其尚食典膳祠祭中書門下，所須魚並都水採供諸陵各所管縣供餘應給魚處，及冬藏度支每年支錢二百貫，送都水監量依時價，給直仍隨季具破除見在申比部勾覆，年終具錄申所司計會，如有迴殘入來年支數。（此下原有斷闕，不計行數）
第廿二條：	已了及水大有餘，溉灌須水，亦聽兼用。
第廿三條：	京兆府灞橋，河南府永濟橋，差應上勳官并兵部散官，季別一人折番檢校，仍取當縣殘疾及中男分番守當，灞橋番別五人，永濟橋番別二人。
第廿四條：	諸州貯官船之處，須魚膏供用者量須多役當處防人採取無防人之處，通役雜職。
第廿五條：	皇城內溝渠擁塞停水之處，及道損壞，皆令當處諸官司修理。其橋將作修造十字街側，令當舖衛士修理，其京城內及羅郭牆各依地分當坊修理河陽橋，每年所須竹索，令宣、常、洪三州役丁近預造。宣、洪州各大索廿條，常州小索一千二百條，腳以官物充。仍差網部送量程，發遣使及期限，大陽蒲津橋竹索每三年一度，令司竹監給竹役津家水手造充，其舊索每委所由檢覆，如斟量牢好即且用，不得浪，有毀換，其供橋雜近料須多少預申所司量配，先取近橋人充。若無巧手聽以次差配，依番追上，若須併使亦任津司與管近州相知量事，折番隨須追役，如當年無役，准式徵課。
第廿六條：	諸浮橋腳船皆預備半副自餘調度，預備一副隨闕代換。河陽橋船於潭、洪二州，役丁匠造送，大陽蒲津橋船於嵐、石、隰、勝、慈等州，折丁採木浮送橋所役匠造供，若橋所見匠不充，亦申所司量配，自餘供橋調度，并雜物一事以仰，以當橋所換，不任用物迴易便充。若用不足，即預申省與橋側州縣相知量以官物充，每年出入破用錄申所司勾當，其有側近可採造者，役水手鎮兵雜匠等造貯，隨須給用，必使預為支擬，不得臨時闕事。
第廿七條：	諸置浮橋處，每年十月以後，凌牡開解合……抽正解合所須人夫，採運榆條造石籠，及絙索等雜使者，皆先役當津水手及所配兵，若不足兼以鎮兵，及橋側州縣人夫充，即橋在兩州縣者，亦於兩州兩縣准戶均差，仍與津司相知，須多少使得濟事，役各不得過十日。

第廿八條：	蒲津橋水匠一十五人，虔州大江水贛石險難，給水匠十五人，並於本州取白丁便水及解木作充，分爲四番上下，免其課役。
第廿九條：	孝義橋所須竹籄，配、宣、鐃等州造送應塞繫籄船，別給水手一人，分爲四番，其洛水籄取河陽橋故退者充。

表3-3　天寶八載唐代諸倉米儲藏量表

道　別	正　倉	義　倉	常平倉	和　糴	合　計
關內道	1,821,516	5,946,212	373,570	509,347	8,650,645
河北道	1,821,516	17,544,600	1,663,778		21,029,894
河東道	10,589,180 〔註113〕	7,309,610	535,386	110,229	18,434,176
河西道	702,065	388,403	31,090	371,750	1,493,308
隴右道	372,780	300,034	42,850	148,204	863,868
劍南道	223,940	1,797,228	10,740 〔註114〕		2,031,878
河南道	5,825,414	1,5429,763	1,212,464		22,467,641
淮南道	688,252	4,840,872	81,152		5,610,276
江南道	978,825	6,739,270	602,030 〔註115〕		8,320,125
山南道	143,882	2,871,668	49,190 石		3,064,740
通典合計 〔註116〕	42,126,184 石	63,177,660 石	4,602,220 石	1,139,530 石	111,045,594 石
合　計	23,167,370 石	63,167,660 石	4,602,220 石	1,029,301 石	91,966,551 石

諸　色　倉			
北　倉	6,616,840	諸色米合計	諸色米與諸色倉合計
太　倉	71,270		
含嘉倉	5,833,400		
太原倉	28,140		
永豐倉	83,720		
龍門倉	23,250		
通典合計	12,656,620 石	111,045,594 石	123,702,214 石
合　計	12,656,620 石	91,966,551 石	104,623,171 石

資料來源：通典卷十二食貨，頁291-294。

〔註113〕《通典》載：30,589,180石。《文獻通考》載：10,589,180石。《文獻通考》較合理。

〔註114〕《通典》載：70,740石，《文獻通考》載：10,740石。《文獻通考》較合理。

〔註115〕《通典》闕江南道常平倉數量。以《文獻通考》所載補。

〔註116〕《通典》諸倉合計數字，有些與今之合計略有出入，今將諸倉合計數字列於《通典》合計之下。

第三節　漕運與水患的關係

　　漕運是中國古代的水上運輸，始源於先秦時代。春秋戰國時代已經有水上運輸，只是當時諸侯國的經濟自給自足，各自食封邑，因而漕運無用武之地，僅偶爾用於災荒賑濟運輸。歷代漕運都是以京師爲中心，目的在供應京師糧食的需求，並保證京師用糧的穩定。因此，漕運功能以經濟範疇爲主，且與政治、軍事、文化、社會生活等都有密切關係。歷代漕運都由中央政府直接管轄；政府通過漕運，把全國各地徵收的稅糧及上供物資，或輸往京師，或儲存於糧倉，或運抵邊疆軍鎮供應軍需，藉此調度全國物資，以保證國家的經濟、政治運作權。

　　秦漢時期中國的經濟重心在北方，當時京師所在的關中地區農業發達，且政府機構尚屬簡單，關中所產的糧食尚能滿足朝廷的需求，因此當時漕運轉糧主要功能在支援戰爭。〔註117〕三國魏晉南北朝時期，由於戰爭頻繁，漕運活動較多，而漕糧的轉運大部分仍是供應軍隊的需要。當時政府對漕運的需求不大。

　　到了唐代，由於長安政權對漕糧的需求，促使唐朝漕運的蓬勃發展。唐代上承秦漢晉隋之經驗，下開宋元明清之先河，是中國漕運發展史上光輝燦爛的一個時期。唐代的漕運主要功能在供應京師政權糧食之需求。唐都於關中的長安，關中的土地雖然肥沃，但由於耕地狹小，其粟米收成少，不足以供應京師糧食需求，更無餘糧可儲存以備水旱凶年之需，所以必須經常轉漕東南之粟米，以供應京師需求。本節擬先探討京師漕運路線的重浚、整治及漕糧運輸對賑濟與和糴的社會制衡，與水患的關係。

壹、安史亂前京師漕運渠道的重浚和整治

　　唐代的政治中心在北方，而經濟重心卻在東南的江淮地區，因此以大運河爲主軸漕運體系的暢通與阻塞，便直接影響唐朝的盛衰。唐建國之初，高祖與太宗之世，用度有限，又注意節約，水陸漕運，每年不過二十萬石，包括備水旱的儲備，基本夠用，漕運尚無發展。但高宗以後，由於人口大幅度地增加，「國用漸廣」，每年漕運二十萬石尚且不足，往往「漕運數倍，猶不能支」，因此，漕運各地租賦或和糴的糧食至關中，以滿足長安政權的需求，

<hr>

〔註117〕《漢書》〈蕭何傳〉載：漢高祖定天下，蕭何「轉漕關中，給食不乏」，奠定了漢軍的勝利。頁2009。

成為漕運的重要使命。唐初利用前朝遺留下來的運河加以疏浚整理和開鑿不太長的新運河，遂使漕運路線空前擴大，形成以京師長安為中心的水上交通網。其漕運主要為溝通黃河、淮河、長江和錢塘江四大水系的水運通道。這條漕運路線經由江南河、山陽瀆、汴渠、永濟渠、黃河砥柱及關中漕渠，將河南、河北和江淮諸道的租賦直送長安（圖 3-2）。以下將探討唐代前期京師至東南運河的渠道整治工程，與水患的關係。

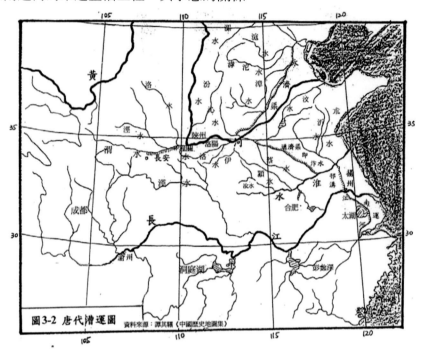

圖3-2 唐代漕運圖　資料來源：源其驤《中國歷史地圖集》

一、整治三門底柱

　　每年經關東及江南輸入的物品，不可勝計，而載運糧物的漕船沿江南河（鴻溝）、山陽瀆（邗溝）、汴水（通濟渠）至黃河，及永濟渠至黃河等運河抵達洛陽之後，皆需上溯黃河，而黃河有三門底柱之險，運輸十分困難，每年都因覆舟而造成重大損失。因此唐朝花費大量的人力、物力整治三門底柱險灘：

　　高宗顯慶元年（656）十月，苑面西監褚朗，請開底柱三門，鑿山架險，擬通陸運，於是發卒六千人鑿之，一月而功畢，後水漲引舟，竟不能進，功不成。〔註118〕其後，將作大匠楊務廉又鑿為棧，以輓漕舟。但山阻路窄，輓夫時

―――――――――――
〔註118〕《唐會要》卷八十七〈漕運〉。頁 1595。

常墜入河中身亡，官吏為掩飾，還以逃亡上報，株連其父母妻子，民眾莫不以為苦。〔註119〕運丁與輓夫的命運悲慘，由此可見。

由於水運困難，只好改為陸運，但陸運運費很高，每丁支出錢百文，充陝、洛運腳，五十文充營窖等費用。〔註120〕從洛陽至陝州，運米需費一千文。景雲（710 至 711）中，陸運北路分八遞，從洛陽含嘉倉到陝州太原倉的三百里，沿途，設八個轉運處，雇民間車牛以運糧。開元（713 至 741）初，河南尹李傑為水陸運使時，八遞場，用牛車一千八百乘，歲運米二百五十萬石，運量雖然增加，但牛隻死傷很大，且運費昂貴，所以不久便廢棄。〔註121〕

開元二十一年（733），京兆尹裴耀卿主持漕事，又採取褚朗鑿山為梁的方法，在三門北山開鑿出一條十八里長的山路，以水陸相兼的方式，避開三門底柱的湍險。這條陸路運道取得較好的效果，但僅用三年，因山洪、暴雨的衝擊侵蝕而不得不廢棄。此後漕運又恢復冒行底柱之險。〔註122〕

開元二十九年（741），陝郡太守李齊物改變方略，用「燒石沃醯」的方法，在三門山巔上開出了一條輓道，以供拉縴。避開三門河路湍峻，以通運船。〔註123〕

二、疏浚汴渠

汴渠亦稱汴水，為隋朝的通濟渠，它是溝通黃河與淮河之間的重要橋樑。「汴渠自洛陽西苑引穀水、洛水達於河，自板渚引河入汴口，又從大梁（今開封市）之東引汴水入於泗，達於淮，自江都宮入於海。」〔註124〕由於汴渠，溝通黃河，河水所含泥沙量大，故在與黃河相接的汴口（即汴口堰，亦稱板渚口）常被泥沙淤塞。唐初每年春天都要徵發附近州縣丁男「塞長茭，決沮淤」，疏通堰口，修築渠道，使運河暢通。否則，堰口擁塞，河水不能進入渠道，漕運就會中斷。中宗時，由於政治動蕩，運河修浚不及時，致使汴口「年久堰破，江、淮漕運不通。」〔註125〕只得用牛車轉運山東租米，致使「牛死

〔註119〕《新唐書》卷五十三〈食貨志三〉，頁 1365。
〔註120〕《通典》卷十〈食貨十〉，頁 222。
〔註121〕《新唐書》卷五十三〈食貨志三〉，頁 1367。
〔註122〕《通典》卷十〈食貨十〉，頁 223。
〔註123〕《新唐書》卷五三〈食貨志三〉，頁 1367。
〔註124〕《元和郡縣圖志》卷五〈河南道一・汴渠〉，頁 137。
〔註125〕《舊唐書》卷一○○〈李傑傳〉，頁 3111。

什八九」。〔註126〕因此，到了玄宗時，唐政府曾兩次大規模疏浚汴渠。第一次，開元二年（714），河南尹李傑調發汴州、鄭州丁夫疏通渠道。因省功速就，公私深以為利，故刊石水濱，以紀其績。〔註127〕及第二次，開元十五年（727），堰口再次塞阻，行舟不通，玄宗命將作大匠范安及率領河南府、懷、鄭、汴、滑、衛三萬人疏舊河渠，旬日而畢。〔註128〕此後至安史之亂以前汴渠基本上保持了暢通。

三、修浚山陽瀆

隋時沿用舊有渠道開鑿的山陽瀆（亦稱邗溝），始自山陽（今江蘇淮安）通至揚子（今江蘇儀征），入於長江。唐初，由於受各種自然因素的影響，長江三角洲向外推移，長江江面變窄，揚子以南至長江之間已不能行船。漕船須繞道瓜步（今江蘇儀征東），溯舊官河始能進入揚子斗門。不但迂迴繞遠，且舟船時有被風濤所損。因此玄宗開元二十六年（738），潤州（今江蘇鎮江）刺史兼江南東道採訪處置使齊澣開伊婁河，自今揚子橋至瓜州鎮，為邗溝增添了一個新的運口。史載：開伊婁河二十五里即達揚子縣，無風水災，又減租腳錢，歲收利百億，舟不漂溺。〔註129〕李白也稱讚道：齊公鑿新河，萬古流不絕。豐功利生人，天地同朽滅。〔註130〕從此，瓜州一便成為長江下游北岸的重要渡口。

四、整修永濟渠

唐朝初期致力於東南系統運河的開鑿、疏浚和整理之外，對東北走向的永濟渠，也進行了整治工程。

貞觀十七年（643），為增加永濟渠水源，在衛州衛縣御水（原為黃河支流，在今河南北部。東漢建安中，曹操於渠口作堰，遏使其流向東北，注入衛河，此後遂成為衛河支流）入渠處建築石堰。〔註131〕

其後由於滄州一帶地勢低洼，為防患永濟渠決口，於永徽二年（651），在

〔註126〕《資治通鑑》卷二○九〈唐紀二五〉，頁 6639。

〔註127〕《舊唐書》卷一○○〈李傑傳〉，頁 3111。《舊唐書》卷四九〈食貨志〉，頁 2114。《唐會要》卷八七〈漕運〉，頁 1596。

〔註128〕《舊唐書》卷四九〈食貨志〉，頁 2114。《唐會要》卷八十七，〈漕運〉頁 1596。《資治通鑑》卷二一三〈唐紀二十九〉，頁 6777。

〔註129〕《唐會要》卷八十七，〈漕運〉頁 1597。《新唐書》〈地理志五〉，頁 1057。

〔註130〕李白《李白全集》卷二十五〈題瓜洲新河餞族叔舍人賁〉，上海古籍書局，1997年 6 月，一版第三次印刷，頁 220。

〔註131〕《新唐書》卷三十九〈地理志三〉，頁 1012。

滄州清池縣西北五十五里修築二條永濟北隄。〔註132〕開元十六年（728），在清池縣南三十里又修築一條永濟北隄。〔註133〕在滄州與安陵之間，有毛氏河、浮水、無棣溝，滄州刺史薛大鼎、姜師度等相繼鑿渠自安陵（今東光縣南）分引永濟渠水東北入浮水。自南皮縣分永濟渠水，穿浮水入無棣溝，引魚鹽於海，百姓歌之曰「新河」。得通舟楫利，直達滄海魚鹽至，昔日徒行今騁駟，美哉薛公德滂被。〔註134〕此外，永徽（650至655）時，魏州（今河北大名一帶）刺史李靈龜，開永濟渠入於新市。〔註135〕開元二十八年（740），魏州刺史盧暉開永濟渠，稱西渠，自石灰窠引流至城西，都注魏橋，以通江、淮之貨。〔註136〕另外與永濟渠直接或間接相通的還有：

張甲河在貝州經城（今河北威縣）西南四十里，神龍三年（705），姜師度因故瀆開。〔註137〕支引西漳河入此河，以增加灌溉效益，並使與西漳河一起作為永濟渠的輔助航道。

西漳河西岸有支流名洨水、斯洨水，斯洨水上游為漢朝太白渠。唐代在鎮州獲鹿縣東北十里，自平山至石邑，引太白渠溉田，稱大唐渠。總章二年（669）由大唐渠鑿引太白渠為禮教渠，自石邑西北引太白渠東流入真定界以溉田。天寶二年（743）又自石邑引大唐渠東流四十三里還注太白渠。〔註138〕與此同期先後修築的渠道有：永徽五年（654）趙州平棘（今河北趙縣）令弓志元，引太白渠水注入城東二里的廣潤陂和東南二十里的畢泓接注洨水。上元中（674至675）寧晉縣令程處默引洨水入城以溉田，經十餘里使北注太白渠。儀鳳三年（678）昭慶縣（在今鉅鹿縣西）令李玄開澧水渠於縣城下以通漕。開元中（713至741）柏鄉縣令王佐復浚千金渠、萬金堰，於城西洨水支流濟水上。〔註139〕這些與西漳水相連的渠道，或用以洩洪，或用以灌溉，皆能通航至西山山腳。

瀛州河間縣西北百里的長豐渠，為貞觀二十一年（647）刺史朱潭開。城

〔註132〕《新唐書》卷三十九〈地理志三〉，頁1017。
〔註133〕《新唐書》卷三十九〈地理志三〉，頁1017。
〔註134〕《新唐書》卷三十九〈地理志三〉，頁1017。《冊府元龜》卷四九七〈邦計部·河渠二〉，頁5950。
〔註135〕《冊府元龜》卷四九七，〈邦部計·河渠二〉，頁5950。
〔註136〕《唐會要》卷八十七，〈漕運〉頁一五九七。《新唐書》卷三十九〈地理志三〉，頁1011。
〔註137〕《新唐書》卷三十九〈地理志三〉，頁1013。
〔註138〕《新唐書》卷三十九〈地理志三〉，頁1015。
〔註139〕《新唐書》卷三十九〈地理志三〉，頁1017。

西南五里又有長豐渠，開元二十五年（737）刺史盧暉自東城（今河北河間東北）、平舒（今河北大城）引滹沱河東入淇水（永濟渠）以通漕。〔註140〕因此長豐渠是連通滹沱河與永濟渠的運河。此外與長豐渠、滹沱河相通連的還有莫州任丘的通利渠。〔註141〕這些渠道不但豐富了永濟渠的水源，且豐富了唐朝漕運事業的發展。

五、開鑿丹灞水道

丹水為漢水的支流，灞水是渭水的支流，兩水同源於秦嶺山脈東段而流向相背，二水相距僅十餘里，但由於相對高度相差過大，渠道難以通過。唐中宗時，崔湜建議：可引丹水通漕至商州（今陝西商縣），自商鐶山出石門（今陝西藍田西），抵北藍田，可通輓道。中宗以湜充使，發派役徒數萬人，鑿石劈山，終於開出一條連接丹、灞二水的陸運輓道。這樣，江淮租賦便可溯江、淮、漢水以及丹水，運抵商州，再陸運至北藍田，便可順灞水進入關中漕渠而直達長安。後來，這條輓道「為夏潦奔豗，數摧壓不通」，〔註142〕功敗垂成。

六、修治褒斜道

褒斜道，為溝通同源於秦嶺太白山的褒水和斜水間的陸路通道，是漢武帝時漢中太守張印主持開鑿的。〔註143〕由於褒斜道通達富饒資源的蜀漢地區，又可通過江漢與江淮地區相聯接，所以褒斜棧道和水道的通塞與歷代政府的經濟有密切關係，因此為歷代統治者所重視。唐朝亦復如此。貞觀二十二年（648），開斜谷道水陸運米以至京師。〔註144〕但這條水路很快便棄置不用。因為「褒水兩岸皆石，夏秋霖雨，石坪塌江中，大者如房如屋，小者如屏如林。極力鑿之，來秋復磷磷滿江矣。故不能施工。」〔註145〕雖然如此，唐朝後來還是經常利用褒、斜二水河谷陸運巴蜀物資和江淮等地的租賦以供京師。

七、開鑿關中新漕渠（汴渠）

江淮物資運抵陝州太原倉後，再輸往京師長安，其間路程艱難。渭河因多沙，河道時深時淺，不便漕運。隋文帝時所開鑿的廣通渠，至唐初也已不便使

〔註140〕《新唐書》卷三十九〈地理志三〉，頁1020。
〔註141〕《新唐書》卷三十九〈地理志三〉，頁1021。
〔註142〕《新唐書》卷九十九〈崔仁師附崔湜傳〉，頁3922。
〔註143〕《通典》卷十〈食貨十〉，頁215。
〔註144〕《冊府元龜》卷四九八〈邦計部・漕運〉，頁5966
〔註145〕《三省邊防備覽》卷五〈水道〉條。

用,因而不得不採用陸運,用牛車將漕糧運往長安,由於陸運運費高、運量少,途中勞苦異常。為了提高關中漕運量,天寶元年(742)陝郡太守兼水陸運使韋堅,復整治隋漕渠的舊渠道,於渭水之南開鑿一條與渭水平行的漕渠。這條漕渠西起禁苑(在長安宮城北)之西,引渭水之水東流,中間橫斷灞水和滻水,東至華陰永豐倉附近與渭水匯合。渠成後,又在長安望春樓下鑿廣潭,以聚漕舟。〔註146〕這樣,永豐倉和三門倉儲存的米和其他物資,都可以用船直接運到長安。不必再轉由牛車陸運貯糧至長安。關中的漕運大為改進,糧食的運輸量大增,在天寶三年(744),「歲漕山東粟四百萬石」。〔註147〕創造了唐代漕糧的最高紀錄。此外,韋堅又「請於江淮轉運租米,取州縣義倉粟,轉市輕貨,差富戶押船。」〔註148〕以增加關中的財富。天寶年間關中的物資因漕運的改善,江淮物資可以大量的直接運抵關中長安,使得關中的物質非常充裕。

八、黃河汾水道

　　黃河上游和汾水流域,是我們中華民族最早用以航行舟楫的天然水道之一。早在春秋時期,汾水已行漕船。黃河上游用來大規模運糧餉,則可上溯到北魏孝文帝時。據《通典》卷十〈食貨〉載:孝文帝太和七年(483)薄骨律(今寧夏靈武縣西南)鎮將刁雍在半年之內,曾於黃河上游往返三次,用二百條船隻,共運給沃野鎮(今內蒙古臨河縣)穀六十萬斛。計用人工,輕於車運十倍有餘。不費牛力,又不廢田。」〔註149〕高宗咸亨三年(672),關中饑,監察御史王師順請運晉、絳二州粟米,以濟關中。於是汾水、河、渭之間,舟楫相繼。〔註150〕這是繼秦穆公之後,在汾、渭之間再一次的泛舟之役。開元年間,由於長安和西域、中亞間「絲綢之路」的暢通和東西方商業貿易的加強,隴右成了天下最富庶的地方。〔註151〕這裡的粟米,除供邊軍外,剩餘的皆轉送靈州(今寧夏靈武西南)。然後,再轉漕黃河入太原倉,備關中凶年。安史亂後,肅宗即位靈武,就是利用這裡的水陸運之便利,聚積力量,終於振興唐室。後來,為了抵禦吐蕃和回紇的入侵,這裡的漕運船隻的往來絡繹不絕。

　　綜上所述,唐王朝在前代修渠治河的基礎上,經過長期的不斷的疏浚和

〔註146〕《新唐書》卷五十三,〈食貨志三〉,頁1367。
〔註147〕《新唐書》卷五十三,〈食貨志三〉,頁1367。
〔註148〕《舊唐書》卷四八〈食貨志〉,頁2086。
〔註149〕《通典》卷十〈食貨十〉,頁219。
〔註150〕《唐會要》卷八七,〈漕運〉,頁1596。
〔註151〕《資治通鑑》卷二一六〈唐紀〉卷三二,頁6919。

修築，遂使漕運航行盛大空前。全國數以百計的江河湖澤，都能通行舟船，旁通巴、漢，前指閩越，七澤十藪，三江五湖，控引河洛，兼包淮海。〔註 152〕形成了以京師長安為中心的水上交通網。整治漕運渠道的功能不僅使舟船通行無阻，且兼具防禦水患的功能，漕運不僅解決了京師糧食問題，也解決水旱輸送賑濟物資的問題，對唐代的政治安定與經濟繁榮起了重要的作用，更對宋元以降各代漕運發展提供了極為有利的條件。

貳、漕糧與災荒賑濟關係

中國歷代王朝的發展過程中，導致社會動盪不安的因素，與賦稅、災歉及市場供需的民生問題有密切關係。農業社會的政府常常借助漕運來調整國內社會糧食的供需平衡。

秦漢時期，政府為減緩災荒對於百姓生存的威脅，採取了救荒政策是建立一個倉儲網絡系統，加強政府調節糧價的機能。敖倉是秦、漢時期最重要的糧倉。秦朝時已長期經營敖倉，漢代又充分利用。西漢主要漕運路線便是由滎陽敖倉西向，經由河、渭交匯處的京師倉再轉入渭水，而達於長安。長安位於咸陽東南，渭水南岸，兩城隔渭水相望。秦、漢均利用黃河與渭水、涇水等天然水道，運送漕糧到京城。漢代長安附近地區諸倉統稱為長安倉。長安倉主要功能是儲備京師官糧，但遇到災荒時則以倉糧賑濟災民。《漢書》卷八〈宣帝紀〉載：

> 本始三年（公元前 71），大旱，郡國傷旱甚者，民毋出租賦。三輔民就賤者，且毋收事，盡四年。四年（公元前 70）春正月，詔曰：蓋聞農者興德之本也，今歲不登，已遣使者振貸困乏。其令太官損膳省宰，樂府減樂人，使歸就農業。丞相以下，都官令丞上書入穀，輸長安倉，助貸貧民。民以車船載穀入關者，得毋用傳。〔註 153〕

西漢宣帝本始三年（公元前 71 年）因旱災，而特免災區百姓當年的租賦。四年，因農業歉收，政府派遣使臣前往賑貸貧民。並下令節省宮廷膳食，減少樂府樂工人數，令這些卸職的樂工，重歸於農村田園，以增加農業生產。並要求丞相以下的百官捐穀，送至長安倉以救濟災民。當時尚無專門供應賑災用的糧倉，所以長安倉雖是供應政府與百官薪資的糧倉，在災荒時，亦不得

〔註 152〕《舊唐書》卷九十四〈崔融傳〉，頁 2998。
〔註 153〕《漢書》卷八〈宣帝紀〉，頁 244、245。

不被用來賑貸貧。《後漢書》卷五〈安帝紀〉載：

> 永初七年（113）九月，調零陵、桂陽、丹陽、豫章、會稽租米，賑
> 給南陽、廣陵、下邳、彭城、山陽、廬江、九江飢民；又調濱水縣
> 穀輸敖倉。〔註154〕

因為長安倉與敖倉不是賑災專用的糧倉，因此，政府在開倉賑災之後，隨即又調運他處的穀糧來補充敖倉的儲量。而賑濟與補充糧倉的糧食，則是透過漕運運輸完成的。

隋唐時期，倉廩與漕運系統更為完善，且專供賑災用的義倉也在此時設立，玄宗開元廿二年（734）漕糧的年運輸量更高達二百萬餘石（如表3-2），創造當時漕運量紀錄。

唐代的漕運是我國漕運史上蓬勃發展的重要時期。〔註155〕它上承秦、漢、魏、隋之經驗，下開宋、元、明、清之先河，在中國漕運史上具有劃時代意義。唐代的漕運路線是承襲前代不斷開鑿、整修的基礎上，逐漸形成的。隋唐時期，大一統的中央集權統治重新確立。隋朝大肆興修運河，形成了以長安為終點的全國運河網，其中的南北大運河，第一次溝通了京師與南方地區的水上聯繫，使漕運的範圍空前擴大，為漕運的大規模發展創造了有的利條。隋代沒有留給後人有關漕運量的記載，但其積穀之多聞名於史，連貞觀皇帝都歎為觀止。〔註156〕由於隋代國祚短促，東南漕運未得到充分的發揮，卻給唐代漕運留下了極寶貴的遺產，為唐代的漕運事業創造了極為有利的條件。正如唐人皮日休所說：「在隋之民不勝其害也，在唐之民不勝大利也。」〔註157〕

高祖（618至626年）、太宗（627至649年）之時，用物有節而易贍，水陸漕運，歲不過二十萬石，故漕事簡。」《通典》卷十〈食貨典〉也說：「往者，貞觀、永徽之際，祿廩數少，每年轉運不過一、二十萬石，所用便足。」但是，自高宗永徽（650至655）以後，政府組織擴大，朝廷經費的開支也隨之增加，若再遇上水患等天災，長安的糧食往往不足供應，因而每年必須仰給江淮的糧食也就急劇的增加了。

〔註154〕《後漢書》卷五〈孝安帝紀〉，頁220。
〔註155〕《日知錄》，卷十〈漕程〉：漕運始於秦漢，而轉輸之法則始於魏、隋，而歷於唐、宋。
〔註156〕《貞觀政要》卷八，〈辯興亡〉，頁256。
〔註157〕皮日休《皮子文藪》。《全唐文》，卷七九七，〈汴河銘〉，頁8363。

　　唐代漕運以關中為中心，漕運的經濟目的是用來運輸關東、江南各地稅賦、或轉運賑災米糧到災區。《舊唐書》卷五〈高宗紀〉載：

> 咸亨元年（670），天下四十餘州旱及霜蟲，百姓飢乏，關中尤甚。……
> 仍轉江南租米以賑給之。〔註158〕

自總章二年（669）至咸亨（670 至 673）年間，黃河流域連年水患。咸亨元年（670），全國有四十餘州遭蟲霜旱災，關中尤為嚴重。政府緊急調來江南租米作為賑給災民之糧。而這些賑災用的江南租米，透過漕運轉輸，送到各災區。由於關中缺糧嚴重，咸亨二年（671）正月，高宗被迫率領群臣就食於東都。〔註159〕同年，八月，徐州又發生水患，山洪暴發，漂毀百餘家。關中的糧荒仍未解決，於是調運河東道晉、絳二州粟米以解關中之饑。《唐會要》卷八七〈漕運〉載：

> 咸亨三年（672），關中饑，監察御史王師順奏，請運晉、絳二州倉
> 粟以贍之（關中）。上委以漕運，河、渭之間，舟檝相繼。〔註160〕

　　到了玄宗開元、天寶（713 至 755）之際，長安政權的糧食需求量雖然沒有直接記載，但經由漕運運抵京師的糧食數倍於前，卻仍不足給用。〔註161〕唐代政府所需要的糧食，主要用於四方面的開銷：皇室、京師百官、諸司公糧與軍隊。《唐六典》卷一九〈司農寺〉載：

> 凡天下租稅及折造轉運于京、都，皆閱而納之。每歲自都轉米一百
> 萬石以祿百官及供諸司；若駕幸東都，則減或罷之。〔註162〕

　　在裴耀卿未改善漕運前，每年從東都轉漕運至京師的租稅米為一百萬石，以供長安政府百官、皇室、諸司的俸祿的費用，而如果皇帝駕幸東都，政府費用則可減少。由此可知，當時漕運京師的租稅米，僅夠平年的正常開銷，若是遭遇水旱天災，往往造成京師乏糧，百姓饑饉，玄宗只好被迫率領百官就食東都。所以，裴耀卿建議廣興漕事。《通典》卷一〇〈食貨〉載：

> （開元）廿一年，京師雨水害稼，穀價踴貴。耀卿奏曰：……秦中
> 地狹，收粟不多，儻遇水旱，便即匱乏。往者貞觀、永徽之際，祿
> 廩數少，每年轉運，不過一、二十萬石，所用便足。以此車駕久得

〔註158〕《舊唐書》卷五〈高宗紀〉，頁 95。
〔註159〕《舊唐書》卷五〈高宗紀〉，頁 95。
〔註160〕《唐會要》卷八七〈漕運〉，頁 1596。
〔註161〕《舊唐書.》卷九八〈裴耀卿傳〉載：「漕運數倍於前，支猶不給」，頁 3081。
〔註162〕《唐六典》卷一九〈司農寺〉，頁 525。

安居。今昇平日久，國用漸廣，每年陝洛漕運，數倍於前，支猶不
給。陛下數幸東都，以就貯積……若能更廣陝運支入京，倉廩常有
二、三年糧，即無憂水旱。〔註163〕

裴耀卿提到開元時，每年漕糧轉運數倍於一、二十萬石，但一遇水旱，糧食
便匱乏，玄宗君臣只好「數幸東都，以就貯積」。而當時長安倉儲僅有一年的
儲糧，故急待廣運入陝之糧，使長安「常有二、三年糧」，就無憂水旱之災。

開元廿二年（734）裴耀卿為江淮轉運使，改革漕運。裴耀卿對漕運最大
的改革為實行分段運輸的辦法，即「轉般（搬）法」，或稱「節級轉運」。就
是所謂的短程的運輸，沿著漕運航道，分段運輸，轉相受給，最後運送到京
師。裴耀卿「請於河汴（即汴河從黃河分流的地方）之間設置倉儲，江南漕
船抵於此後，納粟於倉即令江南船返回，然後官自僱船載分至河洛；又於底
柱東西各置一倉，接納溯河的漕船，中間載以牛車，再由河入渭水，轉搬太
倉。這樣，就使江南漕船免於在河、汴之間的稽遲停留，又可省陸運之費，
紓免牛力。又於汴河與黃河的交叉的河陰縣（今河南河陰縣東）置河陰倉，
在河清縣（湖南孟縣西南）置柏崖倉，在黃河北岸三門之東置集津倉，三門
之西置鹽倉。（圖3-3）開三門山十八里，用車載運，以免有覆舟之險。車運
抵三門倉後，又用船運往太原倉，然後由河入渭，以食關中。裴耀卿的這種
分段運輸的辦法，使得運輸的效率大增，「凡三年，運米七百萬石。」〔註164〕
轉輸各地倉廩入京，從開元廿二年至廿四年，三年間漕運江淮租米七百萬石。
〔註165〕此後，玄宗不復再率百官幸東都，以就貯積。因此，漕運功能，不僅
將各地的租米轉輸到京城，供政府支用。此外，也將產地過剩的糧食，轉運
到人口眾多的城市，使產地收成能夠供應市場的需求，達到生產與消費間的
供需平衡。這樣各地都有足夠糧食，就可緩和水旱災受創的程度。由此，可
知唐代漕運最大功用在解決朝廷的經濟需求，漕糧的轉運促成唐代漕運的發
達。即使到了開元二十五年（737），關中的糧食供應充足，而停止轉輸江淮
租米及河南、河北應送含嘉、太原等倉租米，而折粟，留納本州。但是每逢
水旱，仍藉由漕運將賑給物資轉運至災區賑濟災民。

天寶元年（742）陝郡太守兼水陸運使韋堅，整治漢、隋運渠，自關門，

〔註163〕《通典》卷一〇〈食貨〉，頁222。《舊唐書.》卷九八〈裴耀卿傳〉，頁3081。
〔註164〕《新唐書》卷五三〈食貨志〉，頁1366。
〔註165〕《資治通鑑》卷二一四〈唐紀三十〉，頁6808。

抵長安，通山東租賦。使永豐倉和三門倉的貯米和其他物資，都可以用船直接運到長安。不必再像以前用牛車來運送了。天寶三載（744），漕山東粟四百萬石。〔註166〕創造了唐代關中漕糧的最高紀錄。（如表3-4）

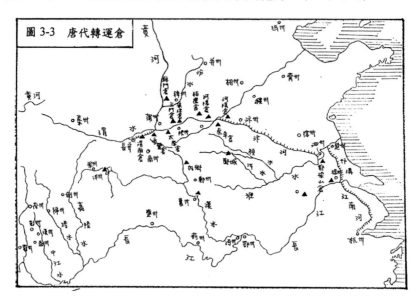

表3-4　唐代長安漕糧數量表

年　　代	漕糧年運量	出　　處
武德至永徽（618～655）	一、二十萬石	《通典》卷十、《舊唐書》卷四九、《新唐書》卷五三、《資治通鑑》卷二一三、《冊府元龜》卷四九八、《唐會要》卷八七
開元初（713～741）	八十至一百萬石	《通典》卷十，頁224。
開元初（713～741）	二百五十萬石米	《新唐書》卷五三，頁1368。
開元廿二年至廿四年（734～736）	二百數十萬石（凡三年七百萬石）	《通典》卷十、《舊唐書》卷四九、《新唐書》卷五三、《資治通鑑》卷二一四、《冊府元龜》卷四九八、《唐會要》卷八七
天寶三載（744）	四百萬石粟	《新唐書》卷五三，頁1367。
廣德（763～764）	粟一百一十萬石	《新唐書》卷五三，頁1368。
大曆八年（773）	減漕十萬石	《新唐書》卷五三，頁1368。

〔註166〕《新唐書》卷五十三，〈食貨志三〉，頁1367。

貞元初（785～804）	四十萬石	《資治通鑑》卷二三四
貞元十五年（799）	四十萬石	《舊唐書》卷十三、《冊府元龜》卷四九八
元和初（806～820）	四十萬石	《舊唐書》卷四九、《新唐書》卷五三、《唐會要》卷八七、《冊府元龜》卷四九八
元和中（806～820）	二十萬石	《新唐書》卷五三
太和至大中（827～847）	十餘萬石	《舊唐書》卷四九、《新唐書》卷一八三、《唐會要》卷八七、《資治通鑑》卷二四九
大中初（847～859）	四十萬石	《舊唐書》卷四九、《新唐書》卷五三、《唐會要》卷八七、《資治通鑑》卷二四九、《冊府元龜》卷四九八
大中中期以後	失載	

由上表可以看出，唐代的漕糧年運量從唐初到天寶中，基本上呈現上升趨勢，由一、二十萬石逐漸升至二百五十萬石，玄宗時漕糧運量達到唐代的頂點。由玄宗時期漕糧運輸量，可證明當時漕運與農業是唐代最發達的時期，也是證實了玄宗時期經濟的富裕。玄宗時期由於漕運與農業發達，充實了關中政府的經濟實力，使得賑災的能力大增，也更具彈性。

小結：一、疏濬漕運路線以確保暢通的漕運，在雨季時有助於河水暢流，宣洩洪峰，而減少水患的發生。二、裴耀卿的漕運改革後，使得大量的江淮與關東的租米運抵關中，滿足關中糧食的需求，更充實了關中的倉儲，充實的倉儲貯糧，以備水患糧荒。三、在裴耀卿之後，韋堅又改善了洛陽與關中間的漕運路線，使得天寶初年，江淮、關東各地糧食與物資得以大量的直接運抵關中，關中物資更為豐富寬裕。尤其是裴耀卿把義倉粟變造為米，韋堅以義倉粟轉市輕貨運往關中，使關中地區經濟力量大增，玄宗政府不必再為水旱糧荒而風塵僕僕於兩都之間。由於漕運的發達，便利漕糧的運送，加強玄宗政府對於水患的賑濟能力，使得水患後，農民能夠很快恢復生產力，以確保社會經濟的繁榮，國家的安定。

第四章 救災政策與水患的影響

第一節 義倉的賑濟

一、古代常平倉與隋代義倉

　　中國古代農業社會條件下，生產力有限。一般普通小農在正常年歲中，其收成或許自給有餘外，尚有少許餘糧得以儲藏，但受外在自然環境（如氣候潮濕）與農家貯藏設備的不完善限制，其儲糧亦難以長久貯藏。由於一般農家積儲少，缺乏足夠儲蓄，以因應災變。在正常年歲中尚足以自給，但小有水旱即多不能自存。僥倖存活下來，其生活必更加困苦。因此災後災民亟需外界的救助，若得不到救助，為了生存，極易鋌而走險，或落入地主、奸商高利貸的陷阱中。因此設置共同的社會倉儲，以賑濟百姓於凶年時的困境，使他們能維持生活，並協助他們恢復正常的生產，對社會國家是非常重要的。

　　建立社會積蓄的思想起源甚早，先秦時代管仲相齊桓公時即已創「輕重」之法。他根據「歲有凶穰，故穀有貴賤，令有緩急，故物有輕重。」〔註1〕的理論，認為當歲豐穀賤時，國家當收糴之，而當歲饑穀貴時，國家散糶之，以平糶物價。使國有萬鍾之藏，〔註2〕則富商、地主不得豪奪百姓。此外，管仲認為欲使國家富強，必須提倡全國上下儲蓄的觀念，以保證食糧價格，這樣農夫自會勤於耕種，人民安土重遷是國家富強的基礎。因此管仲建議齊桓

〔註1〕 《通典》卷一二〈食貨・輕重〉，頁275。
〔註2〕 一鍾為六斛四斗，一斛為一石。

公，令齊國自卿大夫以下至庶民皆儲蓄穀糧，做爲備荒的資本。《通典》載：

> 使卿藏千鍾，大夫藏五百鍾，列（中）大夫藏百鍾，富商蓄賈藏五十鍾，内可以爲國委，外可以益農夫矣。〔註3〕

其後李悝相魏，提出一套詳盡的平糴理論，「豐熟之年，根據上、中、下三等豐熟程度收糴，歉收之年，視大、中、小三等饑饉程度出糴。」到西漢宣帝時，大司農耿壽昌建議，令邊郡皆築倉，穀賤時增其價而糴之以利農，穀貴時減價而糴，名曰「常平倉」，人便之。到東漢明帝永平五年（62），作常平倉。〔註4〕自此以後至魏晉南北朝，均有和糴、常平之制。常平倉主要功能在平衡物價，抑止富商豪奪，使凶年時，百姓能夠在平準的物價下維持生活，不致流離失所，甚至遠走他鄉。百姓只要能生存下來，就是社會實力的保障。社會就能恢復再生產與安定的榮景。

「義倉」創建於隋代。隋文帝開皇五年（585）工部尚書長孫平，見天下州縣多罹水旱之災，百姓生活困苦，認爲賑災爲「經國之理，須存定式」。不能只依靠社會上有錢人的慈善救濟。因而上書建議，令民間設立義倉以資賑給。《隋書》〈食貨志〉載：

> 襄陽公長孫平奏曰：「古者三年耕而餘一年之積，九年作而有三年之儲，雖水旱爲災，而人無菜色，皆由勸導有方，蓄積先備故也。去年亢陽，關内不熟，陛下哀愍黎元，甚於赤子。運山東之粟，置常平之官，開發倉廩，普加賑賜。少食之人，莫不豐足。鴻恩大德，前古未比。其強宗富室，家道有餘者，皆競出私財，遞相賙贍。此乃風行草偃，從化而然。但經國之理，須存定式。」於是奏令諸州百姓及軍人，勸課當社，共立義倉。收穫之日，隨其所得，勸課出粟及麥，於當社造倉窖貯之。即委社司，執帳檢校，每年收積，勿使損敗。若時或不熟，當社有饑饉者，即以此穀振給。〔註5〕

這是義倉在中國歷史上首次制度化爲災後賑濟災民的常備倉儲。長孫平闡述義倉設置目的、穀糧繳納、管理方式及倉窖設置地點等具體辦法。其要點爲：義倉由諸州縣百姓和軍人出粟、麥設置。出粟、麥方式爲「勸課」，爲自願的性質，

〔註3〕《通典》卷一二〈食貨・輕重〉，頁282。
〔註4〕《通典》卷一二〈食貨・輕重〉，頁287。
〔註5〕《隋書》卷二四〈食貨志〉，頁684。《通典》卷一二〈食貨・輕重〉，頁289、290。

其數量、種類不拘,「隨其所得」繳納。倉窖建於捐穀者村社,委由社司代爲執帳管理。義倉穀糧用於不熟之年賑給本社饑民。由義倉「勸課當社」、「當社造倉」、「委社司」管理,賑給「當社」,說明此時的義倉是屬於民間基層備荒自救設施。而義倉爲「當社」救災設施,即可因地利之便,充分發揮其賑給功能。然而義倉一出現,官僚地主對其侵噬也隨之開始。開皇五年(585),都督田元,冒請義倉,被糾劾。〔註6〕其後,隋文帝以義倉貯藏在民間,多有費損,設置不到十年,便被豪強侵吞嚴重的因素,於開皇十五年(595),下詔將義倉收回由官府管理。《冊府元龜》卷五○二〈邦計部・常平〉載:

> (開皇)十五年(595)以義倉貯在人間,多有費損,下詔曰:本置
> 義倉,止防水旱,百姓之徒,不思久計,輕爾費損,於後乏絕。又
> 北境諸州,異於餘處,雲、朔、夏、綏、靈、鹽、簡、豐、鄠、涼、
> 甘、瓜等州所有義倉雜種,並納本州。若人有旱歉少糧,先給雜種
> 及遠年粟。〔註7〕

這使義倉在賑貸和管理上發生重大變化,而義倉的管理權,從民間的社司轉移到政府的州倉。義倉賑給百姓的糧穀也有了變化,先賑給雜種糧食及儲存年數較久的粟。從此以後,隋政府對義倉更加強管理控制,《通典》卷十二〈食貨・輕重〉載:

> (開皇)十六年(596)又詔:「秦、渭、河、廓、鹵、隴、涇、寧、
> 原、敷、丹、延、綏、銀等州社倉,並於當縣安置。又詔社倉準上中
> 下三等稅,上戶不過一石,中戶不過七斗,下戶不過四斗。〔註8〕

義倉粟穀的來源,已由民間不拘數量,隨所得自願繳納,變成了政府強制按戶等高低,徵收固定數額。義倉在政府制度化管理的優點爲:義倉的積儲更爲豐盈。其缺點則爲:管理權的轉移到州縣地方官,爲皇帝、官府提供挪用義倉職權的方便途徑。

隋文帝時社會安定,經濟繁榮。義倉在政府的管理下,倉儲糧穀盈溢。「西京太倉,東京含嘉倉、洛口倉;華州永豐倉,陝州太原倉,儲米粟多者千萬石,少者不減數百萬石。天下義倉又皆充滿。」〔註9〕這充分反映當時社會財

〔註6〕　《隋書》卷二五〈刑法志〉,頁712。
〔註7〕　《冊府元龜》卷五○二〈邦計・常平〉,頁6019、6020。
〔註8〕　《通典》卷一二〈食貨・輕重〉,頁290。
〔註9〕　《通典》卷七〈食貨・丁中〉注,頁157。

富。義倉也發揮其凶年賑給的功能。〔註10〕然而隋代社倉賑濟饑民的制度，僅存於隋文帝期間。〔註11〕到煬帝大業中，即以「國用不足，並取社倉，以充官費，故至末塗，無以支給。」〔註12〕義倉因此被政府挪為他用，已喪失其原有賑濟災民的功能。

二、唐代的義倉

唐初，由於農村凋敝，又經常遇到水旱之災，百姓生活困苦。自高祖武德元年（618）九月，即「令州縣始置社倉」〔註13〕以備災荒。至貞觀二年（628），尚書左丞戴冑建議設置義倉《冊府元龜》載：

> 先是每歲水旱，皆以正倉出給，無倉之處，就食他州。百姓流移，或致窮困。左丞戴冑上言，水旱凶災，前聖之所不免，國無九年之儲蓄，禮經之所明誡。今喪亂以後，戶口凋殘，每歲納租，未實倉廩，隨即出給，纔供當年。若有凶災，將何賑恤？故隋開皇立制，天下之人，節級輸粟，名為社倉。終於文皇，得無饑饉。及大業中年，國用不足，並取社倉之物以充官費，故至末途，無以支給。請自王公以下，爰及眾庶，計所墾田稼穡頃畝，每至秋熟，准其見苗，以理勸課，盡令出粟。稻麥之鄉，亦同此稅。各納所在，為立義倉。若年穀不登，百姓饑饉，所在州縣，隨便取給。太宗曰：既為百姓，預作儲貯，官為舉掌，以備凶年。非朕所須，橫生賦斂，利民之事，深是可行。宜下有司，議立條制。至是，戶部尚書韓仲良奏：王公以下墾地，畝納二升，其粟、麥、稅（粳）、稻之屬，各依土地。貯

〔註10〕《隋書》卷二四〈食貨志〉載：「山東頻年霖雨，杞、宋、陳、亳、曹……等諸州，達于滄海，皆困水災，所在沉溺。……困乏者，開倉賑給，前後用穀五百餘（萬）石。，遭水之處，租調皆免。」頁685。

〔註11〕《通典》卷一二〈食貨・輕重〉，載：「隋開皇立（義倉）制，天下之人，節級輸粟，名為社倉。終於文皇，得無饑饉。」頁290。

〔註12〕《通典》卷一二〈食貨・輕重〉，頁290。隋唐時倉廩制度規定「凡鑿窖置屋，皆銘磚為庾斛之數，與其年月日，受領粟官吏姓名。又立牌如其名焉。」（《唐六典》卷一九〈大倉署令〉）中國大陸歷史博物館陳列了隋煬帝大業五年的「社倉納粟磚」，磚銘「大業五年11月，納社倉粟壹萬伍千碩訖，倉吏劉口、吏趙方、倉督劉冠、正李璭。」「社倉納粟磚」是當時社倉官倉納粟的磚刻，也是封建政府動用義倉糧儲的實物例證。（朱睿根，〈隋唐時期的義倉及其演變〉載於《中國社會經濟史研究》1984年第二期，頁54。）

〔註13〕《冊府元龜》卷五〇二〈邦計・常平〉，頁6020。

之州縣，以備凶年。制可之。〔註14〕

《新唐書》卷五一《食貨志》，對義倉徵稅對象和用途方面補充說：

> 商賈無田者，以其戶爲九等，出粟自五石至於五斗爲差。下下戶及夷
>
> 獠不取焉。歲不登，則以賑民；或貸爲種子，則至秋而償。」〔註15〕

由上述，唐初義倉未設立之前，每逢水旱災荒，皆以正倉賑給，無正倉之州，則使百姓就食他州。以當時的交通條件，使災區的百姓遷移他鄉就食，恐怕還未離開災區，災民就已經傷亡殆盡，或是被迫鋌而走險，對社會治安造成一股潛在的危機。爲了解決這個問題，貞觀二年（628）在全國州縣設置義倉，做爲賑災的糧倉。義倉徵收對象爲從王公到庶民；徵收數量，以耕地計算，每畝二升。繳納之穀物，爲當地作物。沒有土地的商人，則按戶分爲九等，其繳納額爲從五石至五斗。不用繳納義倉穀的爲下下戶與夷獠。義倉設置地點爲當地州縣；義倉用於「年穀不登，百姓饑饉，當所州縣，隨便取給。」〔註16〕其管理權爲「官爲舉掌」。唐代義倉是由政府管理的倉儲，義倉稅的繳納對象，從王公以下到農民依田畝數量，每畝納二升；商人無田者，則依戶等別繳納數量由五石至五斗不等。義倉儲糧的用途，除了荒年賑濟饑民外，在春耕時節農民缺少種子時，亦可借貸種子。

據統計，唐朝二八九年間遭受自然災害五三五次。〔註17〕《冊府元龜》〈帝王部·惠民〉載：自武德元年（618）至開成五年（840）的二二○餘年間，唐代諸倉實行賑貸一三九次。（如表 4-1）其中義倉（憲宗及憲宗以後的義倉賑貸亦含常平倉賑貸）賑貸共爲一○九次，太倉十七次，轉運倉五次，正倉六次，其他二次。義倉賑貸，約佔總賑貸的百分之七十八。可見義倉貯糧是賑濟粟穀的主要來源，這也說明義倉作爲備荒專用倉儲在唐代賑災中的重要性。

唐太宗是位愛民的君王，他本著爲君之道必先存百姓的理念，建立義倉。當時義倉初建，法律嚴峻，流弊甚少，加上農業經濟恢復發展，義倉貯糧發揮賑濟災荒的作用，義倉建置廿二年，開倉賑濟達廿三次，是整個唐代利用

〔註14〕 《冊府元龜》卷五○二〈邦計·常平〉，頁 6020。《通典》卷一二〈食貨·輕重〉，頁 290、291。

〔註15〕 《新唐書》卷五一《食貨志》，頁 1344。

〔註16〕 《通典》卷一二，《食貨·輕重》，頁 290。

〔註17〕 請參閱第二章第二節表 2-3，自然災害次數的合計爲五三五次（不含饑五二次，因爲饑是由其他各種自然災害所造成的結果，因此不將之列入合計裡。）；鄧雲特的《中國救荒史》記載：唐代的自然災荒爲四九三次。

義倉賑恤最頻繁的時期。

　　高宗永徽二年（651）九月，以義倉按地畝收稅太麻煩，頒新格曰：「義倉據地取稅，實是勞煩，宜令率戶出粟，上上戶五石，餘各有差。高宗、武太后數十年間，義倉不許雜用。」〔註18〕其後公私窘迫，「貸義倉支用」。〔註19〕「貸義倉支用」說明了義倉被政府所挪用。此外，由於義倉儲糧為官府所管轄，因此提供官吏侵吞義倉穀糧的便利。〔註20〕武后晚年朝政衰微，當時朝野上下掠取義倉成風，以致中宗神龍以後，「天下義倉，費用殆盡。」〔註21〕此時，官府雖然大量動用義倉糧食，但還只是「貸」「借」之類名義。

三、玄宗時期的義倉賑濟

　　玄宗開元期間，恢復了義倉按畝徵稅和賑貸制度。開元年間用義倉糧穀賑濟達廿二次，僅次於太宗時期。玄宗即位之初，勤於政事，在位期間義倉救災賑濟如下：《冊府元龜》載：

> 元宗開元二年（714）正月戊寅，勅曰：如聞三輔近地幽（邠）、隴之間，頃緣水旱，素不儲蓄，嗷嗷百姓，已有饑者，方春陽和，物皆遂性，豈可為之君上，而令有窮愁，靜言思之，遂忘寢食，宜令兵部員外郎李懷讓、主爵員外郎慕容珣，分道即馳驛往岐、華、同、幽（邠）、隴等州指宣朕意，灼然乏絕者，速以當處義倉量事賑給，如不足，兼以正倉及永豐倉米充。仍令節減，務救懸絕者。〔註22〕

玄宗先天二年（713）六月辛丑，雨霖；〔註23〕開元二年（714）正月，關中自去秋至是月不雨，人多饑乏。〔註24〕關中三輔、邠（邠）州至隴州之間的地區，因水旱災，而糧食缺乏，人多饑饉。開元二年（714）正月的春天，百姓仍然乏糧饑饉，玄宗政府於是派遣兵部員外郎李懷讓、主爵員外郎慕容珣，

〔註18〕《通典》卷一二〈食貨・輕重〉，頁291。
〔註19〕《通典》卷一二〈食貨・輕重〉，頁291。
〔註20〕《新唐書》卷一一一〈薛仁貴附薛訥傳〉，「（武則天時期），富人倪氏訟息錢於肅政臺，中丞來俊臣受賕，發義倉數千斛償之。訥曰：義倉本備水旱，安可絕眾人之仰私一家？報上不與。」頁4143。
〔註21〕《通典》卷一二〈食貨・輕重〉，頁291。
〔註22〕《冊府元龜》卷一〇五〈帝王部・惠民一〉，頁1258。
〔註23〕《新唐書》卷五〈睿宗紀〉，頁120。
〔註24〕《舊唐書》卷八〈玄宗紀〉，頁172。

分道即馳驛往岐、華、同、豳（邠）〔註25〕、隴等州，以義倉依實情賑給乏絕百姓，如有不足，兼以正倉及永豐倉米充之。仍令節檢，務救懸絕者。由上述，知中宗末年，義倉費用殆盡；使得玄宗開元初，賑濟必須動用正倉及永豐倉米來填補義倉之不足。因此玄宗特別叮嚀使臣節約，務必使所有災民都能獲得賑濟以維持生活。

　　開元四年（716）七月，洛水泛濫，河南、河北農業歉收；五年（717）從春天至五月無雨，田裡麥苗〔註26〕因嚴重乾旱，全部枯死。雖然已令賑給，但饑荒情況並未改善，所以玄宗令本道按察使視察災情，並行賑卹。《冊府元龜》卷一〇五載：

> （開元）五年（717）五月，詔曰：河南、河北去年不熟，今春亢旱，全無麥苗，雖令賑給，未能周贍，所在饑弊，……至今猶未得雨，事須存問以慰其心，從此發使，又恐勞擾…，令本道按察使安撫，其有不收麥處，更量賑卹，使及秋收，仍令勸課種黍稷及旱穀等，使得接糧應有事急要者……。〔註27〕

由這次詔書可知，玄宗政府非常關心災區的後續發展，為了擔心驚擾地方，所以由本道按察使安撫百姓，量行賑卹，使貧困的百姓的生計能夠繼續維持到秋季糧食收成時，並鼓勵百姓種植抗旱的糧食，來渡過旱季的危機。

> （開元）十年（722）……八月，以東都大雨，伊、汝等水泛漲，漂壞河南府及許、汝、仙、陳等州廬舍數千家。遣戶部尚書陸象先存撫賑給。〔註28〕

> （開元）十一年（723）正月，詔河南府遭水百姓，前令量事賑濟，如聞未能存活，春作將興，恐乏糧用。宜令王怡簡問，不支濟者，更賑給，務使安存。〔註29〕

開元十年五月至八月河南府陸續發生水患，雖然玄宗政府已遣使賑給安撫，但到了第二年春天，仍擔心河南府百姓的生計。於是又派遣使臣王怡簡前去

〔註25〕《新唐書》卷三七〈地理一〉：「邠」故作「豳」，開元十三年以字類「幽」改。頁9670。
〔註26〕此時的麥苗應指冬小麥，即去年的宿麥。
〔註27〕《冊府元龜》〈帝王部・惠民一〉卷一〇五，頁1259。
〔註28〕《冊府元龜》〈帝王部・惠民一〉卷一〇五，頁1259。《舊唐書》卷八〈玄宗紀〉載：「5月，東都大雨，伊、汝等水泛漲，……」頁183。
〔註29〕《冊府元龜》〈帝王部・惠民一〉卷一〇五，頁1259。

賑給貧困，使他們能夠有糧食與種子維持生活，與恢復生產。百姓是國家的資產，百姓若無法維生，生產必遭中斷，因此，賑災使百姓重歸生產行列，是在保存國家的經濟生產力。

> 開元十四年（726）七月，詔曰：…頃秋夏之際，水潦不時，懷、鄭、許、滑、衛等州皆遭泛溢，苗稼潦漬，屋宇傾摧，……宜令右監門衛將軍知內侍省事黎敬仁速往宣慰，如有遭損之處，應須營助賑給。〔註30〕

> 九月，八十五州言水，河南、河北尤甚，同、福、蘇、常四州，漂壞廬舍，遣戶部侍郎宇文融簡覆賑給之。〔註31〕

> 開元十五年（727），三月制曰，河北遭水處……，去年水潦，漂損田苗，頻遣使人所在巡撫，兼令州縣倍加矜恤，不知竝得安存否？以今舊穀既沒，新麥未登，……遣中使左監門衛將軍李善才重此宣慰，宜令州縣即時簡責，有乏絕者准例給糧，俾令安堵。〔註32〕

> 七月戊寅，詔曰：冀州、幽州、莫州大水，河水泛溢，漂損居人室宇，及稼穡，竝以倉糧賑給之。丙辰，詔曰：同州、廓州近屬霖雨，稍多水潦為害，念彼黎人，載懷憂惕。宜令侍御史劉彥回乘傳宣慰。其有百姓屋宇、田苗被漂損者，量加賑給。〔註33〕

> 八月，制曰：河北州縣，水災尤甚，言念蒸人，何以自給，……宜令所司量支東都租米二十萬石賑給。乃令魏州刺史宇文融充宣撫使，便巡撫水損，應須憂恤，及合折免，并存閭舍，一事已上，與州縣相知，逐穩便處置，務從簡易，勿致勞擾。〔註34〕

> 十二月，以河北饑甚，轉江淮租米百萬餘石，賑給之。〔註35〕

由於開元十四年、十五年，河南、河北水患非常嚴重，田裡的作物都損毀於水患中，百姓屋宇也漂損殆盡，生活困頓，政府持續派遣使者視察災區，賑給救困，並協助他們修築屋宇。連續二年的大水災，兩河（河南、河北）地

〔註30〕《冊府元龜》卷一六二〈帝王部·命使二〉，頁1954。
〔註31〕《冊府元龜》卷一〇五〈帝王部·惠民一〉，頁1259。
〔註32〕《冊府元龜》卷一六二〈帝王部·命使二〉，頁1954。
〔註33〕《冊府元龜》卷一〇五〈帝王部·惠民一〉，頁1260。
〔註34〕《冊府元龜》卷一六二〈帝王部·命使二〉，頁1954。
〔註35〕《冊府元龜》卷一〇五〈帝王部·惠民一〉，頁1260。

區農作物歉收，十五年八月，令所在地方官量支東都租米二十萬石賑給；十二月河北饑荒更嚴重，政府從江淮漕運租米百萬石賑濟災民。由於政府努力不懈的賑災，使得百姓能重新回到生產行列，第二年（開元十六年）農作大豐收（如表4-2），經濟又復甦。《唐會要》卷八八〈倉及常平倉〉載：

> （開元）十六年（728）十月二日，勅，自今歲普熟，穀價至賤，必恐傷農。加錢收糴，以實倉廩，縱逢水旱，不慮阻飢。公私之間，或亦爲便。宜令所在以常平本錢及當處物，各于時價上量加三錢，百姓有糴易者，爲收糴。事須兩和，不得限數。〔註36〕

由此可知，義倉賑濟功能，不但使災民渡過水患災害的困頓，也快速的恢復農業生產，增加社會國家的財富。爲了更有效的賑濟受災百姓，於是玄宗改變義倉由「待奏報」變爲「給訖奏聞」，提高了賑災的時效。《唐會要》卷八八〈倉及常平倉〉載：

> （開元）二十八年正月，勅，諸州水旱，皆待奏報，然後賑給。道路悠遠，往復淹遲，宜令給訖奏聞。〔註37〕

在此之前，義倉出給制度嚴格，只有得到皇帝勅令後，地方官才可開倉，但災區與京師間的道路往復遙遠，不能及時賑給百姓。曾有爲民請命的官吏以身試法。《舊唐書》卷一九〇〈員半千傳〉載：

> 上元初（674～675），授武陟尉。屬頻歲旱饑，勸縣令殷子良開倉以賑貧餒，子良不從。會子良赴州，半千便發倉粟以給饑人。懷州刺史郭齊宗大驚，因而按之。時黃門侍郎薛元超爲河北道存撫使，謂齊宗曰：「公百姓不能救之，而使惠歸一尉，豈不愧也！」遽令釋之。〔註38〕

這是州官不待勅令，自行開倉賑給百姓的例子，足見義倉出給制度嚴格，以致延緩賑災時效。開元二十八年（740）義倉的開倉權受予地方官，「給訖奏聞」，〔註39〕政府既可掌握義倉支給情形，又可提高效率賑貸災民，眞正發揮

〔註36〕《唐會要》卷八八〈倉及常平倉〉，頁1613。《舊唐書》卷四九〈食貨志下〉，頁2124。《冊府元龜》卷五〇二〈邦計部・平糴〉「作9月」，頁6012。
〔註37〕《唐會要》卷八八〈倉及常平倉〉，頁1613。
〔註38〕《舊唐書》卷一九〇〈員半千傳〉，頁5014。《新唐書》卷一一二〈員半千傳〉，貞觀時，調梁府倉曹參軍，會大旱，輒開倉賑民，州劾責，對曰：人窮則濫，不如因而活之，無趣爲盜賊。頁4271～4272。
〔註39〕《唐會要》卷八八〈倉及常平倉〉，頁1613。

義倉的賑災功能。但政府變造義倉貯糧的情形也再度出現。

四、義倉糧的變造

開元四年（716）以前，政府動用義倉貯糧情況已出現，其方式爲折粟爲米，輸京交納。《唐會要》卷八八〈倉及常平倉〉開元四年五月詔：

> 州縣義倉，本備饑年賑給，近年以來，每三年一度，以百姓義倉糙米，遠送京納，仍勒百姓私出腳錢。自今以後，更不得以義倉變造。
> 〔註40〕

這裡所謂「變造」，即指近年以來，以百姓義倉糙米遠送京師交納。由於開元四年（716）以前，義倉米曾與正租一樣遠送交納，增加百姓腳錢負擔，因而下令「自今以後，更不得以義倉變造」。實際上，開元期間這種輸義倉米納京的做法一直在繼續。如《冊府元龜》卷五○二〈邦計部・常平〉載：開元六年（718）三月詔：

> 河北、河南頗非善熟之人糧食固應乏少。項雖分遣使臣，已領巡問，猶慮鰥獨不能自存。凡立義倉，用爲歲備。今舊穀向沒，新麥未登，蠶月務困，田家作苦，不有惠恤，其何以安？宜問彼困儲，時令貸給。況京坻轉積，歲月滋壞。因而變造，爲利弘多，將以散滯收贏，理財均施，所司明作條件，俾便公私。〔註41〕

玄宗所謂的「因而變造，爲利弘多」即指當時河南、河北地區不熟，在青黃不接、農作繁忙的蠶月季節，百姓生活困窘，官府把從國內積儲盈溢州縣運來的義倉糧食，賑貸給當地災民。詔文中的「京坻轉積，歲月滋壞」、「散滯收贏」、「貸給」，均指對義倉糧的徵納、使用，意即通過「變造」從豐收地區調來大批義倉穀糧。不過此時「變造」主要是爲了解決南方「下濕之地」義倉貯糧的推陳納新問題，其用意仍爲積極的一面，公私兩利。開元十四年（726）黃河流域水災非常嚴重，尤以河南、河北爲甚，玄宗政府還勤於賑災，開元十五年（727）四月詔：還指出河南、河北諸州，去歲緣遭水澇，經政府賑貸後，今年夏苗茂盛，豐收在望，只是考慮到百姓產業初營，儲積未贍，尚不豐足，乃決定對「貸糧、麥種、穀子、迴轉變造、諸色欠負等並放，候豐年以漸徵納。」〔註42〕

〔註40〕《唐會要》卷八八〈倉及常平倉〉，頁1613。
〔註41〕《冊府元龜》卷五○二〈邦計部・常平〉，頁6021。
〔註42〕《冊府元龜》卷一四七〈帝王部・恤下二〉，頁1779、1780。

　　開元後期，由於關中龐大政府機構的供應、軍需及朝廷費用劇增，朝廷急於擴大漕運數量，宣州刺史裴耀卿又以「其江淮義倉，下濕不堪久貯，若無船可運，三兩年色變，即給貸費散，公私無益。」〔註43〕為理由，再度指出漕運江淮糧米以實倉廩的建議，採用沿途設倉，節級轉運的辦法，以省下的運費「更運江淮變造義倉，每年剩得一二百萬石，即望數年之外，倉廩轉加。」〔註44〕把江淮地區各州縣義倉貯存的穀米轉運長安以供國用。從此以後，「變造」成為對義倉公開掠奪。這次雖疏奏，玄宗沒有採納。但到開元二十二年（734）八月，玄宗採納裴耀卿的建議，「凡三年，運七百萬石，省陸運之傭四十萬貫。」〔註45〕開元二十五年（737），《新唐書》卷五一〈食貨志一〉載：

> 以江、淮輸運有河、洛之艱，而關中蠶桑少，菽粟常賤，乃命庸、調、資課皆以米，凶年樂輸布絹者亦從之。河南、北不通運州，租皆為絹，代關中庸、課（調），詔度支減轉運。〔註46〕

《唐會要》卷八三〈租稅上〉載：

> 自今已後，關內諸州庸調資課，並宜准時價變粟取米送至京，逐要支用。其路遠處，不可運送者，宜所在收貯，便充隨近軍糧。其河南、河北，有不通水利，宜折租造絹，以代關中調課。所司仍明為條件，稱朕意焉。〔註47〕

《冊府元龜》卷四八七〈邦計部・賦稅一〉載：

> 自今已後，關內諸州庸調資課竝宜准時價變粟取米，送至京，逐要支用。其路遠處，不可運送者，所在收貯，便充隨近軍糧。其河南、河北有不通水舟，宜折租造絹，以代關中調課，所司仍明為條件，稱朕意焉。〔註48〕

此後江南郡縣的租粟，一律折價納布，運往關中；當地人民和糴米粟，以減輕江淮苦變造之勞。

　　天寶其間「天子驕於佚樂而用不知節，大抵用物之數，常過其所入。」

〔註43〕《舊唐書》卷四九〈食貨志下〉，頁 2115。
〔註44〕《舊唐書》卷四九〈食貨志下〉，頁 2115。
〔註45〕《舊唐書》卷四九〈食貨志下〉，頁 2116。
〔註46〕《新唐書》卷五一〈食貨志一〉，頁 1346。
〔註47〕《唐會要》卷 83〈租稅上〉，頁 1533。
〔註48〕《冊府元龜》卷四八七〈邦計部・賦稅一〉，頁 5829。

〔註49〕由於政治安定，經濟繁榮，〔註50〕使得統治者驕奢淫逸，揮霍浪費，不得不動用各州縣義倉儲糧。在如何使用大量儲糧的問題上，也和開元時期不同。自關中實行以庸、調、資課、折納米粟，長安用糧基本解決以後，就不再漕運江淮地區的義倉糧進京，而採取轉市當地經費輸京交納的措施。如天寶元年三月以後，韋堅擢為陝郡太守、水陸轉運使，乃請於長樂坡瀕苑墻鑿廣運潭於望春樓下，二年（743）潭成，市江、淮南諸郡輕貨進獻。天寶八載（749）二月，楊釗（國忠）奏請將州縣所積粟、帛「糴變為輕貨，及徵丁租地稅皆變布帛輸京師；」〔註51〕這又是將正倉及義倉粟轉市輕貨了。

　　如上所述，開元期間以義倉糧食折變成糙米輸京交納，當時稱為「變造」。但義倉的變造不是全部被政府所佔用，從玄宗時義倉賑貸廿二次，即說明當時義倉主要還是用於賑災。到天寶年間，政府已將義倉和正租一樣轉市輕貨，輸送入京。《通典》卷六〈食貨・賦稅〉載：「天寶中天下計帳，……其地稅約得千二百四十餘萬石。」〔註52〕把地稅作為國家的一項正式收入。雖然玄宗曾自詔「義倉元置，與眾共之，將以克濟斯人，豈徒蓄我王府。」〔註53〕然而從玄宗朝義倉賑濟的記錄，僅見於開元期間，即可知義倉他用之事實。從天寶年間文獻上已找不到義倉賑濟的記錄了，說明義倉的用途的改變在天寶年間已發展到頂點。

　　總之，唐玄宗時，義倉在災荒之年的賑濟和借貸，對維持百姓生活，與恢復社會生產有積極作用。義倉的賑濟使政府的經濟不因水患而蕭條，反而更加富裕，雖然出現被官府變造他用，或官吏貪污中飽私囊的弊病，但義倉仍然發揮其應有的賑濟功能。

〔註49〕《新唐書》卷五一〈食貨志一〉，頁1346。
〔註50〕據《通典》卷十二〈食貨・輕重〉天寶八年（749）載，凡天下諸色米都九千六百六萬二千二百二十石。和糴一一三萬九千五百三十石。諸色倉糧總千二百六十五萬六千六百二十石。正倉總四二百一十二萬六千一百八十四石。義倉總六千三百一十七萬七千六百六十石。常平倉總四百六十萬二千二百二十石。義倉儲糧比正倉還多，占有全部倉儲的一半。開元時期的社會經濟繁榮，其倉儲數量估計與此不相上下。唐政府在正稅收入已不能完全滿足需要的情況下，必然垂涎於義倉積儲。頁291～294。
〔註51〕《資治通鑑》卷二一六〈唐紀三二〉，頁6893。
〔註52〕《通典》卷六〈食貨・賦稅下〉，頁110。
〔註53〕《冊府元龜》卷一〇五〈帝王・惠民一〉，頁1260。

表 4-1　唐代諸倉賑貸簡表

年代 ＼ 次數 ＼ 倉別	義 倉（常平倉）	太 倉	轉運倉	正 倉	其 他	合 計
高祖（618～626）		1		2	1	4
太宗（627～649）	23			3		26
高宗（650～683）	8	1				9
武后（684～704）	3					3
中宗（705～709）	10					10
睿宗（710～712）	1					1
玄宗（713～755）	22	4	3	1		30
肅宗（756～762）		1				1
代宗（763～779）	3					3
德宗（780～804）	8	5	1			14
憲宗（806～820）	12	4				16
穆宗（821～824）	2	1				3
敬宗（825～826）					1	1
文宗（827～840）	17		1			18
總計	109	17	5	6	2	139

註：一、資料來源：《冊府元龜》卷一○五、一○六〈帝王部・惠民〉。
　　　　　武后時期依據《舊唐書》卷六〈則天皇后紀〉。
　　二、除代宗、德宗、二朝無義倉外，其他未說明賑倉暫歸義倉。
　　三、憲宗及憲宗以後的義倉賑貸亦含常平倉賑貸。
　　四、武宗以後《冊府元龜》未載。
　　五、時間：武德元年（618）至開成五年（840）。

第二節　賑恤蠲免與災後重建

　　唐代遣使賑恤，係沿襲前代遺風而來，並成為一項長期的推行制度。唐代宗〈宣慰湖南百姓制〉載：

　　　　自漢魏以來，水旱之處，必遣人巡問以安集之。國朝因其制焉，亦
　　　　命近臣撫慰，俾諭求瘼之意，用紓將泛之急。〔註54〕

據文獻資料記載，唐代在武德七年（624）已有遣使賑災的記錄：「關中、河

〔註54〕《唐大詔令集》卷一一六〈政事撫慰中・宣慰湖南百姓制〉，頁606。

東諸州旱,遣使賑給之。」〔註55〕到文宗大和八年(834)九月,詔「淮江浙西等道仍歲水潦,遣殿中侍御史任畹馳往慰勞。」〔註56〕據《冊府元龜》卷一○五、六〈帝王部‧惠民一、二〉記載,遣使賑災在唐代超過一三六次。其中遣使賑災最多次的是玄宗時,計三十次,其次是太宗時的廿六次。這記錄說明政局安定,經濟繁榮的政府,救災政策是積極的,且注重救災的績效。

　　唐代遣使賑災頻繁,賑災使是差遣職,在玄宗之前,未見賑災使臣的專用名稱,直至開元十五年(727)始稱「宣撫使」。〔註57〕《冊府元龜》卷一六二〈帝王部‧命使〉載〈遣使宣撫河北詔〉:

　　　　(開元)十五年(727)八月,制曰:河北州縣,水災尤甚,言念蒸人何以自給?……宜令所司量支東都租米二十萬石賑給。乃令魏州刺史宇文融充宣撫使,便巡撫水損,應須憂恤,及合折免,并存閭舍,

　　　　一事已上,與州縣相知,逐穩便處置,務從簡易,勿致勞擾。〔註58〕

做為朝廷的賑災使臣的「宣撫使」或「宣慰使」。〔註59〕其目的在賑濟災區災民,使災民在災後能維持生活,並恢復生產。就如上述,河北州縣遭嚴重水災,朝廷恐災區百姓無以自給,令河北州縣官,支用東都租米二十萬石賑給。並命宇文融充宣撫使,巡視災區水災損傷情況,協同州縣官,從優撫卹災民,以保存閭舍百姓。唐代的賑災活動,視災情的大小,而劃分中央或地方賑給。災情嚴重地區,通常由中央政府遣使主持,地方政府配合;災害較小的賑濟工作則由地方政府直接進行賑給。

　　唐代的救災賑卹可歸納為兩類:賑卹、平糶賑貸與蠲免。目的在及時救濟災民使其渡過災後的困頓生活,並重新再恢復生產力。以下,我們來探討玄宗時代的賑卹與蠲免在賑災的功能,及宣撫使的職權對救災的貢獻。

壹、賑　卹

　　凡水患侵襲之處,玄宗政府即派出專使存問撫卹:賑米,助災民度過饑

〔註55〕《冊府元龜》卷一○五〈帝王部‧惠民一〉,頁1256。

〔註56〕《冊府元龜》卷一○六〈帝王部‧惠民二〉,頁1268。

〔註57〕《資治通鑑》卷二一三〈唐紀二十九〉載:「開元十六年(728)正月甲寅(17日),以魏州刺史宇文融為戶部侍郎兼魏州刺史,充河北道宣撫使。胡三省註:『宣撫使始此』」。頁6781。

〔註58〕《冊府元龜》卷一六二〈帝王部‧命使二〉,頁1954。

〔註59〕《冊府元龜》卷一六二〈帝王部‧命使二〉載:「(開元)二十一年(733)2月,以簡較尚書右丞相皇甫翼充河南、淮南道宣慰使……」,頁1954、1955。

荒困頓的生活；或賜物出材，助民重建家園；或賑給種子、農具，助民恢復生產。這些賑濟措施的目的，除了救民於危厄外，都是爲了安定人心，避免災後社會動亂的發生。

一、賑　濟

賑濟，指將糧食發放給需要救濟的災民或貧民，目的在使民能維持生活，並盡快恢復生產力，以安定社會秩序。水患賑濟通常以義倉米糧賑給災民爲主。或常平倉米，不足則以太倉或正倉米糧充之。義倉賑給情形請參閱本章第一節，不再贅述。本處賑濟以賑貸及助民重建家園爲主。

（一）賑　貸

賑貸目的：在助災區百姓暫渡饑饉，並使他們能盡快回到生產行列的措施。賑貸通常是給災區針對災害較不嚴重的地區進行，其倉糧來源有二：一是義倉，另一是常平倉。在唐玄宗時期，賑災中以施行賑貸災民的記錄最多（附錄三）。

> 開元三年（715）七月，……河北諸州宜委州縣長官勘責，灼然不能支濟者，稅租且於本州納，不須徵却。……有貸糧廻溥等，亦量事減徵。〔註60〕

上述，說明災後由本州縣長官負責賑給，實際勘察災民生活情況，如有不能支濟的災民，則可在本州繳納租稅，並取消其租稅運腳費的徵收，以減輕災民的負擔。

> （開元）三年（715）十一月乙丑，詔曰……河南、河北災蝗、水潦之處，其困弊未獲安存，念之憮然，不忘寤寐。宜令禮部尚書鄭惟忠持節河南宣撫百姓，工部尚書劉知柔持節河北道安撫百姓，其被蝗、水之州，量事賑貸。〔註61〕
>
> （開元）十年（722）……八月，東都大雨，伊、汝等水泛漲，漂壞河南府及許、汝、仙、陳等州廬舍數千家。遣戶部尚書陸象先存撫賑給。〔註62〕詔河南府巡行所損之家，量加賑貸，并借人力，助營宅屋。〔註63〕

〔註60〕 《冊府元龜》卷一四七《帝王部・恤下二》，頁1778。
〔註61〕 《冊府元龜》卷一〇五《帝王部・惠民一》，頁1259。
〔註62〕 《冊府元龜》卷一〇五《帝王部・惠民一》，頁1259。
〔註63〕 《冊府元龜》卷一四七《帝王部・恤下二》，頁1779。

（開元）二十二年（734）（正月）乙酉（廿二日），懷、衛、邢、相
等五州乏糧，遣中書舍人裴敦復巡問，量給種子。〔註64〕

以上遣使賑貸的原因皆因水患等天災，造成災民乏糧，其賑貸情形皆由宣撫
使視災情而定，或賑給糧食，或量給種子。這些賑貸的共同點為：（1）未記
載有關償還問題：或許與賑給相同，是無償賑貸。（2）災區皆在河南、河北：
一方面河南、北，水患頻繁，另一方面它是唐代重要農業生產區。為了確保
國家社會的經濟來源，政府對農業區受災情形，自然格外關注。既然水患的
無法避免，就設法將災情的傷害減至最低，使災民早日恢復生產。

（開元）十二年（724）三月，詔曰：河南、河北去歲雖熟，百姓之
間頗聞辛苦，今農事方起，蠶作就功，宜令御史分往巡行，其有貸
糧未納者，竝停到秋收。〔註65〕

（開元）十五年（727）四月詔曰：河南、河北諸州，去年緣遭水潦，
雖頻加賑貸而恐未小康，……然以產業初營，儲積未贍，若非寬惠，
不免艱辛，其貸糧麥種穀子迴轉變造、諸色欠負等竝放，候豐年以
漸徵納，蠶麥事畢，及至秋收後，竝委刺史縣令專勾當，各令貯積，
勿使妄有費用。〔註66〕

以上二次賑貸：皆為貸糧或貸種子未還，政府知災民困境，令貸糧或貸種子
者等待秋收時再償還；地區皆在河南、河北地區。原因不僅是河南、北多災，
更重要的是河南、河北是當時朝廷最重要的農業經濟區；維持百姓生存，並
恢復他們的生產力，是確保國家安定與繁榮，這也是政府賑災的最終目的。

（二）撫恤與助民修築屋宇

河南道是玄宗時期水患最多的地區，尤其是洛陽地區穀、洛、瀍三水經
常泛溢，水災非常嚴重，由以下三次水患可知，每次都漂毀屋宇由數百家至
千餘家。溺死者數千人，或甚眾。漂毀田產更是無計其數。尤其是十四年（726）
的那次水災，幾乎淹沒災區，災區居民皆以船為家。由於災情嚴重，人民屋
宇普遍損毀，政府除了派遣使臣賑恤外，並借人力助災民修築房子，且責本
道州縣官撫卹溺死者的家屬，以穩定災民心，使災民能夠盡快恢復生活秩序。
其賑恤情形如下：

〔註64〕《舊唐書》卷八〈玄宗紀〉，頁200。
〔註65〕《冊府元龜》卷一四七〈帝王部・恤下二〉，頁1779。
〔註66〕《冊府元龜》卷一四七〈帝王部・恤下二〉，頁1779、1780。

（開元）八年（720）六月，河南府穀、雒、涯〔瀍〕三水泛漲，漂溺居人四百餘家，壞田三百餘頃，諸州當防丁、當番衛士、掌閑廄者千餘人，遣使賑恤，及助脩屋宇，其行客溺死者，委本貫存恤其家。〔註67〕

（開元）十年（722）五月，東都大雨，伊、汝等水泛，壞河南府及許、汝、仙、陳四州廬舍數千家，溺死者甚眾。詔河南府巡行所損之家，量加賑貸，并借人力助營宅屋。〔註68〕

（開元）十四年（726）七月，以懷、鄭、許、滑、衛等州水潦，遣右監門衛將軍知內侍省事黎敬仁宣慰，如有遭損之處，應須營助賑給，垃委使與州縣相知，量事處置。九月，命御史中丞兼戶部侍郎宇文融往河南、河北道遭水州宣撫。若屋宇摧壞、牛畜俱盡，及征人之家，不能自存立者，量事助其脩葺。〔註69〕

以上的水患災情都非常嚴重，災區無不嚴重受損，能存活的災民已屬幸運，災後物資缺乏，財物與大部分的房子為水所毀壞，若無外力援助，很難維持生活，或許會因生活因素而導致社會的不安。政府了解災民的困境，除了賑給糧食外，並借人力協助災民重建被損毀的屋宇，使災民免於流落街頭，災民得以渡過災難的困頓生活，必對政府心存感激，社會也會因此而更安定。有了安定的社會，才可能再創造社會的繁榮。

水患侵襲之處，無論其為災嚴重與否，農田作物被損毀的機率很高，唯一不同的是損毀程度的輕重差別。所以凶災過後大都為荒年，而荒年往往因穀貴而傷民；但平年時，又因農作物豐收，而穀賤傷農。於是政府以和糴平抑物價，以賑貸災民或貧民。

二、平糴賑貸

唐代平糴是常平倉穀物來源，其功能都在平衡市場糧食價格，使糧食產銷供需平衡，以穩定社會民心。《舊唐書》卷四三〈職官二・倉部郎中〉載：

〔註67〕《冊府元龜》卷一四七〈帝王部・恤下二〉，頁1779。《唐會要》卷四四〈水災下〉載：「損居人九百六十一家，溺死八百一十五人，許、衛等州，田廬蕩盡，掌關兵士，溺死者一千一百四十八人。」，頁783。《新唐書》卷三六〈五行志三〉，頁930、及《舊唐書》三七〈五行志〉，頁1357，略同。

〔註68〕《冊府元龜》卷一四七〈帝王部・恤下〉，頁1779。《舊唐書》卷八、三七。

〔註69〕《冊府元龜》卷一四七〈帝王部・恤下〉，頁1779。《舊唐書》卷三七；《唐會要》卷四四。

「凡義倉所以備歲不足，常平倉所以均貴賤也。」〔註70〕常平倉目的是通過平糴平糶來調節農作物豐、歉收的市場價格，一方面穩定農民，使農民不致因豐年而「穀賤傷農」，一方面調節和維持經濟中農業與商業之間的平衡，不會因農作物歉收而「穀貴傷民」，以保證社會再生產的連續性。

貞觀初，接連三年災荒，糧食缺乏，「（貞觀）元年（627），關中饑，米斗值絹一匹；二年（628）天下蝗；三年（629），大水。」〔註71〕貞觀三年以後，農業才逐漸恢復。〔註72〕貞觀十一年（637）馬周上疏說：「今比年豐穰，匹絹得粟十餘斛」，〔註73〕與貞觀元年相比，十年間粟價下跌百餘倍。這即「穀賤傷農」的最典型事例。貞觀十三年（639），詔於「洛、相、幽、徐、齊、并、秦、蒲等州置常平倉，」〔註74〕朝廷這時在產糧區設置常平倉平價收糴，有維持小農經濟收入，以安定生產秩序的作用。高宗永徽六年（655）八月，「先是大雨道路不通，京師米價暴貴，出倉粟糶之，京師東西二市置常平倉。」〔註75〕平抑米價，以穩定長安的市民。此外，高宗時期，不見常平倉平抑物價記錄。直至玄宗時期，唐代常平倉平糴平糶糧食的活動記錄又多了，是唐代糴糶最盛行的時期；主要因素與農業收成的豐碩有密切關係。

開元、天寶時期（713 至 755），全國各道普遍設置常平倉，有糴有糶是此期常平倉經營的特色。首先是常平倉設置範圍的廣大。開元二年（714）九月，「敕以歲稔傷農，令諸州脩常平倉法；江、嶺、淮、浙、劍南地下濕，不堪貯積，不在此例。」〔註76〕似除了江南、嶺南、淮南、劍南、兩浙地區外，淮河、秦嶺以北及山南諸州都設置常平倉。開元五年（717）後置倉地區又擴大。（圖4-1）《舊唐書》卷四九〈食貨志下〉載：

> （開元）七年（719）六月，敕：關內、隴右、河南、河北、河東五
> 道，及荊、揚、襄、夔、綿、益、彭、蜀、漢、劍、茂等州，並置

〔註70〕《舊唐書》卷四三〈職官二・倉部郎中〉，頁1828。

〔註71〕《資治通鑑》卷一九三〈唐紀九〉，頁6084。《新唐書》卷五一〈食貨志一〉載：「貞觀初，絹一匹易米一斗。至四年，米斗四五錢。」，頁1344。

〔註72〕《資治通鑑》卷一九三〈唐紀九〉載：「是歲（貞觀三年），天下大稔，流散者咸歸鄉里，米斗不過三、四錢。」，頁6085。

〔註73〕《資治通鑑》卷一九五〈唐紀十一〉，頁6132。

〔註74〕《唐會要》卷八八〈倉及常平倉〉，頁1612。《冊府元龜》卷五〇二〈邦計部・常平〉，頁6020。《新唐書》卷五一〈食貨志〉，頁1344。

〔註75〕《舊唐書》卷四〈高宗紀〉，頁74。

〔註76〕《資治通鑑》卷二一一〈唐紀二十七〉，頁6705。

常平倉。其本上州三千貫，中州二千貫，下州一千貫。〔註77〕

以上所列十一州，山南道的荊、襄、夔三州，包括在開元二年（714）的置倉地區以內，其餘淮南道揚州及劍南道綿、益、彭、蜀、漢、劍、茂等八州，都是新增常平倉地區。至此時未置常平倉的地區，只剩下江南道和嶺南道。常平倉的平糴的資金，每年上州有三千貫，中州二千貫，下州一千貫，以充實常平倉的倉廩。

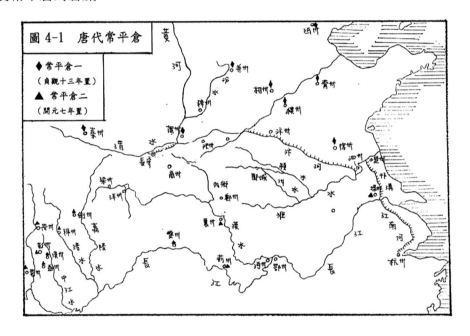

常平倉目的在平抑物價，所以重視平糴平糶兼顧，以發揮常平倉的調節作用。開元二年（714）九月二十五日敕文「令諸州加時價三兩錢糴」；〔註78〕開元十二年（724）八月，詔減時價十錢糶百姓。《冊府元龜》載：

> （開元）十二年（724）八月，詔曰：蒲、同兩州自春偏旱，慮自來歲貧下少糧，宜令太原倉出十五萬石米付蒲州，永豐倉出十五萬石米付同州，減時價十錢糶與百姓。〔註79〕

（開元）十六年（728）十月二日，勅：自今歲普熟，穀價至賤，必

〔註77〕《舊唐書》卷四九〈食貨志下〉，頁2124。《唐會要》卷八八〈倉及常平倉〉載有「每糴具本利與正倉帳同申」，頁1613。

〔註78〕《唐會要》卷八八〈倉及常平倉〉，頁1613。《冊府元龜》卷五〇二〈邦計部·平糴〉，頁6012。

〔註79〕《冊府元龜》卷一〇五，頁1259。

恐傷農。加錢收糴，以實倉廩，縱逢水旱，不慮阻飢。公私之間，
或亦為便。宜令所在以常平本錢及當處物，各於時價上量加三錢，
百姓有糴易者，為收糴。事須兩和，不得限數。〔註80〕

（開元）廿五年（737）九月戊子，敕曰：……今歲秋苗遠近豐熟，
時穀既賤，則甚傷農，事資均糴，以利百姓。宜令戶部郎中鄭昉、
殿中侍御史鄭章，於都畿據時價外，每斗加三兩錢和糴粟三四百萬
石，所在貯掌。江淮漕運，固甚煩勞，務在安人，宜令休息。其江
淮間今年所運租停，其關輔，委度支郎中兼侍御史王翼，准此和糴
粟三四百萬石，應須船運等，即與所司審計料奏聞。〔註81〕

天寶四載（745）五月詔曰：如聞今載收麥倍勝嘗歲，稍至豐賤，即
應傷農，處置之間，事資通濟。宜令河南、河北諸郡長官取當處嘗
平錢，於時價外，斗別加三五錢，量事收糴大麥貯掌，其義倉亦宜
准此。〔註82〕

（天寶）十四載（755）正月，以歲饑乏故，……（詔）太倉出糴一
百萬石，分付京兆府與諸縣糴，每升減於時價十文，河南府畿縣出
三十萬石，太原府出三十萬石，滎陽、臨汝等郡各出粟二十萬石，
河內郡出米十萬石，陝郡出米二萬石，并每斗減時價十文，糴與當
處百姓。〔註83〕

以上是玄宗時代和糴與出糴有價格記錄的例子，由上述，可知玄宗時代，當
農作物豐收時，政府則加時價和糴過剩的糧食；若遇災年農作歉收時，則再
以和糴的糧食減時價十之二出糴給百姓，以平抑市場物價。

　　玄宗時期，文獻上有平糴平糶的價格，玄宗時平時穀價約為十錢至十五錢；
災荒時穀價約為五十錢。這也是玄宗時糴糶兼行的例證。我們可以由此了解玄
宗時平糴糧價增減幅度。依開元、天寶時期，平年斗米價格通常在十五文左右
（表4-2）。若平糴「加時價三兩錢」，則平糴時增加價相當於平年米價的十分之

〔註80〕《唐會要》卷八八〈倉及常平倉〉，頁1613。《舊唐書》卷四九〈食貨志下〉，
　　　　頁2124。《冊府元龜》卷五〇二〈邦計部‧平糴〉載：「各於時價上量加三五
　　　　錢」，頁6012。
〔註81〕《冊府元龜》卷五〇二〈邦計部‧平糴〉，頁6012。
〔註82〕《冊府元龜》卷五〇二〈邦計部‧平糴〉，頁6013。
〔註83〕《冊府元龜》卷一〇五〈帝王部‧惠民一〉1261。

二。出糶時「每斗減時價十文」可能是按照「時儉則減私之十二糶之」〔註84〕的傳統比例確定的。由出糶減價十分之二為減十文計，則可知出糶時斗米時價為五十文。平糶加三、五文，還出見於玄宗的其他詔文。〔註85〕由此可知，平糶加時價十分之二，出糶減時價十分之二，可能是玄宗時常平倉實行平準的常規增減價幅度。

> （開元）十二年（724）八月詔曰：蒲、同兩州自春偏旱，慮至來歲貧下少糧，宜令太原倉出十五萬石米付蒲州，永豐倉出十五萬石米付同州，減時價十錢糶與百姓。〔註86〕

> （天寶十二載）（753）八月，京城霖雨，米貴。令出太倉米十萬石，減價糶與貧人。〔註87〕

> （天寶十三載）（754），是秋，霖雨積六十餘日，京城垣屋頹壞殆盡，物價暴貴，人多乏食。令出太倉米一百萬石，開十場賤糶以濟貧民。東都瀍、洛暴漲，漂沒一十九坊。〔註88〕

> （天寶）十四載（755），正月，以歲饑乏故下詔曰：……太倉出糶一百萬石，分付京兆府與諸縣糶，每升減於時價十文，河南府畿縣出三十萬石，太原府出三十萬石，滎陽臨汝等郡各出粟二十萬石，河內郡出米十萬石，陝郡出米二萬石，并每斗減時價十文，糶與當處百姓，應緣開場差官分配多少，一時各委府郡縣長官處置，乃令採訪使各自勾當。〔註89〕

玄宗時期，水患災後能夠很快的復原，除了政府有完善的倉廩制度，以供應賑災不虞匱乏外，玄宗政府還規定民間每戶至少要有一年的貯糧，以備水患天災，使百姓在面對天災時，不致饑寒交迫。因此付予縣令，監督百姓，每戶人家的倉窖裡，平時必須貯存一年之糧食，而且規定不是農忙時，不能啟用倉窖的存糧，以備災年之用。《冊府元龜》卷五〇二〈邦計部·常平〉載：

〔註84〕《通典》卷十二〈食貨·輕重〉，頁289。
〔註85〕《唐會要》卷八八〈倉及常平倉〉，頁1613。《舊唐書》卷四九〈食貨志下〉，頁2124。《冊府元龜》卷五〇二〈邦計部·平糶〉，頁6012。
〔註86〕《冊府元龜》卷一〇五〈帝王·惠民〉，頁1259。
〔註87〕《舊唐書》卷九〈玄宗紀〉，頁227。
〔註88〕《舊唐書》卷九〈玄宗紀〉，頁229。《冊府元龜》卷一〇五〈帝王部·惠民一〉，頁1261。
〔註89〕《冊府元龜》卷一〇五〈帝王部·惠民一〉，頁1261。

開元二年（714）九月詔曰：……以天災流行，國家代有，若無糧儲
之備，必致饑饉之憂。縣令親人，風俗所繫，隨當處豐約，勸課百姓，
未辦三載之糧，且貯一年之食，每家別爲倉窖，非蠶忙農要之時，勿
許破用。仍委刺史及按察使，簡較覺察，不得容其矯妄。〔註90〕

這種強迫百姓積極儲糧的作法，即所謂的藏富於民，在災荒時，可使百姓免
於飢寒交迫，流離失所（除非遇到家毀人亡的大天災），發揮了救濟的功能。
在玄宗時代雖然各種天災不斷，除了政府的義倉、常平倉貯糧外，但由於政
府平時積極鼓勵百姓儲蓄的習慣，因此，玄宗時期文獻上，沒有「人相食」，
或「父子相食」的人間悲劇發生。

貳、蠲免與災後重建

以農立國的古代中國，當發生比較嚴重的自然災害之後，歷代王朝採取的
主要救災措施，是對受災的百姓賑恤與蠲免。這種救災的思想淵源於先秦，史
籍中已有明確記載。〔註91〕《周禮》〈地官·均人〉載：「凶札則無力政，無財
賦，不收地。」鄭玄注：「無力政，恤其勞也，無財賦，恤其乏困也。」賈公彥
疏：「凶謂年穀不熟，札謂天下疫病，作無此力征及財賦二事，此即廩人云不能
人二鬴之歲。」〔註92〕到了唐代，這種救災措施在法令上稱爲「蠲免」。

蠲免在傳統的救災措施，一方面可以減輕災民經濟負擔，有利受災地區
經濟的恢復和社會秩序的穩定，另一方面則是減少國家財政的收入。就政府
財政而言存在著相互矛盾作用。因此，如何合理地制訂蠲免的標準及執行辦
法，牽涉到災年的政治、經濟與財政等方面的問題。「蠲免」制度的歷代規定
標準均因時代背景而有所差異。蠲免的功能在於社會的穩定和受災地區經濟
的恢復，因此其主要對象爲災區的貧困農民。目的在解決農民生計的困境，
使他們不致因遭遇災害而無法生存，以致影響日後社會的生產力。因而蠲免
的施行有一定的標準，漢代成帝鴻嘉四年（前17）規定：「被災害什四以上，
民貲不滿三萬，勿出租賦。」〔註93〕哀帝綏和二年（前7）又規定：「令水所
傷縣邑及他郡國災害什四以上，民貲不滿十萬，皆無出今年租賦。」〔註94〕

〔註90〕《冊府元龜》卷五○二〈邦計部·常平〉，頁6021。
〔註91〕請參閱第一章第二節。
〔註92〕《十三經注疏·周禮》卷十四〈地官·均人〉，台北，藝文印書館印行，頁210。
〔註93〕《漢書》卷十〈成帝紀〉，頁318。
〔註94〕《漢書》卷十一〈哀帝紀〉，頁337。

從漢代蠲免規定，凡災害造成農作物損失達什四以上，及百姓資產在三萬以下，均為災後「蠲免」的對象。亦即「蠲免」的對象為災區貧民，而災區富人則不包含在內。因為貧窮百姓在災害後，大多難以維持生存，必須仰賴社會救濟才能生存下來。而較富裕的百姓及地主，災害不致於影響他們的生計。蠲免條件制度化，亦可以減少國家財政收入的損失。

東漢的蠲免規定有所變化。《後漢書》〈和帝紀〉載：永元四年（92）12月，和帝詔曰：「今年郡國秋稼為旱蝗所傷，其什四以上勿收田租、芻稾；有不滿者，以實除之。」〔註95〕後一句的規定，受災程度達不到十分之四以上，也可以按實際受災情況減免田賦及附加稅。此後，「以實除之」成了東漢「蠲免」制度的一個項目。依據「以實除之」的規定，只要一畝田受災程度達到畝產量的十分之三四，這畝田的田賦基本上就被豁免了。東漢取消蠲免的資產限制，對富裕人家同樣給予「蠲免」的權利，東漢對災民的「蠲免」比西漢更為優惠。

魏晉南北朝期間，雖然不時可以見到皇帝因災下詔減免或緩征賦役，但是詔書中沒有提及減免的量化標準。到了唐朝賦役「蠲免」的法令規定詳細。

唐代賑災中凡水患有損田稼者，政府即遣使調查災情，並根據災情蠲免賦役，借貸糧食、種子。採取這類措施的目的，是為了恢復社會生產條件。由於賦役關係到國家財政和建設，所以在決定蠲復時十分慎重，通常是由州縣上報受災數字，經賑災使者核實，然後根據《賦役令》規定的減免標準宣佈蠲復的時間和種類。唐代「蠲免」的規定在武德二年制定。《唐六典》卷三〈戶部郎中員外郎〉載：其令為：

> 凡水、旱、蟲、霜為災害，則有分數：十分損四已上，免租；損六已上，免租、調，損七已上，課、役俱免。若桑麻損盡者，各免調。若已役、已輸者，聽免其來年。……凡丁戶皆有優復蠲免之制。〔註96〕

此外，對於義倉按畝計徵的地稅，唐令規定其「蠲免」的標準為「若遭損四已上，免半；七以上，全免。」〔註97〕由上所述，賦稅「蠲免」制度，發展至唐代更為詳備。唐代對農業受災程度劃分更詳細，在租庸調相關的減免，將農作物受災程度分成四等級，地稅的減免分兩個等級。且規定受災後，即使災民當年的賦稅已經繳納，仍可以將減免順延至下一年的賦稅。開元二十

〔註95〕《後漢書》卷四〈孝和孝殤帝紀〉，頁174。
〔註96〕《唐六典》卷三〈戶部郎中員外郎〉，頁77。
〔註97〕《唐六典》卷三〈倉部郎中員外郎〉，頁84。

年（732）十一月，玄宗在〈后土赦書〉中說：

> 天下遭損免州，應損戶減一分已上者，及供頓州，無出今年地稅；
> 如已徵納，聽折來年地稅。逋租懸調、貸糧種子、欠負官物、在百
> 姓腹內者，亦宜准此。〔註98〕

「蠲免」結果自然要減少預定的一部分財政收入，爲了做到公私兼顧，唐朝對如何執行「蠲免」制定了一套明確的程序，自下而上的報災和自上而下的覆檢兩方面規定構成。根據《唐律疏議》卷十三〈戶婚律第二十〉總一六九條〈不言及妄言旱澇霜蟲〉規定：

> 諸部內有旱、澇、霜、雹、蟲、蝗爲害之處，主司應言而不言及妄
> 言者，杖七十。覆檢不以實者，與同罪。若致枉有所徵免，贓重者，
> 坐贓論。〔註99〕

疏議曰：

> 其應損免者，皆主司合言。主司，謂里正以上。里正須言於縣，縣
> 申州，州申省，多者奏聞。其應言而不言及妄言者，所由主司杖七
> 十。……若不以實言上，妄有增減，致枉有所徵免者，謂應損而徵，
> 不應損而免，計所枉徵免，贓罪重於杖七十者，坐贓論，罪止徒三
> 年，既是以贓致罪，皆合累倍而斷。〔註100〕

綜合上述，唐代實施「蠲免」時，是由鄉、里、縣、州逐級上報災情，然後由州縣乃至中央部門派人去檢覆災情，加以覆核，確定受災的具體程度，上報朝廷，最後由皇帝下詔敕蠲免災區賦稅的具體項目和數量。不過，有時皇帝也可能根據災後實際情況而下令特免。開元四年（716）七月六日，玄宗曾下令：「其河南、河北遭蝗蟲州，十分損二以上者，差科雜役，量事矜放。」〔註101〕這是在受災未達到法令標準時放免雜役之例。這是唐代統治者對災區「蠲免」賦稅雜役的彈性政策，也是中央政府控制稅役減免的一種表現。

玄宗時期因水患災情損傷稼穡而蠲免租庸及地稅的例子如下：

〔註98〕《唐大詔令集》卷六六〈典禮・后土・后土赦書〉，頁373。
〔註99〕《唐律疏議箋解》卷十三〈戶婚律第二十〉總一六九條〈不言及妄言旱澇霜蟲〉，頁985。
〔註100〕累倍：即所有犯罪刑責加總的二分之一。《唐律疏議箋解》卷十三〈戶婚律第二十〉，頁985。
〔註101〕《唐大詔令集》卷一〇四〈政事・按察下・遣王志愔等各巡察本管內制〉，頁531。

（開元）六年（718）八月辛巳（十九日），詔曰：……今歲河南諸
州頗多水潦，稼穡不稔，閻閭阻饑，……宜令工部尚書劉知柔馳驛
充使，往河南道巡歷簡問，應免租庸及賑恤，竝量事便處分。〔註102〕

（開元）二十年（732）九月戊辰，河南道宋、滑、兗、鄆等州大水，
傷禾稼，特放今年地稅。〔註103〕

　　河南道爲唐玄宗時期重要農業區，水患對河南諸州農作物的損毀，政府
特別重視，爲了使河南災區農業盡快恢復生產，政府依受災實際情況決定「蠲
免」災區賦役，以紓緩災民的生活壓力，對恢復生產有很大的助益。

　　賦稅「蠲免」的救災措施，不但減輕災民的經濟負擔，有利於受災地區
經濟的恢復與社會秩序的穩定。但有好的制度，必須要有忠於職守的好官員
來執行，才能實現政府照顧百姓的福祉。而一般官吏在執行「蠲免」時可能
爲了考核而隱匿災情，或浮濫而枉報災情。地方官的營私舞弊將導致朝廷枉
加徵斂。玄宗在召集各地來的朝集使時，也多次談到如何做到「蠲免」的客
觀公正問題。開元七年（719）十月，他在〈處分朝集使敕〉中交代了賑濟災
民的原則是「下戶給之，萬戶貸之。所須賑恤，並先處分。至於常賦，則著
恒典，檢據成損，蠲減有條。」〔註104〕也就是依據災民貧富等級及決定賑恤：
貧戶無償賑給；富戶則以賑貸方式給糧，待糧食收成再償還。開元八年（720）
二月，玄宗在〈處分朝集使敕〉斥責豫州刺史裴綱爲政煩苛，多方阻止地方
縣令報災，經御史巡察奏報，災民才得到「蠲免」的撫恤；裴綱因此遭貶官。
〔註105〕但此後，地方官吏矯枉過正，奏報的「蠲免」過濫，以致玄宗在開元
十年的〈處分朝集使敕〉中痛心的說：

往歲河南失稔，時屬荐饑，州將貪名，不爲檢覆，致令貧弱，萍流
水境。責在致理，有從貶黜，因茲已來，率多妄破，或式外奏免，
或損中加數。至如密州，去秋奏澇，管戶二萬八千八百，不損者兩
戶而已，無由（田）商估（賈）之流，虛入戶數。自餘州，不損戶
即丁少，得損戶即丁多。天災流行，豈應偏併？皆是不度國用，取

〔註102〕《冊府元龜》卷一六二〈帝王部・命使二〉，頁1952。
〔註103〕《冊府元龜》卷四九〇〈邦計部・蠲復〉，頁5863。
〔註104〕《唐大詔令集》卷一〇三〈政事・按察上・處分朝集使敕〉，頁526。
〔註105〕《唐大詔令集》卷一〇三〈按察上〉載：「朝集使豫州刺史裴綱，分典荊豫，
　　　　爲政煩苛，頃歲不登，合議蠲復，部人有數，便致科繩，縣長爲言，仍遭留
　　　　繫，御史推按，遽以實聞。」，頁526。

媚下人。曩之刻薄也如彼，今之踰濫也如此！〔註106〕

就如玄宗所說：自河南刺史裴綱事件之後，有些地方官矯枉過正，浮報災情，或以少報多。就如開元九年（721）密州上奏遭水災，全州二萬八千八百戶，只有兩戶沒有損失，沒有田的商人也被編列為受災戶。這種虛報受災戶，討好百姓，致使國家財政受損，或是隱匿災情，不恤百姓，使百姓得不到應有的賑給，都不是為官應有的行為。

開元二十年（732）以後，玄宗因國內經濟富裕，海內乂安，故大事武功。《通典》卷一四八，載：

> 玄宗御極，承平歲久，天下乂安，財殷力盛。開元二十年以後，邀功
> 之將，務恢封略，以甘上心，將欲蕩滅奚、契丹，翦除蠻、吐蕃。喪
> 師者失萬而言一，勝敵者獲一而言萬，寵錫云極，驕矜遂增。〔註107〕

玄宗大規模的開拓疆土的結果，軍費的開支激增：自天寶之始，邊境多戰事，寵錫既崇，給用殊廣。〔註108〕

> 開元初，每歲邊費約用錢二百萬貫。開元末，已至一千萬貫。天寶
> 末，更加四五百萬矣。〔註109〕

《資治通鑑》卷二一五〈唐紀三十一〉亦載：

> 開元之前，每歲供邊兵衣糧，費不過二百萬；天寶之後，邊將奏益
> 兵浸多，每歲用衣千二十萬匹，糧百九十萬斛，公私勞費，民始困
> 苦矣。〔註110〕

由於「承平日久，天下乂安，財殷力盛。」玄宗因而志得意滿，疏於政事，日趨驕奢，寵信佞臣，賞賜無度，大興武功，軍費及其他雜費激增，人民負擔日益沉重，義倉也被挪用。使天寶末年財政漸趨衰微，政治也不再像從前那麼安定；玄宗也早已淡忘其對裴綱隱匿災情動怒的事件，而任由楊國忠弄權，隱匿災情。《資治通鑑》卷二一七〈唐紀三十三〉載：

> （天寶）十三載八月，自去歲水旱相繼，關中大饑。楊國忠惡京兆尹

〔註106〕《唐大詔令集》卷一○三〈按察上〉，頁 527。
〔註107〕《通典》卷一四八〈兵典・兵序〉，頁 3780。
〔註108〕《通典》卷一四八〈兵典・兵序〉載：「天寶以後，邊帥怙寵，便請署官，易
　　　　州遂城府、坊州安臺府別將、果毅之類，每一制則同授千餘人，其餘可知。……
　　　　關輔及朔方、河、隴四十餘郡，河北三十餘郡，每郡官倉粟多者百萬石，少
　　　　者不減五十萬石，給充行官錄。暨天寶末，無不罄矣。」，頁 3780。
〔註109〕《通典》卷一四八〈兵典・兵序〉，頁 3780。
〔註110〕《資治通鑑》卷二一五〈唐紀三十一〉，頁 6851。

　　李峴不附己，以災沴歸咎於峴，九月，貶長沙太守。……上憂雨傷稼，國忠取禾之善者獻之，曰：「雨雖多，不害稼也。」上以爲然。扶風太守房琯言所部水災，國忠使御史推之。是歲，天下無敢言災者。高力士侍側，上曰：「淫雨不已，卿可盡言。」對曰：「自陛下以權假宰相，賞罰無章，陰陽失度，臣何敢言！」上默然。〔註111〕

對於楊國忠弄權，隱匿災情，朝臣均敢怒不敢言，玄宗心裡明白，但由於財政問題，卻又不能不視而不見，其心態與裴綱又有何異？所以賑災積效的好壞，除國家經濟富裕與政治安定與否外，首要看統治者的態度，其次才是賑災官員的操守。所幸，從史籍記載，唐玄宗時期官員在「蠲免」的營私舞弊的事例尚不多見，農民從賦稅「蠲免」中，仍能得到一定的實惠。

參、賑災使臣的職責與職權

　　遣使賑災，使臣的職責與職權，可分爲下列三方面：

一、代表皇帝，專程赴災區，慰撫災民，並視察災情。

　　貞觀元年（627）七月，關東、河南、隴右及緣邊諸州霜害秋稼。九月辛酉(十二日)，詔曰……令中書侍郎溫彥博、尚書右丞相魏徵……等分往諸州，馳驛檢行。其苗稼不熟之處，使知損耗多少，戶口乏糧之家存問，若爲支計，必當細勘，速以奏聞，待使人還京，量行賑濟。〔註112〕

　　民以食爲天，詔令規定，使臣必須仔細調查災情，認眞了解災民需求，進行規劃賑災事宜。

二、使臣奉旨出京，須在災區政府和中央有關職能部門的協助配合下，貫徹執行中央政府對災區賑濟、蠲稅的決定，并可依據皇帝的授權，便宜行事。

　　按照唐朝制度的規定，各級地方政府本是賑災行政執行方面的主要常設機構；同時中央政府的一部分職能機關，如尙書省戶部之倉部司、工部之水部司等，也於各自的職能範圍內，分擔一定賑災職責，如賑災糧的收支，蠲稅的核算，水利工程的修繕管理等。〔註113〕中央政府使臣出使災區，執行朝

〔註111〕《資治通鑑》卷二一七〈唐紀卅三〉，頁6928。
〔註112〕《冊府元龜》卷一四四〈帝王部・弭災二〉，頁1746。
〔註113〕潘孝偉，《唐代減災行政管理體制初探》載於《安慶師院社會科學學報》1996

廷賑災指示，必須仰賴各級地方政府的支持，並且協調中央有關部門建立事務上的協辦關係。這種以朝廷賑災使臣為主，會同災區政府、中央有關機構合作賑災的臨時行政體制，在唐代歷次遣使賑災詔令中，有明確的規定。《冊府元龜》載：

> （開元）十四年（722）七月詔曰：⋯頃秋夏之際，水潦不時，懷、鄭、許、滑、衛等州皆遭泛溢，苗稼潦漬，屋宇傾催，⋯⋯宜令右監門衛將軍知內侍省事黎敬仁速往宣慰，如有遭損之處，應須營助賑給，竝委使與州縣相知，量事處置，及所在堤堰不穩便者，簡行具利害奏聞。〔註114〕

賑災使臣除了瞭解災情及災區民眾需要，與當地地方官共同進行賑災事宜外，災區的堤堰有嚴重損毀時，必須上報中央，以會合相關單位協商處理。

> （開元）十六年（728）九月詔曰：河南道宋、亳、許、仙、徐、鄆、濮、兗州奏旱損田，宜令右監門衛大將軍黎敬仁往彼巡問，如有不支濟戶，應須賑恤，與州縣長官相知，量事處置，訖回日具狀奏聞。
>
> 〔註115〕

賑災使者在了解災民需要後，需要與災區地方合作，共同處理賑災工作。

三、兼有督察災區地方官賑災執行情形，及時糾正失職及黜陟官吏，先行後奏。

朝廷賑災使以欽差大臣主持災區賑災工作，對失職的地方官有約束力。開元八年（720）二月，玄宗在〈處分朝集使敕〉斥責豫州刺史裴綱為政煩苛，多方阻止地方縣令報災，經御史巡察奏報，災民才得到「蠲免」的撫恤；裴綱因此遭貶官。《唐大詔令集》卷一〇三〈按察上〉載：

> 朝集使豫州刺史裴綱，分典前豫，為政煩苛，頃歲不登，合議蠲復，部人有數，便致科繩，縣長為言，仍遭留繫，御史推按，遂以實聞。
>
> 〔註116〕

《冊府元龜》也載：

> （開元）十四年（724）九月，命御史中丞兼戶部侍郎宇文融往河南

年第三期。

〔註114〕《冊府元龜》卷一六二，〈帝王部‧命使二〉頁 1954。
〔註115〕《冊府元龜》卷一六二，〈帝王部‧命使二〉頁 1954。
〔註116〕《唐大詔令集》卷一〇三〈政事‧按察上〉，頁 526。

河北道遭水州宣撫，若屋宇摧壞，牛畜俱盡，及征人之家不能自存立者，量事助其脩葺。〔註117〕其有官吏縱捨賑給不均，亦須糾正，回日奏聞。〔註118〕

從上述說明在賑災過程中賑災使臣，有權糾正地方官違法不公的行為，及黜陟地方官之權力，事後再奏明朝廷。《舊唐書》〈玄宗紀〉載：

（開元）廿一年（733）四月丁巳，以久旱，命太子少保陸象先、戶部尚書杜暹等七人，往諸道宣慰賑給，及令黜陟官吏，疏決囚徒。〔註119〕

四、朝廷遣使賑濟，主要在解決災區居民困頓，其職能為宣撫、賑濟和督察。其優點為賑災權限大，事權統一，使賑災工作更具彈性運作，但缺點為不能掌握及時的救援時機，與簡便救災原則。

高宗儀鳳二年（677），河南、河北旱，敕遣御史中丞崔謐、給事中劉景先分道存問，兼量事賑貸。侍御史劉思立就已洞察了這一缺失，他建言：

蠶務未畢而遣使撫巡，所至不能無勞餼。又賑給須立簿最，稽出入，往返停滯，妨廢且廣。……本欲安存，更煩擾之。望且責州縣給貸，須秋遣使便。〔註120〕

本來，賑災救荒貴在「簡便及時」，廣大災區哀鴻遍野，嗷嗷待補，然而賑災使者卻必須逐一前往各州縣視察、登記、施賑，以至曠日持久，煩擾不堪，結果難免顧此失彼，影響到賑災整體的實效。所以，在實際執行過程中，便暴露出遣使賑恤體制上的大弱點，即在於它損害了減災管理所應遵循的及時、簡便原則。因此，當時高宗便採納劉思立的意見，而改「委州縣賑給」。

玄宗也認為，為了救災效益，州縣長官可先行開倉賑濟災民，事後再向朝廷奏報。《唐會要》卷八八，載：

（開元）二十八年（740），正月，勅，諸州水旱，皆待奏報，然後賑給。道路悠遠，往復淹遲，宜令給訖奏聞。〔註121〕

總之，唐代宣撫使乃是一種臨時奉旨出使，執行賑災任務的差遣官職。它上

〔註117〕《冊府元龜》卷一四七〈帝王部・弭災二〉，頁1779。
〔註118〕《冊府元龜》卷一六二，〈帝王部・命使二〉頁1954。
〔註119〕《舊唐書》卷八〈玄宗紀上〉，頁199。
〔註120〕《新唐書》卷二○二〈劉憲傳〉，頁5753。《舊唐書》卷一九○〈劉憲傳〉，頁5016。
〔註121〕《唐會要》卷八八，頁1613。

沿前朝傳統而來，並進一步成為常態正規化。宣撫使因災而設，災後而罷，於朝臣中擇優選任，直接向皇帝負責。其職責和職權在於：一、代表皇帝視察災情，撫卹災民；二、承詔賑災蠲免賦稅，擁有便於行事的特權；三、兼有賑災行政監督之責，有權糾正違失乃至黜陟官吏，可先行後奏。優點：符合賑災行政管理的準確、彈性、集中、統一原則。缺點：損害賑災行政管理的及時、簡便原則。因而，唐代實際推行的是一種宣撫使賑災與地方政府賑災長期並行的二元行政體制。

表4-2　唐代米價表

年　份	每斗價	出　處	備　註
貞觀三年（629）	三、四錢	貞觀政要卷二，頁24	關中豐熟
貞觀八、九年（634～635）	四、五錢	通典卷七，頁149	歲豐稔
貞觀十五年（641）	兩錢	通典卷七，頁149	
永徽五年（654）	洛州粟米兩錢半，米十一錢	資治通鑑卷一九九，頁6282	歲大稔
麟德三年（666）	五文	通典卷七，頁149	
永淳元年（682）	四百錢	通典卷七，頁149	京師大雨，饑荒加以疾疫，死者甚眾
景龍三年（709）	百錢	通鑑二〇九，頁6638	關中饑
開元十三年（725）	米斗至十三文青、齊五文　兩京二十文以下	通典卷七，頁152	歲豐稔
	東都十錢，青、齊米斗五錢。粟三錢。	舊唐書卷八，頁188	歲豐稔
		通鑑卷二一二，頁6769	歲豐稔
開元廿八年（740）	米斛不滿二百　兩京二十錢以下	舊唐書卷九，頁213　通鑑卷二一四，頁6843	歲稔
天寶四載（745）	（每斗估）二七至三二錢	敦煌掇瑣卷三天寶四年官帳	
天寶五載（746）	十三錢　青、齊三錢	新唐書卷五一，頁1346	

天寶十二載（753）	白米一百錢	岑仲勉隋唐史，轉引沙州文錄，	
乾元二年（759）	七千錢	舊唐書卷四八，頁2100	受錢幣影響
乾元三年（760）	一千五百錢	舊唐書卷一○，頁258	歲饑
廣德元年（763）	千錢	舊唐書卷三七，頁1364	蟲，關西尤甚
廣德元年（763）	溫州饑萬錢	太平廣記卷三三七，頁269	
廣德二年（764）	千餘錢	通鑑卷二二三，頁7167	關中蟲蝗霖雨
永泰元年（765）	一千四百文	舊唐書卷一一，頁279	旱
永泰二年（766）	五百錢以上	岑仲勉隋唐史，轉引元次山文集卷七	
大曆四年（769）	八百文	舊唐書卷三七，頁1359 冊府卷一○六，頁1263	京師雨自四月至九月霖雨，官出太倉米賤糶以救饑人。
大曆五年（770）	千文	舊唐書卷一一，頁297	京師饑
大曆六年（771）	千文	舊唐書卷一一，頁299	京師旱
建中初（780～783）	二百錢	岑仲勉隋唐史，轉引李文公集卷九	
興元元年（784）	關中米斗千錢	通鑑卷二三一，頁7448	歲蝗，大饑
貞元元年（785）	千錢	舊唐書卷一二，頁348	河南河北饑
貞元二年（786）	千錢	舊唐書卷一二，頁353	久饑
貞元二年（786）	一千五百錢	舊唐書卷一四一，頁3857	河北蝗旱
貞元三年（787）	一百五十錢粟八十	通鑑卷二三三，頁7448	自興元以來，是歲最稔
貞元八年（792）	淮南一百五十錢	陸宣公集卷一八	
元和四年（809）	二十錢	陸宣公集卷一八	
元和六年（811）	二錢	通鑑卷二三八，頁7688	是歲天下大稔
元和末（806～820）	五十錢	李文公集卷九	

表 4-3　玄宗時期豐收年平糴

年　　　號	豐　收　平　糴　情　形	出　　　處	頁碼
開元二年 （714）	九月二十五日，勑天下諸州，今年稍熟，穀價全賤，或慮傷農，常平之法，行之自古，宜令諸州，加時價三兩錢糴，不得抑斂，仍交相付領，勿許懸久。蠶麥時熟，穀米必貴，即令減價出糴。豆穀等堪貯者，熟亦宜準此。	唐會要卷八十八	1612
		舊唐書卷四九食貨志	2123
開元二年 （714）	九月，詔曰天下諸州，今年稍熟，穀價全賤，或慮傷農，常平之法，行自往古，苟絕欺隱利益實多，宜令諸州，加時價三兩錢糴，不得抑斂，仍交相付領，勿許懸久。蠶麥時熟，穀米必貴，即令減價出糴。豆等堪貯者，熟亦宜準此。以時出入，務在利人，江、嶺、淮、浙、劍南地皆下濕，不堪貯積，不在此例。其常平所須錢物，宜令所司支料奏聞，並委長官專知，改任日遞相付受。且以天災流行，國家代有，若無糧儲之備，必致饑饉之憂。縣令親人風俗所繫隨當處豐約，勸課百姓未辦三載之糧，且貯一年之食，每家別爲倉窖，非蠶忙農要之時，勿許破用。仍委刺史及按察使，簡較覺察，不得容其矯妄。	冊府元龜卷五〇二	6021
開元十三年 （725）	12 月，時累歲豐稔，東都米斗十錢，青、齊米斗五錢。 冬十月辛酉（廿日），東封泰山，發自東都。12 月己巳（廿日），至東都。	舊唐書卷八玄宗本紀	188～189
開元十三年 （725）	是歲稔東都斗米十錢，青、齊五錢，粟三錢。	資治通鑑卷二一二	6769
開元十六年 （728）	九月詔曰：如聞天下諸州今歲普熟，穀價至賤，必恐傷農，加錢收糴，以實倉廩，縱逢水旱，不慮阻饑。公私之間，或亦爲便令，所在以常平本錢及當處物，各於時價上加三五錢，百姓有糴易者，爲收糴事須兩和，不得限數配糴，訖具所用錢物，及所收糴物數，具申所司，仍令上佐一人專簡較。	冊府元龜卷五〇二邦計部平糴	6012
開元十六年 （728）	十月二日，勑，自今歲普熟，穀價至賤，必恐傷農。加錢收糴，以實倉廩，縱逢水旱，不慮阻飢。公私之間，或亦爲便。宜令所在以常平本錢及當處物，各於時價上量加三錢，百姓有糴易者，爲收糴。事須兩和，不得限數。（《舊唐書》卷四九〈食貨志〉，頁 2124。）	唐會要卷八十八	1613

開元廿五年 （737）	九月戊子（十七日）勅曰：適變從宜，有國嘗典，恤人濟物，爲政所先，今歲秋苗遠近豐熟，時穀既賤，則甚傷農事，資均糶以利百姓，宜令戶部郎中鄭昉、殿中侍御史鄭章於都畿，據時價外每斗加三兩錢，和糶粟三四百萬石所在貯，掌江淮漕運固甚煩勞，務在安人，宜令休息，其江淮間，今年所運租，停其關輔，委度支郎中兼侍御史王翼，准此和糶粟三四百萬石，應須船運，等與所司審計料奏聞。	冊府元龜卷五〇二邦計部平糶	6012
開元廿五年 （737）	九月戊子（十七日），勅，以歲稔穀賤傷農，命增時價十二三，和糶東、西畿粟各數百萬斛，停運今年江、淮所運租。	資治通鑑卷二一四唐紀三十	6830
開元廿六年 （738）	三月丙申（廿八日），勅曰，如聞寧慶兩州，小麥甚賤，百姓出糶，又無人糴，衣服之間，或慮難得。宜令所司與本道支使計會，每斗加於時價一兩錢，糴取二萬石變造麥飯，貯於朔方軍城。	冊府元龜卷五〇二邦計部平糶	6012
開元廿七年 （739）	九月勅曰，理國者在乎安人，安人者在乎足食。以古先哲后立法濟時，使家有三載之儲，國九年之蓄，雖遇水旱，終保康寧，則堯、湯之代繇，此道也。朕以薄德，忝承睿圖，身雖在九重，心每同於兆庶，而微誠克遂上帝降祥，今歲物已秋成，農郊大稔，豈但京坻之積，有同水火之饒，宜因豐穰，預爲收貯，濟人救乏，孰先于茲。宜令所司速料天下諸州倉有不克三年者，宜量取今稅錢，各委所縣長官，及時每斗加於時價一兩錢收糶。	冊府元龜卷五〇二邦計部平糶	6012
開元廿八年 （740）	是歲豐稔，京師米斛不滿二百，天下乂安，雖行萬里不持兵刃。	舊唐書卷九玄宗本紀	213
開元廿八年 （740）	西京、東都米斛直錢不滿二百，絹匹亦如之。海內富安，行者雖萬里不持兵刃。	資治通鑑卷二一四唐紀三十	6843
天 寶 四 載 （745）	五月詔曰，如聞今載收麥倍勝常歲，稍至豐賤，即慮傷農，處置之間事資通濟。宜令河南、河北諸郡長官取當處常平錢，於時價外，斗別加三五錢，量事收糶大麥貯掌，其義倉亦宜准此。仍委採訪使勾當，便勘覆具數一時錄奏。諸道有糧儲少處，各隨土宜，如堪貯積，亦准此處分。	冊府元龜卷五〇二邦計部平糶	6013

第三節　水患的影響

壹、水患對經濟的影響

凡水患所到之處，無不造成傷害。從田稼的損傷、道路的阻絕、屋宇的漂毀、橋梁的衝毀、城市的毀壞……，到人命的傷亡；無不都是對社會經濟造成嚴重的損失。本節擬以水患對田稼的損毀與人命傷亡來探討其對經濟的影響。

一、田稼的損毀

凡遭水患之處，首當其衝的為田裡的作物，農作物的抗水性不強，過多的水會使農作物腐爛，即使是水稻，遭遇水患，亦必減產或全部為水所溺損。水患侵襲的時間較一般天災長（旱災除外），從幾小時、幾十小時、幾天、甚至幾個月不等。玄宗時期黃河流域的水患中，其範圍從一州至五六十州不等，水患為害的時間有多久，因文獻未載，而無從得知。但文獻上有久雨害稼、連月澍雨、霖雨六十餘日、天下六十三州水，及濮、許等州澍雨，河及支川皆溢，人皆巢舟以居，這樣的水患其時間應不會太短暫。玄宗時期黃河水患皆集中在五月至九月的夏、秋季節，這段其間田裡的作物大部分是待收成，如在五、六月收成的多小麥，稱「夏麥」；八、九月的收成的粟米稱「秋稼」，[註122] 這些都是唐代最主要的糧食，這時水患來襲，對農作物必造成嚴重的傷害。玄宗時文獻記錄因水患而害稼的有十一次（如表 4-4）。這指的應是即將要收成的小麥或粟米，因水患的來臨而來不及收成，造成糧食嚴重的減收。《舊唐書》卷八〈玄宗紀〉載：

> （開元二十一年）（733）是歲，關中久雨害稼，京師饑，詔出太倉米二百萬石給之。[註123]

同書卷三九〈五行志〉載：

> 天寶十三載（754）是秋，霖雨積六十餘日，京城垣屋頹壞殆盡，物價暴貴，人多乏食。令出太倉米一百萬石，開十場賤糶以濟貧民。
> [註124]

以上兩次水患造成關中糧食嚴重的損毀，而導致京師饑荒，政府緊急開太倉

[註122] 請參閱第二章第三節。
[註123] 《舊唐書》卷八〈玄宗紀上〉，頁 200。
[註124] 《舊唐書》卷九〈玄宗紀下〉，頁 229。

米賑給、賑貸之。

玄宗時期水患造成田稼的損毀面積，僅見於《冊府元龜》卷一四七〈帝王部‧恤下〉的記載：

> 開元八年（720）六月，河南府穀、雒、涯（瀍）三水泛漲，漂溺居人四百餘家，壞田三百餘頃。〔註125〕

這次水患壞田三百餘頃，就有三萬餘畝的田稼遭損毀。其損失嚴重程度無法估計。而以開元十五年（727）天下六十三州水，〔註126〕其損壞的田稼就更爲嚴重。以下類推，不再贅述。

至於玄宗時期黃河流域有二十七次水患，除了上述十一次水患害稼外，其餘十六次水患，對農作物的損傷雖無文獻記錄，但水患所經之處，農作物的損害是無法避免的。以臺灣的雨季爲例，只要一天的豪雨〔註127〕就造成農業區的作物嚴重損毀，更何況的黃河流域的暴雨或水患。

此外，唐玄宗時期直接漂損糧食最嚴重的一次水患，發生在開元十四年（726）七月。當時瀍水暴漲，流入洛漕，將江南數百艘運租船漂沒了，漂失了楊、壽、光、和、廬、杭、瀛、棣等州的租米十七萬二千八百九十六石，及錢絹雜物等國家租稅，造成國庫稅收的損失，對當時財政造成嚴重的打擊。〔註128〕

二、人員的傷亡

水患來襲的速度通常很快，有時甚至快得讓人毫無預警，玄宗時期水患造成人命傷亡的有九次記錄，最少的數百人，最多爲一萬餘人（或兩萬餘人）。〔註129〕由於溺死者的數字統計不精確，無法算出多少人，但至少在二萬或三萬人以上。至於水患後因糧食缺乏，饑饉而死，或因水患導致疾疫而死的人口，文獻上沒有記錄，無從得知。但百姓是社會國家的生產動力，尤其是農業國家勞動力即生產。水患造成人員傷亡，對國家社會的經濟將造成不可彌

〔註125〕《冊府元龜》卷一四七〈帝王部‧恤下二〉，頁1779。
〔註126〕《新唐書》卷三六〈五行志三〉，頁931。
〔註127〕 豪雨：指一小時降雨量在十五公釐以上；或連續二十四小時累積的降雨量在一百三十公釐以上。
〔註128〕《舊唐書》卷三七〈五行志〉，頁1357、1358。《唐會要》卷四四〈水災下〉，頁783，略同。
〔註129〕請參閱表2-15的開元五年、八年、十年、十四年、十五年、廿九年及天寶元年。

補的損失。在第三章農業灌溉提到唐初武德年間，因經戰亂後，人力缺乏，在農業收成時，朝廷放所有官員，及犯徒刑以下的囚犯「農務假」，令他們回家幫忙農田收成。可見百姓勞動力對農業國家的重要性。

三、水患造成關中乏食，政府被迫遷往東都就食

唐都長安，關中成為政治、經濟中心。關中是物產豐饒的地方，但因耕地面積狹小，唐初因人口尚少，勉強可以供給。但自高宗以後，人口眾多，關中地區生產的糧食不足供給所需，因此，每逢水患天災，就必須仰賴關東糧食的供給。陳寅恪曾有「自隋唐以降，關中之地若值天災，農產品不足以供給長安帝王宮衛及百官俸食之需時，則帝王往往移幸洛陽，俟關中農產豐收後復還長安。」〔註130〕之論，並引二事為例：

> 隋文帝開皇十四年（五九四）八月，關中大旱，人飢，上率戶口就食於洛陽。十五年三月，還京師。〔註131〕

> 唐中宗景龍三年（709），關中飢，米斗百錢，……群臣多請車駕復幸東都，韋后……不樂東遷，……後復有言者，上怒曰：「豈有逐糧天子邪！」乃止。〔註132〕

全漢昇的《唐宋帝國與運河》認為唐代的漕運主要目的在聯繫東南經濟，解決關中糧食問題。高宗七次行幸東都，其中有四次是因為經濟因素。玄宗在即位後至開元廿二年（736）幸東都，根據史書上的記載，玄宗各次行幸之經濟的原因有二次，如下：

1. 關於開元五年（717）的行幸，《舊唐書》卷九六〈姚崇傳〉載，開元四年（716）冬，玄宗將幸東都，……崇對曰：「……陛下以關中不甚豐熟，轉運又有勞費，所以為人行幸，豈是無事煩勞？……」……車駕乃幸東都。〔註133〕

可見玄宗這次行幸時，是因關中農業歉收，糧食不足，故遷往洛陽就食，以便減輕運輸的勞費。其後關中農產豐收，糧食問題解決，政府遂又遷回長安。《冊府元龜》卷一一三〈帝王部‧巡幸二〉云：

> （開元）六年（718）七月廿九日，詔曰：「……時惟雍州，稼穡有

〔註130〕陳寅恪，《隋唐制度淵源略論稿》，頁146～147。

〔註131〕《隋書》卷二〈高祖下〉，頁39～40。

〔註132〕《資治通鑑》卷二〇九〈唐記二五〉，頁6639。

〔註133〕《舊唐書》卷九六〈姚崇傳〉，頁3026。《新唐書》卷一二四〈姚崇傳〉略同，頁4386。

年。……可以今年十月取北路幸長安。……〔註134〕

2. （開元廿一年（733）九月），關中久雨穀貴，上將幸東都，召京兆尹裴耀卿謀之，對曰：「關中帝業所興，當百代不易；但以地狹穀少，故乘輿時幸東都以寬之。臣聞貞觀、永徽之際，祿廩不多，歲漕關東一二十萬石，足以周贍，乘輿得以安居。今用度浸廣，運數倍於前，猶不能給，故陛下數冒寒暑以恤西人。……」〔註135〕

由以上可知，水患對經濟影響之大，使得玄宗必須為糧食問題率群臣幸東都就食，以減輕關中農作歉收，漕糧轉運的煩勞。

總之，水患對經濟最大影響是人民的傷亡，與田稼的毀損。田稼的遭水損毀，雖然短時間內會因糧食供需不平衡造成災民生活困頓、社會不安、與經濟的通貨膨脹；但糧食的損毀還可以借由政府的賑濟，使災民渡過，因水患所帶來生活上暫時性的困頓，並逐漸地恢復再生產的能力。因此，水患對田稼的毀損，在短時間內就可以恢復的。而水患對人命傷亡，則是永久的傷害。唐太宗說：「國以民為本」，人民的國家經濟生產的原動力，國防政治安全的保障，國無民則不立。因此，人民因水患而溺死，無論是對家庭、或社會、或國家，都是嚴重的損失。此外，災區居民房屋的漂毀，城邑、橋梁與倉庫為水所毀壞，對經濟都是嚴重的損失，雖然會造成災區或災民暫時的不便，但不會立即影響災民生存問題。不過田稼的損失雖屬暫時性質，但糧食缺乏的災民，若得不到賑給，而無法維持最基本的生存，將會造成社會不安或暴動。到時候人民將不為國家所有，而引發政治問題。所以，水患對經濟的損害是難以估計的，為了減輕水患的損傷，平時必須積極的做好預防的工作，如防洪水利設施，在雨季時，隨時觀察降雨情形與河流水位的情形，隨時準備遷移低窪地區居民，並儲備糧食以備不時之需，以使水患之傷害降至最低。

表4-4　玄宗時期黃河流域水患害稼表

年　號	水　患　災　情	出　處
開元五年（717）	六月，河南水，害稼。	《新唐書》卷三六〈五行志〉，頁930。

〔註134〕《冊府元龜》卷一一三〈帝王部・巡幸二〉，頁1353。《唐大詔令集》卷七九〈典禮・巡幸・蘇頲幸長安制〉，頁453，略同。

〔註135〕《資治通鑑》卷二一三〈唐紀二九〉，頁6802。

開元八年（720）	六月，河南府穀、雒、洭（瀍）三水泛漲，漂溺居人四百餘家，壞田三百餘頃。	《冊府元龜》卷一四七〈帝王部‧恤下〉，頁 1779。
開元十年（722）	五月，河南許、仙、豫、陳、汝、唐、鄧等州大水，害稼。	《新唐書》卷三六〈五行志〉卷五〈玄宗紀〉，頁 930、128。
開元十年（722）	八月，博、棣等州黃河堤破，漂毀田稼。	《舊唐書》卷八〈玄宗紀〉，頁 184。
開元十四年（726）	七月，懷、衛、鄭、滑、汴、濮、許等州澍雨，河及支川皆溢，人皆巢舟以居，……資產苗稼無子遺。	《舊唐書》卷三七〈五行志〉，頁 1358。
開元十五年（727）	秋（歲），天下州六十三，大水，害稼…河北尤甚。	《新唐書》卷三六〈五行志〉，頁 931。
開元十九（731）	秋，河南水，害稼。	《新唐書》卷三六〈五行志〉，頁 931。
開元廿一年（733）	是歲，關中久雨害稼，京師饑。	《舊唐書》卷八〈玄宗紀〉，頁 200。
開元廿二年（734）	秋，關輔、河南州十餘水，害稼。	《新唐書》卷三六〈五行志〉，頁 931。
開元廿九年（741）	秋，河南、河北郡二十四，水，害稼。	《新唐書》卷三六〈五行志〉，頁 931。
天寶十三載（754）	九月，京城連月（六十餘日）澍雨，損秋稼，米價暴貴，人多乏食。	《舊唐書》卷三七〈五行志〉，頁 1358。

貳、水患對政治的影響

古人認爲水是太陰之氣，水之過盛，導致水患與陰氣有關。古人認爲屬於陰氣的有：權臣的專政弄權、女人謁行、夷狄強大、小人得志、刑獄太重，民不堪其擾，都是陰氣太盛，陰氣過盛則會導致水患的發生。《新唐書》卷三六〈五行志〉載：

水，太陰之氣也。若臣道顯，女謁行，夷狄彊，小人道長，嚴刑以
逞，下民不堪其憂，則陰類勝，其氣應而水至；其譴見于天，月及
辰星與列星之司水者爲之變，若七曜循中道之北，皆水祥也。〔註136〕

《唐大詔令集》卷一一六〈遣使安撫水災諸州詔〉載：

政或多失，陰氣作沴，暴雨洊臻，自江淮而及荊襄，歷宋亳而施河

〔註136〕《新唐書》卷三六〈五行志三〉，頁 927。

朔，其間郡邑，遞有水災，……於戲，一夫不獲，一物失所，刑罰

不中，賦斂不均，皆可以失陰陽之和，致水旱之沴。其繫囚及獄訟

久未決者，所在長吏即與決之，務從寬簡，俾無冤滯。貪官暴吏，

倚法害公，特加懲肅，用明典憲，災傷之後，切在撫綏。〔註137〕

《新唐書》〈五行志〉與《唐大詔令集》〈遣使安撫水災諸州詔〉所載之意大致相同。後者特別說明囚犯與獄訟久未判決者，地方官應即時從寬判決，務使所有刑案，皆公平而無冤屈。懲罰貪官暴吏，災傷之後，最重要在安撫綏靖。

中國古代對天災的解釋頗受「天人感應」觀念的影響，認為天災是因德行有虧所導致，有天譴之說。所以天災降臨，必須有人來承當這個天地失調的責任。在帝制時代皇帝都只象徵式的「避正殿」、「減膳」、「撤樂」；真正的責任則由宰相以未稱職而引咎辭職，以示負責，並祈求上天的原諒與賜福。〔註138〕此外，還有人為的社會因素之說，如開元十二年（724）六月頒布〈置勸農使〉詔令：「大軍之後，必有凶年，水旱相仍，逋亡滋甚。」〔註139〕在大規模的戰爭往往嚴重摧殘生產力，毀壞水利設施，因而勢必導致頻繁的水旱之災。

嚴重的水患對唐代的政治影響，一般表現在：

一、皇帝以「天譴」引咎自責，要群臣諫言，批評時政

先天二年（713）六月辛丑（九日），以雨霖避正殿，減膳。〔註140〕

二、宰相常以不能「燮理陰陽」，自請解職以示負責

宰相常以不能「燮理陰陽」，而成為眾矢之的，或自請解職，或皇帝詔免其官，而致人事更迭。《舊唐書》卷一○八〈韋見素傳〉

天寶十三載（754），秋，霖雨六十餘日，京師廬舍垣墻頹毀殆盡，

凡一十九坊汙潦。天子以宰輔（陳希烈）或未稱職，見此咎徵，命

楊國忠精求端士。〔註141〕楊國忠薦韋見素，遂以韋見素為武部尚

〔註137〕《唐大詔令集》卷一一六〈政事·慰撫中·遣使安撫水災諸州詔〉，頁609。

〔註138〕唐代已有人試圖從自然環境的影響來解釋。如權德輿在〈論旱災表〉中說：「水旱之沴，陰陽之變，前哲王之所不免」。他將自然災害發生的原因，歸因為自然界陰陽失調所致。《全唐文》卷四八八，頁4980。

〔註139〕《冊府元龜》卷七○〈帝王部·務農〉，頁789。

〔註140〕《新唐書》卷五，頁120，《冊府元龜》卷一四四〈帝王部·弭災二〉載「先天二年（713）6月，以久雨霖，告乾陵及太廟，帝減膳，避正殿。」頁1749。

〔註141〕《舊唐書》卷一○八〈韋見素傳〉，頁3275、3276。《新唐書》卷一一八〈韋湊附韋見素傳〉，頁4267，略同。

書、同平章事。〔註142〕

三、刑政與宮政，常成為改革對象

當嚴重的水患發生時，刑政與宮政，常成為改革對象。因為水被認為是「太陰之氣」，而女子與刑法皆為陰類。「女謁行」、「嚴刑逞」是造成陰氣盛，故要消弭水患必須「誡陰盈」，而要「誡陰盈」，省刑獄。《新唐書》卷五〈玄宗紀〉載：

> （開元）十五年（727）秋七月庚寅（二十日），廊州洛水泛漲，壞人廬舍。辛卯（二十一日），又壞同州馮翊縣廨宇，及溺死者甚眾。己亥（二十九日），赦都城繫囚，死罪降從流，徒已下罪悉免之。〔註143〕

> 開元十五年（727）八月，澗、穀溢，毀澠池縣。己巳（廿九日），降天下死罪，嶺南邊州流人，徒以下原之。〔註144〕

開元十六年（728）九月，關中久雨害稼，玄宗以「久雨者，陰氣凌陽，冤塞不暢之所致也」，詔「宥罪緩刑」命「兩京及諸州繫囚應推徒已下罪，並宜釋放死罪，及流各減一等。」《冊府元龜》卷一四四〈帝王部・弭災二〉載：

> 以久雨，帝思宥罪緩刑，乃下制曰：古之善為邦者，重人之命，執法之中，所以和氣洽嘉生茂，今秋京城連雨隔月，恐耗其膏粒而害于粢盛，抑朕之不明何政之關也。永惟久雨者，陰氣凌陽，冤塞不暢之所致也，持獄之吏不有刑罰生於刻薄，輕重出於愛憎邪。詩曰：此宜無罪，汝反收之，刺壞法也。書曰：與其殺不辜，寧失不經，明慎刑也，好生之德可不務乎！兩京及諸州繫囚，應推徒已下罪，並宜釋放，死罪及流〔註145〕各減一等，庶得解吾人之慍結，迎上天之福祐。〔註146〕

> 天寶十二載（753），八月，京師連雨二十餘日，米涌貴。令中書門下就京兆、大理竦決囚徒。〔註147〕

以上是玄宗時期水患對犯徒刑，〔註148〕也就是三年以下刑罰的犯人，赦免他

〔註142〕《資治通鑑》卷二一七〈唐紀三三〉，頁6927。

〔註143〕《舊唐書》卷八〈玄宗上〉，頁191。

〔註144〕《新唐書》卷五〈玄宗紀〉，頁132。

〔註145〕《唐律疏議》卷一名例，流刑三：二千里。（贖銅八十斤）二千五百里。三千里。

〔註146〕《冊府元龜》卷一四四〈帝王部・弭災〉，頁1752。

〔註147〕《冊府元龜》卷一四四〈弭災〉，頁1752。

〔註148〕《唐律疏議箋解》卷一名例，載：「徒刑五：一年。（贖銅二十斤）一年半。（贖

們的刑罰，或是重新審理，或是減輕刑罰，修德以消除自然變異，因為水災是冤獄的象徵，所以有慮囚，重新審理囚犯的措施，以消除冤氣或怨氣，祈求放晴。

　　中國古代水患對政治上產生的影響，主要導因於「陰陽五行」的觀念，「災變應天，實繫人事」，簡宗廟，不禱祠，廢祭祀，逆天時，則水不潤下。」〔註 149〕把水患與政治巧妙地結合起來，使統治者因震於天譴，而不得不接受時政批評與改革，使水患自然災禍成為改革政治弊端的因素。這是中國帝制時代用以調節和改善時政的特殊方式。

　　一個國家的政治安定，經濟才會繁榮。反之亦然。所以政治與經濟互相影響。唐玄宗時期，由於經濟發達，社會富裕，政府賑災能力強，且積極賑災，所以災民因政府賑濟而得以維持生活，恢復再生產。因此，無生活憂慮，社會秩序就逐漸穩定，經濟也漸復甦，所以玄宗時期水患侵襲，雖造成當時社會經濟與人民財富短暫的失調與破壞。但由於水患對當時經濟沒有造成長期負面的影響，因此，對政治的影響也就不大。總之，一個國家如果經濟繁榮，政治安定，則水患天災的侵襲，所造成的災情都只是短暫性的傷害，因為它有足夠的經濟能力，得以重新恢復社會秩序與經濟財富。

　　　　銅三十斤）二年。（贖銅四十斤）。二年半。（贖銅五十斤）。三年。（贖銅六十斤）
〔註 149〕《漢書》卷二七上〈五行志上〉，頁 1342。《舊唐書》卷三七〈五行志〉，頁
　　　　1345、六。《新唐書》卷三六〈五行志三〉，頁 927。

第五章　結　論

　　自古以來，黃河水患災情，不斷地威脅中國人民的生命財產安全。以唐玄宗開元時期：政治安定，經濟繁榮，無論是人口數量，或倉廩的貯藏量，都達到唐代空前的盛況；杜甫曾描述當時社會富庶的盛況：「憶昔開元全盛日，小邑猶藏萬家室。稻米流脂粟米白，公私倉廩俱豐實。」以這樣物富民豐的社會，黃河流域中、下游還有那麼多的水患，其原因為何呢？古人曾說，「水旱天災，前聖所不能免。」也就是說，無論什麼時代，都無法避免水患的侵襲。唐玄宗時期的水患都屬天災，縱然水患受到人為因素的影響，但也只不過因人口眾多，對自然環境的過度開發，造成水土破壞；或是河道、堤堰、陂塘缺乏定期修繕。

　　唐玄宗時期黃河流域水患頻繁，當時水患大多由大雨、暴雨所致，或是大雨導致河水泛溢、山洪暴發的水患；其發生時間主要集中在夏秋的雨季；水患最多的地區為河南道洛陽地區；而泛濫最多的河流為洛水、瀍水、黃河、伊水和穀水。水患侵襲的時間從幾個小時、幾天、甚至幾個月不等，對人類生命財產造成嚴重的威脅。以開元十四年（726）七月，河南道的水患為例：七月，河南道懷、衛、鄭、滑、汴、濮、許等州大雨，導致黃河及其支流皆泛溢，洪水大到懷、衛等州居民，都被迫以船為家。如此大的水災，以今天的科技，災區的居民還是要被迫遷往安全的地方，以降低傷亡。而玄宗時期的居民被迫以船為家，反映出水患的情形有三：一是水患水位高且範圍廣，災區一片汪洋，無處可避。二是水患為患的時間長。三是此地經常發生水患。因為北方居民家中很少備有船隻，此地一定經常發生水患，所以民家才備有船隻隨時逃避水難。水患為患的時間長，水位高，範圍廣，居民才會被迫以

船爲家。如此大的水患，災區的物資損毀殆盡，災民無力自救，必須靠外界的賑濟，才能存活下來。若得不到外界救助，災民必會因饑饉，而導致社會不安。因此，政府的賑濟非常重要。

玄宗時期雖然水患頻繁、嚴重，但並未造成災民的流離失所與社會動蕩不安。也未造成古代「鬻子女」或「人相食」的人生悲劇。糧食的缺乏、經濟的毀損雖然嚴重，但都是短暫性，社會不但沒有發生不安或動亂現象，反而在災後經濟很快復甦，社會又呈現富庶繁榮的景象，其最主要的原因應爲玄宗時期社會安定富庶與政府的積極賑災措施，使災民因獲得政府的救濟物資，得以度過水患帶來的困頓生活。

玄宗時期對水患所採取的對策，在平時以發展水利建設防禦水患，設置義倉積貯糧穀以備水旱，發展農業以充實倉廩，改善漕運，以運送物資，增強長安政府的經濟實力。更重要的是當水患發生時，中央政府立即派遣優秀的賑災使臣到災區主持賑濟工作，並由地方官吏配合救災活動，確實做好水患的賑濟工作，並協調地方州縣，與中央相關水利部門，維修水患所衝破的堤堰，以保障災民的安全。此外，賑災使臣還有糾正及黜陟地方官吏不法行爲的權力，以達成賑災的功效。而賑災的後續工作，則由州縣長官持續將災區後續情形上奏朝廷：如仍不能維持生活，或無種子播種，朝廷則再度派遣使臣賑給糧食、種子，務必使災民都能生活，並協助災民災後重建。

爲了協助災民災後重建，政府會因災情嚴重，而特免災區災民租賦或地稅，以紓緩災民的經濟壓力，如當年已繳納租稅，則可延至第二年。災區毀損嚴重，政府除了賑給糧食外，並借助人力協助災民修築房屋，借貸種子與農具給農民，使災民能儘速的恢復生產能力。然而在賑災的過程也有不法的官吏，一般官吏在執行「蠲免」時可能爲了考核而隱匿災情，或浮濫而枉報災情。地方官的營私舞弊將導致朝廷枉加徵斂。唐玄宗時期官員在「蠲免」的營私舞弊的事例尚不多見，農民從賦稅「蠲免」中，仍能得到一定的實惠。

從上述情況可以看出，玄宗政府的水患救災工作具有以下幾個特性：

一、維持人民生活，以保存國家實力：水患過後災區滿目瘡痍，災民因物資缺乏，嗷嗷待哺生活秩序大亂；民以食爲天，若災民得不到賑給，將會導致社會不安；國以民爲本，饑餓乏食的居民，將不爲國家所有。因此，賑濟災民，維持其基本的生活，是使民爲國有；人民爲國家的原動力，有了人民，國家就有生命力。因此，水患賑濟對玄宗政府而言，是非常重要的。

　　二、恢復災民的再生產能力，以增進社會經濟財富：政府的蠲免稅賦、賑貸種子或協助災民修築屋宇，目的都在使災民能夠早日自立更生，並重新回到生產的行列。災民恢復生產能力，不但使社會不安解除於無形之中，更會為社會帶來繁榮與財富。如開元十四年（726）、十五年（727）連續二年全國各道五、六十州大水，損毀田稼、財物及人命傷亡不計其數；由於政府積極的賑災，並協助災民重建家園，使得各地災區的災民都能維持生活，並恢復生產，不致造成社會動亂。因此，到了開元十六年（728）的秋天，農業又大豐收，穀價至賤，政府又趕緊加錢收糴民間穀糧，以充實倉廩，即使再逢水旱，也不用憂慮缺乏糧食。

　　三、由於玄宗時期政局安定、經濟富裕，使玄宗政府有足夠的經濟能力與賑濟糧食，並積極的協助災民生活及恢復再生產的能力。因此，水患災情對當時的經濟與政治才不致造成嚴重的影響。

　　總之，玄宗時期的水利建設對防禦水患的作用，產生一定的效用，但水利建設的防洪措施做的再好，仍然無法阻止水患的侵襲。因此，唐玄宗時期黃河水患頻繁，並非完全是防洪措施功能不彰，而是洪水有時不是人力所能抵禦的。以今日科技這麼發達，仍然無法避免水患的侵襲，更何況是遠在一千多年前的唐玄宗時期。唐玄宗時期水患災害之所以未造成社會動亂，與經濟的紊亂，主要原因為玄宗時期有完善的倉廩、漕運系統，作為賑災的後盾，並選擇認真負責的賑災使臣，視察災區，與賑濟災民。此外，玄宗要求縣令勸課百姓平時至少要儲蓄一年以上的糧食，且非在農桑忙碌的蠶月不准開窖。因此，終玄宗時期，災區百姓都能安然的渡過水患的侵襲。雖然，救災活動在防禦水患中扮演消極的補救措施，然而水患不是人力所能控制的，因此，賑濟工作在水患發生時，反而可以將傷害減至最低。由於賑災的效益，唐玄宗時期黃河中、下游水患雖頻繁，其災情雖然嚴重，但也都是短暫的。也由於賑濟的成效，使農村很快又恢復生產，社會經濟又再度的繁榮。我們從玄宗政府在水患的賑災的情形，便知玄宗政府能再創唐代的第二盛世絕非偶然。

附錄一　唐代水患表

年　代	地　區	季節	水患情況及處理	出　　處	頁碼
武德六年（623）	關中	秋	關中久雨。	新唐書卷三四五行志一	876
貞觀三年（629）	河北河南、淮南江南、關內道	秋	貝、譙、鄆、泗、沂、徐、豪、蘇、隴九州水。水太陰之氣。	新唐書卷三六五行志三	927｜928
貞觀四年（630）	河南道	秋	許、戴、集三州水。		
貞觀六年（632）	河南道、河北道	正月	河南、北數州大水。	資治通鑑卷一九四唐紀十	6094
貞觀七年（633）	河北道、滹沱河、澼決	六月	甲子（十八日），滹沱河澼決於洋州，壞人廬舍。	冊府元龜卷一〇五帝王部惠民一	1256
貞觀七年（633）	河南道	八月	山東、河南州四十大水。	新唐書卷三六五行志三	928
貞觀七年（633）	河南道	八月	山東河南州三十大水。遣使賑恤。	舊唐書卷三太宗紀	43
貞觀七年（633）	河南道	九月	山東、河南四十餘州水。遣使賑之。	資治通鑑卷一九四唐紀十	6103
貞觀七年（633）	河南道		山東、河南之地四十餘州水。遣使賑郵之。	冊府元龜卷一〇五帝王部惠民一	1256
貞觀八年（634）	河南道、江淮	七月	山東、江淮大水。	新唐書卷三六五行志三	928
貞觀八年（634）	河南道、江淮	七月	山東、河南、江淮大水。遣使賑恤。	舊唐書卷三太宗紀	44
貞觀八年（634）	河南道、江淮、河北道	七月	山東、河南、淮、海之間大水。	資治通鑑卷一九四唐紀十	6106

貞觀八年 （634）	河南道、江淮	七月	隴右山摧，大蛇見於山東，河南淮海之地多大水。	冊府元龜卷一四四帝王部弭災二	1746
貞觀十年 （636）	河北道、淮海		關東及淮海旁州二十八，大水。	新唐書卷三六五行志三	928
貞觀十年 （636）	河北道、淮海		關東及淮海之地二十八州水。遣使賑恤之。	冊府元龜卷一〇五帝王部惠民一	1256
貞觀十一年（637）	東都穀、水溢	七月	七月一日，黃氣竟天，大雨，穀水溢，入洛陽宮，深四尺，壞左掖門，毀官寺十九所，洛水漂六百餘家。 詔百官言事。諸司供進，悉令減省，凡所作役，量事停廢，遭水之處，賜帛有差，廿二日廢明德宮，及飛山宮之元圃院，分給河南、洛陽遭水戶。	唐會要卷四十三水災上	778
貞觀十一年（637）	東都穀、洛水溢	七月	七月癸未（一日），大雨，水，穀、洛溢。 乙未（十三日），詔百官言事。壬寅（二十日），廢明德宮之玄圃院，賜遭水家。	新唐書卷二太宗紀	37
貞觀十一年（637）	東都穀、洛水溢	七月	七月癸未（一日），大霶雨。穀水溢入洛陽宮，深四尺，壞左掖門，毀宮寺一十九所；洛水溢，漂六百餘家。	舊唐書卷三太宗紀	48
貞觀十一年（637）	東都穀、洛水溢	七月	七月黃氣竟天，大雨，穀水溢，入洛陽宮，深四尺，壞左掖門，毀宮寺一十九所；洛水暴漲，漂六百餘家。	舊唐書卷三七五行志	1352
貞觀十一年（637）	東都穀、水溢	七月	七月癸未（一日），黃氣際天，大雨，穀水溢，入洛陽宮，深四尺，壞左掖門，毀官寺十九；洛水漂六百餘家。	新唐書卷三六五行志三	928
貞觀十一年（637）	東都穀、洛水溢	七月	七月癸未（一日），大雨，穀、洛水溢入洛陽宮，壞官寺、民居，溺死者六千餘人。	資治通鑑卷一九五唐紀十一	6130
貞觀十一年（637）	東都穀、洛水溢	七月	大雨，水，穀、洛溢。	冊府元龜卷一四四帝王部弭災二	1747
貞觀十一年（637）	河南道、黃河溢於陝州	九月	丁亥（六日），河溢。壞陝州河北縣，毀河陽中潭。	新唐書卷二太宗紀	37
貞觀十一年（637）	河南道、黃河溢於陝州	九月	黃河汎濫，溢壞陝州、河北縣，及太原倉，毀河陽中潭。	唐會要卷四三水災上	779
貞觀十一年（637）	河南道、黃河溢於陝州	九月	丁亥（六日），河溢，壞陝州河北縣毀河陽中潭。	舊唐書卷三太宗紀	48

貞觀十一年（637）	河南道、黃河溢於陝州	九月	黃河溢，壞陝州之河北縣及太原倉，毀河陽中潭。	舊唐書卷三七五行志	1352
貞觀十一年（637）	河南道、黃河溢於陝州	九月	丁亥（六日），河溢，壞陝州之河北縣及太原倉，毀河陽中潭。	新唐書卷三六五行志三	928
貞觀十一年（637）	河南道、黃河溢	九月	丁亥（六日），黃河泛溢，毀河陽中潭。太宗幸白馬坡以觀河溢，河陽縣淞河居人，被流漂者，賜粟帛有差。	冊府元龜卷一〇五帝王部惠民一	1257
貞觀十五年（641）		春	霖雨。	新唐書卷三四五行志一	876
貞觀十六年（642）	河南道	秋	徐、戴二州大水。	新唐書卷三六五行志三	928
貞觀十八年（644）	河南道、山南道、劍南道	秋	穀、襄、豫、荊、徐、梓、忠、縣、宋、亳十州大水。		
貞觀十八年（644）	河南道、山南道、劍南道	九月	穀、襄、豫、荊、徐、梓、忠、縣、宋、亳十州大水。	冊府元龜卷一〇五帝王部惠民一	1257
貞觀十八年（644）	河北道	秋	易州水，害稼。	冊府元龜卷一〇五帝王部惠民一	1257
貞觀十九年（645）	沁易二州	秋	沁、易二州水，害稼。	新唐書卷三六五行志三	928
貞觀二十年（646）	河東道	正月	沁州言去歲水傷稼。詔令賑給。	冊府元龜卷一〇五帝王部惠民一	1257
貞觀廿一年（647）	河北道	七月	易州水。詔令賑給。		
貞觀廿一年（647）	河南道、河北道	八月	冀、易、幽、瀛、莫、豫、邢、趙八州大水。	冊府元龜卷一〇五帝王部惠民一	1257
貞觀廿一年（647）	嶺南道	八月	泉州海溢。	新唐書卷二太宗紀	46
貞觀廿一年（647）	河北道、嶺南道	八月	河北大水，泉州海溢，驪州水。	新唐書卷三六五行志三	928
貞觀廿一年（647）	河北	八月	壬戌（八日），詔以河北大水。停封禪。	舊唐書卷三太宗紀	60
貞觀廿二年（648）	嶺南道	二月	二月詔：去秋泉州海水泛溢，開義倉賑貸。	冊府元龜卷一〇五帝王部惠民一	1257
貞觀廿二年（648）	劍南江南、河南嶺南山南道	夏	瀘、越、徐、交、渝等州水。	新唐書卷三六五行志三	928
永徽元年（650）	關內道	六月	新豐、渭南大雨，零口山水暴出，漂廬舍；宣、歙、饒、常等州大雨，水，溺死者數百人。		

永徽元年（650）	河南道	秋	齊、定等州十六水。	新唐書卷三六五行志三	928
永徽元年（650）	河南道		是歲齊、定等州十六水。	舊唐書卷四高宗紀	68
永徽二年（651）	河南道	秋	汴、定、濮、亳等州水。	新唐書卷三六五行志三	928
永徽四年（653）	江南道、劍南道、山南道		杭、夔、果、忠等州水。		
永徽四年（653）	江南道、劍南道、山南道		兗、夔、果、忠等州水。	冊府元龜卷一○五帝王部惠民一	1257
永徽五年（654）	關內道	閏五月	閏五月丁酉（廿三日）夜，大雨，水暴溢，漂溺麟遊縣居人及當番衛士，死者三千餘人。	舊唐書卷四高宗紀	73
永徽五年（654）	關內道	閏五月	閏五月丁酉（廿三日）夜，大雨，山水漲溢，衝玄武門；宿衛士皆散走。右領軍郎將薛仁貴，登門桄大呼以警宮內。上遽出乘高，俄而水入寢殿，水溺衛士及麟遊居人，死者三千餘人。	資治通鑑卷一九九唐紀十五	6285
永徽五年（654）	河北	六月	六月丙寅（廿二日），河北大水。遣使慮囚。	新唐書卷三高宗紀	56
永徽五年（654）	河北道、滹沱河	六月	六月，河北大水，滹沱溢，損五千餘家。	新唐書卷三六五行志三	928
永徽五年（654）	河北道、滹沱河	六月	六月，恆州大雨，自二日至七日。滹沱河泛液，損五千三百家。	舊唐書卷三七五行志	1352
永徽五年（654）	河北道、滹沱河	六月	六月丙午（二日），恆州大水，滹沱溢，漂溺五千三百家。	資治通鑑卷一九九，唐紀十五	6285
永徽五年（654）	河北、河東道	六月	六月丙寅（廿二日），恆州大雨，滹沱河泛溢，溺五千餘家。癸丑（九日），蒲州汾陰縣暴雨，漂溺居人，浸壞廬舍。	舊唐書卷四高宗本紀	73
永徽五年（654）	河北道、滹沱河	六月	六月七日，滹沱州河水泛溢，損五千三百家。	唐會要卷四十三水災上	779
永徽五年（654）	東都、洛水	九月	九月乙酉（十三日），洛水溢。	新唐書卷三高宗紀	56
永徽六年（655）	山南道	六月	商州大水。	新唐書卷三六五行志三	928
永徽六年（655）	河南道、江南道	秋	冀、沂、密、兗、滑、汴、鄭、婺等州水，害稼；洛州大水，毀天津橋。	新唐書卷三六五行志三	928

永徽六年 （655）	河南道、江 南道	秋	雒水泛溢壞天津橋。冀、沂、密、兗、滑、汴、鄭、婺等州，雨水害稼。	冊府元龜卷一○五帝王部惠民一	1257
永徽六年 （655）		八月	先是大雨，道路不通，京師米價暴貴，出倉粟糶之，京師東西二市置常平倉。	舊唐書卷四高宗紀	74
永徽六年 （655）	河南道	九月	九月乙酉（十三日），洛州大水，毀天津橋。	舊唐書卷四高宗紀	74
永徽六年 （655）	河南道	十月	齊州河溢。	新唐書卷三六五行志三	928
顯慶元年 （656）	江南道	七月	七月，宣州、涇縣山水暴出，平地四丈，溺死者二千餘人。	新唐書卷三六五行志三	928
顯慶元年 （656）		八月	八月，霖雨，更九旬乃止。	新唐書卷三四五行志一	876
顯慶元年 （656）	江南道	九月	九月，括州海溢。	新唐書卷三高宗紀	57
顯慶元年 （656）	江南道	九月	九月，括州暴風雨，海水溢壞安固、永嘉二縣。	新唐書卷三六五行志三	928
顯慶元年 （656）	江南道	九月	九月，括州暴風，海溢，溺四千餘家。	資治通鑑卷二百唐紀十六	6299
顯慶元年 （656）	江南道	九月	九月，括州海水泛溢，壞安固，永嘉二縣，損四千餘家。	舊唐書卷四高宗紀	76
顯慶四年 （659）	江南道	七月	連州山水暴出，漂七百餘家。	新唐書卷三六五行志三	928
麟德二年 （665）	關內道	六月	六月，鄜州大水，壞居人廬舍。		
麟德二年 （665）	關內道	六月	六月，鄜州大水，壞城邑。	舊唐書卷四高宗紀	87
總章二年 （669）	江南道	六月	六月戊申（一日），大風雨，海水溢，壞永嘉、安固二縣。溺死者，九千七十人。冀州大雨，水平地深一丈，壞民居萬家。	新唐書卷三六五行志三	928
總章二年 （669）	江南道	六月	六月，括州大風雨，海水泛溢，壞永嘉、安固二縣城郭，漂百姓宅六千八百四十三區。溺殺人九千七十、牛五百頭，損苗四千一百五十頃。冀州大水，漂壞居人廬舍數千家。	舊唐書卷五高宗紀	93
總章二年 （669）	河北道	七月	冀州，自六月十三日夜降雨，至廿日（秋七月），水深五尺，其夜暴水深一丈已上，壞屋一萬四千三百九十區，害田四千四百九十六頃。	舊唐書卷五	9313
				高宗紀卷三七五行志	52

總章二年（669）	劍南道	七月	七月，益州大雨，壞居人屋宇，凡一萬四千二百九十家，害田四千四百九十六頃。	唐會要卷四十三水災上	779
總章二年（669）	江南道	九月	九月庚寅（十四日），括州海溢，壞永嘉、安固二縣城百姓廬舍六千八百四十三區，殺人九千七十，牛五百頭，損田苗四千一百五十頃。	新唐書卷三高宗紀	67
總章二年（669）	江南道	九月	九月，括州暴雨、大風、海水泛漲溢，壞永嘉、安固二縣城廓及廬舍六千餘家，漂溺人畜。	冊府元龜卷一〇五帝王部惠民一	1258
總章二年（669）	江南道	九月	九月十八日，括州暴風雨，海水翻上，壞永嘉、安固二縣百姓廬舍六千八百四十三家，溺死人九千七十。牛五百頭，田四千一百五十頃。	唐會要卷四十三水災上	779
			上元二年（675）夏四月，分括州永嘉、永固二縣置溫州。	舊唐書三七五行志	1352
咸亨元年（670）		五月	五月丙戌（十四日），大雨，山水溢，溺死五千餘人。	新唐書卷三六五行志三	929
咸亨元年（670）		五月	五月十四日，連日澍雨，山水溢，溺死五千餘人。	舊唐書卷三七五行志	1352
咸亨二年（671）	河南道	八月	八月，徐州山水漂百餘家。	新唐書卷三六五行志三	929
咸亨四年（673）	江南道	七月	七月辛巳（廿八日），婺州暴雨，水泛溢，漂溺居民六百家。	舊唐書卷五高宗紀	98
咸亨四年（673）	江南道	七月	七月辛巳（廿八日），婺州暴雨，山水泛漲，溺死者五千人，漂損居宅六百家。	冊府元龜卷一〇五帝王部惠民一	1258
咸亨四年（673）	江南道	七月	七月，婺州大雨，山水暴漲，溺死五千餘人。	新唐書卷三六五行志三	929
咸亨四年（673）	江南道	七月	七月廿七日，婺州暴雨，山川泛溢，溺死者五千人。	唐會要卷四十三水災上	779
儀鳳元年（676）	河南道	八月	八月，青州大風，海溢，漂居人五千餘家；齊、淄等七州大水。	新唐書卷三六五行志三	929
儀鳳元年（676）	河南道	八月	八月，青州大風，海水泛溢，漂損居人廬宅五千餘家。齊淄等七州，大水。	冊府元龜卷一四四帝王部弭災二、卷一四七帝王部恤下二	1749、1778
儀鳳元年（676）	河南道	八月	八月，青、齊等州海泛溢，又大雨，漂溺居人五家。遣使賑卹之。乙未（丁未十二），吐蕃寇疊州。	舊唐書卷五高宗紀	102

儀鳳元年（676）	河南道	八月	八月，青州海溢。	新唐書卷三高宗紀	73
永隆元年（680）	河南、河北	八月	八月丁卯（廿五日）朔，河南、河北大水。 詔百姓乏絕者往江南就食，仍遣使分道給之。	冊府元龜卷一○五帝王部惠民一	1258
永隆元年（680）	河南、河北	秋	秋，河南、河北諸州大水。 詔遣使分往存問，其漂溺死者，各給棺槨，仍贈其物七弔，屋宇破壞者，勸課鄉閭，助其脩葺，糧食乏絕者，給貸之。	冊府元龜卷一四七帝王部恤下二	1778
永隆元年（680）	河南、河北	九月	九月，河南、河北大水，溺死者甚眾。	新唐書卷三六五行志三	929
永隆元年（680）	河南、河北	九月	九月，河南、河北諸州大水。 遣使賑卹，溺死者官給棺槨，其家賜物七段（弔）。屋宇破壞者，勸課鄉閭助其脩葺糧食乏絕者給貸之。	舊唐書卷五高宗本紀	1071
				冊府元龜卷一四七帝王部恤下二	778
開耀元年（681）	關內道	正月	正月己亥（乙亥五日），詔雍州、岐、華、同民戶宜免兩年地稅，河南河北遭水處免一年調。其有屋宇遭水破壞及糧食乏絕者令州縣勸課助修並加給貸。	舊唐書卷五高宗本紀	1071
				冊府元龜卷一四四帝王部弭災二	749
開耀元年（681）	河南、河北	八月	八月丁卯（一日）朔，河南、河北大水。 河南河北大水。詔百姓乏絕者，往往江淮南就食，仍遣使分道給之。	冊府元龜卷一○五帝王部惠民一	1258
開耀元年（681）	河南、河北	八月	八月，河南、河北大水。 詔溺死者各贈物三弔。	冊府元龜卷一四七帝王部恤下二	1778
開耀元年（681）	河南、河北	八月	八月，河南、河北大水。 許遭水處往江、淮已南就食。	舊唐書卷五高宗紀	108
開耀元年（681）	河南、河北	八月	八月丁卯（一日），河南、河北大水。	新唐書卷三高宗紀	76
永淳元年（682）	洛水、洛水溢	五月	五月乙卯（廿三日），洛水溢。	新唐書卷三高宗紀	77
永淳元年（682）	東都、洛水溢	五月	五月丙午（十四日），東都連日澍雨；乙卯（廿三日），洛水溢，壞天津橋及中橋，漂居民千餘家。	新唐書卷三六五行志三	929
永淳元年（682）	東都、洛水溢	五月	五月，東都霖雨。乙卯（廿三日），洛水溢，溺民居千餘家。關中先水後旱、蝗，繼以疾疫，米斗四百，兩京間死者相枕於路，人相食。	資治通鑑卷二百三唐紀十九	6410

永淳元年 （682）	東都、洛水 溢	五月	五月十四日，東都連日澍雨；廿三日，洛水溢，壞天津橋，損居人千餘家。	唐會要卷四十三水災上	779
永淳元年 （682）	東都、洛水 溢	五月	五月，東都自丙午（十四日）連日澍雨，洛水溢，壞天津橋、中橋、立德弘教景行諸坊，溺居民千餘家。	舊唐書卷五高宗紀	109
永淳元年 （682）	河南道、洛 水	六月	六月十二日，連日大雨，至廿三日，洛水大漲，漂河南立德弘敬、洛陽景行等坊二百餘家，壞天津橋及中橋，斷人行累日。 先是，頓降大雨，沃若懸流，至是而泛流衝突焉。 西京平地水深四尺已上，麥一束止得一二升，米一斗二百二十文，布一端止得一百文。國中大饑，蒲、同州等沒徙家口并逐糧，飢餒相仍，加以疾疫，自陝至洛，死者不可勝數。西京米斗三百已下。	舊唐書卷三七五行志	1352
永淳元年 （682）	京師	六月	六月乙亥（十四日），京師大雨，水平地深數尺。	新唐書卷三六五行志三	929
永淳元年 （682）	河南道	秋	秋，山東大雨，水，大饑。		
永淳元年 （682）	河南道	秋	秋，山東大水，民饑。 吐蕃寇柘、松、翼等州。	舊唐書卷五高宗紀	110
永淳二年 （683）	河南道、河 陽	三月	三月，洛州黃河水溺河陽縣城，水面高於城內五六尺。自鹽坎已下至縣十里石灰，並平流，津橋南北道無不碎破。	舊唐書卷三七五行志	1353
永淳二年 （683）	河南道、河 溢	七月	七月己巳（乙巳廿日），河水溢，壞河陽城，水面高於城內五尺，北至鹽坎，居人廬舍漂沒皆盡，南北並壞。	舊唐書卷五高宗紀	111
永淳二年 （683）	河溢	七月	七月己巳（乙巳廿日），河溢，壞河陽橋。	新唐書卷三六五行志三	929
永淳二年 （683）	滹沱河	八月	八月，恆州滹沱河及山水暴溢，害稼。	同上	929
永淳二年 （683）	河北道、滹 沱	八月	八月丁卯（十二），滹沱溢。	新唐書卷三高宗本紀	78
永淳二年 （683）	河南道、黃 河	八月	八月己巳（十四），河溢壞河陽城。	新唐書卷三高宗本紀	78

			睿　　宗		
文明元年（684）	江南道	七月	溫州大水，漂千餘家。括州溪水暴漲，溺死百餘人。	新唐書卷三六五行志三	929
文明元年（684）	江南道	七月	溫州大水，損四千餘家。	唐會要卷四十三	779
文明元年（684）	江南道	七月	溫州大水，漂流四千餘家。	舊唐書卷三七五行志	1353
			武　　后		
光宅元年（684）	江南道	七月	七月，溫州大水，流四千餘家。	資治通鑑卷二百三唐紀十九	6420
光宅元年（684）	江南道	八月	八月，括州大水，流二千餘家。	資治通鑑卷二百三唐紀十九	6421
如意元年（692）	東都洛水	四月	四月，洛水溢，壞永昌橋，漂居民四百餘家。	新唐書卷三六五行志三	929
長壽元年（692）	東都洛水	七月	七月，大雨，洛水泛溢，漂流居人五千餘家。	舊唐書卷六武后紀	122
長壽元年（692）	東都洛水	五月	五月，洛水溢。	新唐書卷四武后紀	92
長壽元年（692）	東都洛水	七月	七月，洛水又溢，漂居民五千餘家。	新唐書卷三六五行志三	929
如意元年（692）	東都洛水	七月	七月一日，洛水溢，損居人五千餘家。	唐會要卷四十三水災上	779
長壽元年（692）	河南道、黃河	八月	八月甲戌（十二），河溢，壞河陽縣。	新唐書卷四武后紀	93
長壽二年（693）	河南道、棣州河溢	五月	棣州河溢，壞居民二千餘家。是歲，河南州十一，水。	新唐書卷三六五行志三	929
			五月癸丑（廿五），棣州河溢。	資治通鑑卷二百五唐紀廿一	6492
萬歲通天（696）	河南道	八月	八月，徐州大水，害稼。	新唐書卷三六五行志三	929
神功元年（697）	江南道	三月	三月，括州水，壞居民七百餘家。是歲，河南州十九，水。	新唐書卷三六五行志三	929
聖曆二年（699）	東都、洛水	七月	七月丙辰（四），神都大雨，洛水溢，壞天津橋。	新唐書卷三六五行志三	930
聖曆二年（699）	黃河、河南道	秋	是秋，河溢懷州，漂千餘家。	新唐書卷三六五行志三	930
聖曆三年（700）	鴻（洪）州、江南道	三月	三月辛亥（二），鴻州水，漂千餘家，溺死四百餘人。	新唐書卷三六五行志三	930
久視元年（700）	東都	十月	十月，洛州水。	新唐書卷三六五行志三	930

長安三年（703）	關內道	六月	六月，寧州大雨，水，漂二千餘家，溺死千餘人。	新唐書卷三六五行志三	930
長安三年（703）	關內道	六月	六月，寧州雨，山水暴漲，漂流二千餘家，溺死者千餘人	舊唐書卷六武后紀	131
長安三年（703）	關內道	六月	六月，寧州大水，溺殺二千餘人。	資治通鑑二百七唐紀廿三	6562
長安三年（703）	關內道	六月	寧州大霖雨，山水暴漲，漂流二千餘家，溺死者千餘人，流屍東下。	舊唐書卷三七五行志	1353
長安四年（704）	河北道	八月	八月，瀛州水，壞居民千餘家。	新唐書卷三六五行志三	930
中　　宗					
神龍元年（705）	關內道	四月	四月，雍州同官縣大雨，水，漂居民五百餘家。	新唐書卷三六五行志三	930
神龍元年（705）	關內道	四月	四月，雍州同官縣，大雨雹，鳥獸死，又大水，漂流居人四五百餘家。	冊府元龜卷一〇五帝王部惠民一	1258
神龍元年（705）	關內道	四月	四月，同官縣雨雹，燕雀多死，漂溺居人四百餘家。	舊唐書卷七中宗本紀	139
神龍元年（705）	河南、河北	六月	六月丁巳（九日），河北十七州大水，漂沒人居。戊辰（十日），洛水暴漲，壞廬舍二千餘家，溺死者甚眾。	舊唐書卷七中宗紀	140
神龍元年（705）	河南、河北	六月	六月，河南、河北十七州大水，漂流居人。害苗稼。	冊府元龜卷一〇五帝王部惠民一	1258
神龍元年（705）	河北	六月	六月，河北州十七，大水。	新唐書卷三六五行志三	930
神龍元年（705）	東都洛水	六月	六月廿七日，洛水暴漲，漂損百姓。	唐會要卷四十三水災上	780
神龍元年（705）	東都洛水	六月	六月戊辰（廿），洛水溢，流二千餘家。	資治通鑑卷二百八唐紀廿四	6594
神龍元年（705）	河南道、河北道	七月	七月，河南、北十七州大水。	資治通鑑卷二百八唐紀廿四	6594
神龍元年（705）	東都洛水	七月	七月甲辰（廿七），洛水溢。	新唐書卷四中宗紀	107
神龍元年（705）	東都洛水	七月	七月甲辰（廿七），洛水溢，壞居民二千餘家。	新唐書卷三六五行志三	930
神龍元年（705）	東都洛水	七月	七月廿七日，洛水漲，壞百姓廬舍二千餘家。	舊唐書卷三七五行志	1353
神龍元年（705）	東都洛水	七月	七月廿七日，洛水暴漲，壞人廬舍二千餘家。溺死者數百人。	唐會要卷四十三水災上	780

神龍元年（705）	東都洛水	七月	七月，洛水暴漲，壞百姓廬舍二千餘家。溺死者數百人。	冊府元龜卷一四七帝王部恤下二	1778
神龍二年（706）	東都洛水	四月	四月辛丑（廿八），洛水溢。	新唐書卷四中宗紀	108
神龍二年（706）	東都洛水	四月	四月辛丑（廿八），洛水壞天津橋，溺死數百人。	新唐書卷三六五行志三	930
神龍二年（706）	東都洛水	四月	四月，洛水漲，壞天津橋，損居人廬舍，死者數千人。	唐會要卷四十三水災上	781
神龍二年（706）	東都洛水	四月	四月，洛水泛溢，壞天津橋，漂流居人廬舍，溺死者數千人。	舊唐書卷三五行志	1357
神龍二年（706）	東都洛水	四月	四月辛巳（八），洛水暴漲，壞天津橋。	舊唐書卷七中宗紀	142
神龍二年（706）	河北道	八月	八月，魏州水。	新唐書卷三六五行志三	930
神龍二年（706）	河北	12月	12月，河北水，大飢。	舊唐書卷七中宗本紀	143
神龍二年（706）	河北	12月	12月，河北諸州遭水，人多阻饑。	冊府元龜卷一〇五帝王部惠民一	1258
景龍二年（708）	山南道	七月	七月，荊州水。制令賑舍。	冊府元龜卷一〇五帝王部惠民一	1258
景龍三年（709）	江南道	七月	七月，澧水溢，害稼。	新唐書卷三六五行志三	930
景龍三年（709）	河南道	九月	九月，密州水，壞民居數百家。	新唐書卷三六五行志三	930
景龍三年（709）	河南道	九月	九月，密州水，壞居民數百家。	舊唐書卷七中宗紀	149
景龍三年（709）	關中	十月	十月，以關中水旱。	冊府元龜卷一〇五帝王部惠民一	1258
景雲二年（711）	河南淮南	八月	八月，河南、淮南諸州上言水旱為災。	冊府元龜卷一〇五帝王部惠民一	1258
玄　　　宗					
先天二年（713）		六月	六月辛丑（九日），雨霖。以久雨霖。	新唐書卷五睿宗紀、冊府元龜卷一四四帝王部弭災二	120、1749
開元二年（714）	關中	正月	關中自去秋至于是月（正月）不雨，人多饑乏。遣使賑給。	舊唐書卷八玄宗紀	172
開元二年（714）	京師	五月	五月壬子（廿六日），久雨，禁京城門。	新唐書卷三四五行志一	876
開元三年（715）	河南、河北		河南河北水。	新唐書卷三六五行志三	930

開元四年（716）	東都、洛水	七月	七月丁酉（廿三日），洛水溢，沈舟數百艘。	新唐書卷五玄宗紀、卷三六五行志三	1259 30
開元五年（717）		二月	二月，免河南，河北蝗、水州今歲租	新唐書卷五玄宗紀	126
開元五年（717）	東都、瀍水	六月	六月甲申（十六日），瀍水溢，溺死千餘人；鞏縣大水，壞城邑，損居民數百；河南水，害稼。	新唐書卷三六五行志三	930
開元五年（717）	河南道、氾水	六月	六月十四日，鞏縣暴雨連月，山水泛濫，毀郭邑廬舍七百餘家，人死者七十二。氾水同日漂壞近河百姓二百餘戶。	舊唐書卷八玄宗紀	178
開元五年（717）	河南道、氾水	六月	六月十四日，鞏縣暴雨連日，山水泛漲，壞郭邑廬舍七百餘家，人死者七十二。氾水同日漂壞近河百姓二百餘戶。	舊唐書卷三七五行志	1357
開元六年（718）	東都、瀍水溢	六月	六月甲申（廿日），瀍水暴漲，壞人廬舍，溺殺千餘人。	舊唐書卷八玄宗本紀	179
開元六年（718）	東都、瀍水溢	六月	六月甲申（廿日），瀍水溢。	新唐書卷五玄宗紀	126
開元八年（720）		二月	二月，以河南淮南江南頻遭水旱。	冊府元龜卷一〇五帝王部惠民一	1259
開元八年（720）	四鎮	三月	三月甲子（廿二日），四鎮水旱。	新唐書卷五玄宗紀	127
開元八年（720）	河南道	夏	夏，契丹寇營州，發關中卒援之，軍次澠池縣之闕門，野營穀水上。夜半，山水暴至，二萬餘人皆溺死。唯行網役夫樗蒲，覺水至，獲免逆旅之家，溺死死人漂入苑中如積。（新唐書：一萬餘人）	新唐書卷三六五行志三	930
				舊唐書卷三七五行志	1357
開元八年（720）	東都穀、洛、瀍三水溢	六月	六月廿一日，東都穀、洛、瀍三水溢，損居人九百六十一家，溺死者八百一十五人，許、衛等州，田廬蕩盡，掌關兵士，溺死者一千一百四十八人。	唐會要卷四十四水災下	783
開元八年（720）	河南道穀、洛、涯（瀍）三水溢	六月	東都穀、洛、涯（瀍）三水泛漲，漂溺居人四百餘家，壞田三百餘頃。諸州當防丁當番衛士掌閑廄者千餘人。	冊府元龜卷一四七帝王部恤下二	1779

開元八年（720）	東都、洛、瀍、穀水、山南道	六月	六月庚寅（九日）夜，穀，洛溢，入西上陽宮，宮人死者十七八，畿內諸縣田稼廬舍蕩盡。掌閑衛兵溺死千餘人，京師興道坊一夕陷爲池，居民五百餘家皆沒不見。（舊唐書：一千一百四十八人）	新唐書卷五玄宗紀、卷三六五行志三	128930
			是年，鄧州三鴉口大水塞谷，…俄而暴雷雨，漂溺數百家。	舊唐書卷三七五行志	1357
開元八年（720）	東都 洛、瀍、穀水	六月	六月壬寅（廿日）夜，東都暴雨，穀水泛漲。新安、澠池、河南、壽安、鞏縣等廬舍蕩盡，共九百六十一戶，溺死者八百一十五人。許、衛等州掌閑番兵溺者千一百四十八人。	舊唐書卷八玄宗紀	181
開元八年（720）	東都洛、瀍、穀水	六月	六月，瀍、穀水漲溢，漂溺幾二千人。	資治通鑑卷二一二唐紀二八	6740
開元八年（720）			鄧州三鴉口大水塞谷，或見二小兒以水相潑，須臾，有大蛇十圍，張口仰天，人或矴射，俄而暴雷雨，漂溺數百家	新唐書卷三六五行志三 舊唐書卷三七五行志	903 1357
開元十年（722）	東都、伊水漲	二月	二月四日，伊水漲，毀都城南龍門天竺，奉先寺，壞羅郭東南角，平地水深六尺已上，入漕河，水次屋舍樹木蕩盡。	舊唐書卷三七五行志	1357
開元十年（722）	東都、伊、汝水	五月	五月辛酉（無），伊、汝水溢，毀東都城東南隅，平地深六尺；河南許仙豫陳汝唐鄧等州大水，害稼，漂沒民居，溺死者甚眾。	新唐書卷五玄宗紀、卷三六五行志三	129931
開元十年（722）	東都、伊、汝水	五月	五月，東都大雨，伊汝等水泛漲，漂壞河南府及許、汝、仙、陳等州廬舍數千家，溺死者甚眾。	舊唐書卷八玄宗紀	183
			東都大雨，伊汝等水泛，壞河南府及許、汝、仙、陳四州廬舍數千家，溺死者甚眾。	冊府元龜卷一四七帝王部恤下二	1779
開元十年（722）	東都、伊、汝水	五月	伊、汝水溢，漂溺數千家。胡注〈漢志〉伊水出弘農郡盧氏縣，東北入洛。汝水出弘農，入淮。史言伊、汝水溢，而漂溺數千家。既二水分流，相去日益遠，何能漂流數千家！此必於發源之地水溢而并流也。被災之家，當在虢、洛二州界。	資治通鑑卷二一二唐紀二八	6749

開元十年 （722）	河南道、山 南道	秋	河南汝、許、仙、豫、唐、鄧等 州，各言大水害秋稼，漂沒居人 廬舍。	舊唐書卷三七五 行志	1357
開元十年 （722）	河北道、河 南道	六月	河決博、棣二州。	新唐書卷五玄宗 本紀	129
開元十年 （722）	河北道、河 南道	六月	博州、棣州河決。	新唐書卷三六五 行志	931
開元十年 （722）	博州、棣州	六月	六月丁巳（十八日），博州河決， 命按察使蕭嵩等治之。	資治通鑑卷二一 二唐紀二八	6750
開元十年 （722）	河北道、河 南道	八月	八月丙申（戊申九日），博、棣等 州黃河堤破，漂損田稼。	舊唐書卷八玄宗 紀	184
開元十年 （722）	東都、伊、 汝等水	八月	八月，東都大雨，伊、汝等水泛 漲，漂壞河南府及許、汝、仙、 陳等州廬舍數千家。	冊府元龜卷一〇 五帝王部惠民二	1259
開元十二 年（724）	河南道	六月	豫州大水。	新唐書卷三六五 行志三	931
開元十二 年（724）	河南道	八月	兗州大水。	新唐書卷三六五 行志三	931
開元十四 年（726）	東都、瀍水 溢、洛水溢	七月	癸未（八日），瀍水溢。 庚寅（十五日）洛水溢。	新唐書卷五玄宗 紀	132
開元十四 年（726）	瀍水、東都	七月	七月癸未（十四），瀍水溢。瀍水 暴漲，流入洛漕，漂沒諸州租船 數百艘，溺死者甚眾，漂失楊、 壽、光、和、廬、杭、瀛、棣租 米十七萬二千八百九十六石，并 錢絹雜物等。 因開斗門決堰，引水南入洛，漕 水燥竭，以搜漉官物，十收四五 焉。	舊唐書卷三七五 行志	1357
開元十四 年（726）	瀍水、東都	七月	七月十四日，瀍水暴漲入洛，損 諸州租船百艘，損米十七萬二千 八百石。 十八日，懷、衛、鄭、汴、滑、 濮大雨，人皆巢居，死者千計。	唐會要卷四十四 水災下	783
開元十四 年（726）	瀍水、河南 道	七月	秋七月癸丑（無）夜，瀍水暴漲 入漕，漂沒諸州租船數百艘，溺 者甚眾。	舊唐書卷八玄宗 紀	190
開元十四 年（726）	河南道	七月	七月甲子（甲申九日）懷、衛、 鄭、滑、汴、濮、許等州澍雨， 河及支川皆溢，人皆巢舟以居， 死者千計，資產苗稼無孑遺。	舊唐書卷三七五 行志	1358

開元十四年（726）	河南道	七月	七月，以懷、鄭、許、滑、衛等州水潦。 遣右監門衛將軍知內侍省事黎敬仁宣慰，如有遭損之處，應須營助賑給，竝委使與州縣相知量事處置。	冊府元龜卷一四七帝王部恤下二	1779
開元十四年（726）	黃河下游南北岸	七月	七月，河南、北大水，溺死者以千計。	資治通鑑卷二一三唐紀二九	6773
開元十四年（726）	黃河決魏州、河北道	八月	八月丙午（一日）河決魏州。	新唐書卷五玄宗紀	132
			八月丙午（一日）朔，魏州言河溢。	資治通鑑卷二一三唐紀二九	6773
開元十四年（726）	天下州五十	秋	是秋，十五州言旱及霜，五十州言水，河南、河北尤甚，蘇、同、常、福四州漂壞廬舍。 遣御史中丞宇文融檢覆賑給之。	舊唐書卷八玄宗紀	190
開元十四年（726）	天下州五十	秋	是秋，十五州言旱及霜，五十州言水，河南、河北尤甚，蘇、同、常、福四州漂壞廬舍。 遣御史中丞宇文融檢覆賑給之。	舊唐書卷三七五行志	1358
開元十四年（726）	天下州五十	秋	秋，天下五十州水，河南、河北尤甚。 河及支川皆溢，懷衛鄭滑汴濮人或巢或舟以居，死者千計；潤州大風自東北，海濤沒瓜步。	新唐書卷三六五行志三	931
開元十四年（726）	天下八十五州	九月	九月，八十五州言水，河南河北尤甚，同、福、蘇、嘗四州漂壞廬舍，遣吏部侍郎宇文融籍覆賑給之。	冊府元龜卷一○五帝王部惠民一	1259
開元十五年（727）	河東道	五月	五月，晉州大水。	新唐書卷三六五行志三	931
開元十五年（727）	河東道	五月	五月，晉州大水。漂損居人廬舍。	舊唐書卷八玄宗紀	190
開元十五年（727）	關內道	七月	七月庚寅（二十日），鄜州雨，洛水溢入州城，平地丈餘，損居人廬舍，溺死者不知其數。	舊唐書卷三七五行志	1358
開元十五年（727）	關內道	七月	七月庚寅（二十日），鄜州洛水泛漲，壞人廬舍。 辛卯（二十一日），又壞同州馮翊縣，及溺死者甚眾。 己亥（二十九日），赦都城繫囚，死罪降從流，徒已下罪悉免之。	舊唐書卷八玄宗紀	191

開元十五年（727）	山南道	七月	七月，鄧州大水，溺死數千人。洛水溢，入鄘城，平地丈餘，死者無算，壞同州城市及馮翊縣，漂居民二千餘家。	新唐書卷三六五行志三	931
開元十五年（727）	河北道	七月	七月戊寅（八日），冀州河溢。	資治通鑑卷二一三唐紀二九	6778
開元十五年（727）	澗、穀水東都	八月	八月，澗、穀溢，毀澠池縣。己巳（廿九日），降天下北罪，嶺南邊州流人，徙以下原之。	新唐書卷五玄宗紀卷三六五行志三	133931
開元十五年（727）	澗，穀水東都	八月	八月八日，澠池縣夜有暴雨，澗水、穀水漲合，毀郭邑百餘家及普門佛寺。己巳，降天下北罪，嶺南邊州流人，徙以下原之。	舊唐書卷三七五行志	1358
開元十五年（727）	天下州六十三	秋	是秋（歲），天下州六十三，大水，害稼及居人廬舍，河北尤甚。	新唐書卷三六五行志三	931
				舊唐書卷三七五行志	1358
開元十五年（727）	天下州六十三	秋	是秋，天下六十三州水，十七州，霜旱；河北饑。	舊唐書卷八玄宗紀	191
開元十六年（728）	關中	九月	九月，關中久雨，害稼。	新唐書卷五舊唐書卷八玄宗紀新唐書卷三四五行志一	133192876
開元十六年（728）	兩京	九月	九月，以久雨。兩京及諸州繫囚應推徙已下罪並宜移樽就教死罪及流各減一等。庶得解吾人之慍，結迎上天之福祐。	冊府元龜卷一四四帝王部弭災二	1752
開元十七年（729）	江南道	八月	八月丙寅（八日）越州大水，壞州縣城。壞廨宇及居人廬舍。	新唐書卷三六五行志三	931
開元十八年（730）	東都、瀍水、洛水	六月	六月乙亥（廿二日），東都瀍水溢。壬午（廿九日），洛水溢。	新唐書卷五玄宗紀	135
開元十八年（730）	東都、瀍水、洛水	六月	六月壬午（廿九日），東都瀍水溺揚、楚等州租船。洛水壞天津、永濟二橋及民居千餘家。	新唐書卷三六五行志三	931
開元十八年（730）	東都、洛水	六月	壬午（廿九日），洛水溢，溺東都千餘家。	資治通鑑卷二一三唐紀二九	6790

開元十八年（730）	東都、瀍水、洛水	六月	六月乙丑（十二日），東都瀍水暴漲，漂損揚、楚、淄、德等州租船。壬午（廿九日），東都洛水泛漲，壞天津、永濟二橋及漕渠斗門，漂損提象門外助舖及仗舍，又損居人廬舍千餘家。	舊唐書卷三七五行志	1358
開元十八年（730）	東都、瀍水、洛水	六月	六月壬午（廿九日），東都洛水泛漲，壞天津、永濟二橋提象門外仗舍，損居人廬舍千餘家。	舊唐書卷八玄宗紀	195
開元十九年（731）	河南	秋	河南水，害稼。	新唐書卷三六五行志三	931
開元二十年（732）	河南道	九月	九月戊辰（廿八日），河南道宋滑兗鄆四州水。免今歲稅	新唐書卷五玄宗紀	136
開元二十年（732）	河南道	九月	九月戊辰（廿八日），河南道宋、滑、兗、鄆等州大水傷禾稼，特放今年地稅。	冊府元龜卷四九	5863
開元二十年（732）	河南道	秋	宋、滑、兗、鄆等州，大水。	新唐書卷三六五行志三	931
開元廿一年（733）	關中京師		是歲，關中久雨害稼，京師饑。	舊唐書卷八玄宗紀	200
開元廿一年（733）	關中京師		是年，關中久雨害稼，京師饑。	冊府元龜卷一〇五帝王部惠民一	1261
開元廿一年（733）	關內道	九月	九月，關中久雨穀貴，上將幸東都……	資治通鑑卷二一三唐紀二九	6802
開元廿二年（734）	關輔河南州	秋	秋，關輔、河南州十餘水，害稼。	新唐書卷三六五行志三	931
開元廿三年（735）		八月	八月，江淮已南有遭水處，本道使賑給之。	舊唐書卷八玄宗紀	202
開元廿三年（735）		八月	制江淮以南有遭水處，委本道使賑給之。	冊府元龜卷一〇五帝王部惠民一	1261
開元廿七年（739）	江南道	三月	三月，澧、袁、江等州水。	新唐書卷三六五行志三	931
開元廿八年（740）	河南道	十月	河南郡十三，水。	新唐書卷三六五行志三	931
開元廿八年（740）	河北道	十月	十月，河北十三州水。	冊府元龜卷一〇五帝王部惠民一	1261
開元廿九年（741）	東都、洛水	七月	七月乙亥（廿七日），東都洛水溢，溺死者千餘人。	資治通鑑卷二一四唐紀三十	6844
開元廿九年（741）	河南道	七月	七月乙亥（廿七日），伊，洛溢。	新唐書卷五玄宗紀	142
開元廿九年（741）	河南道		暴水，伊、洛及支川皆溢，損居人廬舍，秋稼無遺，壞東都天津橋及東西漕；河南北諸州，皆多漂溺。	舊唐書卷三七五行志	1358

開元廿九年（741）	河南道、關內道	七月	七月乙卯（七日），洛水泛漲毀天津橋及上陽宮仗舍。洛、渭之間，廬舍壞，溺死千餘人。	舊唐書卷九玄宗紀	213
開元廿九年（741）	河南道	七月	伊、洛及支川皆溢，害稼，毀東都天津橋及東西漕、上陽宮仗舍，溺死千餘人。	新唐書卷三六五行志三	931
開元廿九年（741）		九月	霖雨月餘，道途阻滯。	舊唐書卷九玄宗紀	214
開元廿九年（741）	河南道、河北道	秋	是秋，河南、河北郡二十四，水，害稼。	新唐書卷三六五行志三	931
開元廿九年（741）	河南道、河北道	秋	秋，河北博、洺等二十四州言雨水害稼。	舊唐書卷九玄宗紀	214
開元廿九年（741）	河南道、河北道	秋	秋，河北二十四州雨水害傷稼。	冊府元龜卷一〇五帝王部惠民一	1261
天寶元年（742）	關內道	六月	夏六月庚寅（十七日），武功山水暴漲，壞人廬舍，溺死數百人。陝郡太守李齊物先鑿三門，辛未，渠成放流。	舊唐書卷九玄宗紀	215
天寶四載（745）	河南道	八月	八月，河南、睢陽、淮陽、譙等八郡大水。	舊唐書卷九玄宗紀	219
天寶四載（745）	河南道	九月	九月，河南、淮陽、睢陽、譙四郡水。	新唐書卷三六五行志三	931
天寶十載（751）	淮南道		廣陵大風駕海潮，沈江口船數千艘。		
天寶十載（751）	淮南道	八月	秋八月乙卯（五日），廣陵郡大風，潮水覆船數千艘。	舊唐書卷九玄宗紀	225
天寶十載（751）	淮南道	八月	秋八月乙卯（五日），廣陵海溢，沈江口船數千艘。	新唐書卷五舊五行志	1481 358
天寶十載（751）	西京	秋	秋，霖雨積旬，牆屋多壞，西京尤甚。	舊唐書卷九玄宗本紀	225
天寶十二載（753）	京師	八月	八月，京城霖雨，米貴。	舊唐書卷九玄宗本紀	227
天寶十二載（753）	京師	八月	秋，京師連雨二十餘日，米涌貴。	冊府元龜卷一四四帝王部弭災二	1752
天寶十三載（754）		八月	秋八月丁亥（廿四日），以久雨，左相、許國公陳希烈爲太子太師，罷知政事。	舊唐書卷九玄宗紀	229
天寶十三載（754）	東都	九月	九月，東都瀍、洛溢，壞十九坊。	新唐書卷三六五行志三	931
天寶十三載（754）	東都	秋	秋，東都瀍、洛水溢，壞十九坊。	新唐書卷五玄宗紀	150

天寶十三載（754）	京城	秋	秋，京城連月澍雨，損秋稼。九月，遣閉坊市北門，蓋井，禁婦人入街市，祭玄冥大社，禁門。京城坊市牆宇，崩壞向盡。東方瀍、洛水溢隄穴，衝壞一十九坊。	舊唐書卷三七五行志	1358
天寶十三載（754）	京師	秋	秋，霖雨積六十餘日，京城垣屋頹壞殆盡，物價暴貴，人多乏食。東都瀍、洛暴漲，漂沒一十九坊。	舊唐書卷九玄宗紀	229
天寶十三載（754）	京師	秋	秋，大霖雨自八月至十月幾六十餘日，如霽、京城坊市垣墉隤毀殆盡，米價踴貴。	冊府元龜卷一〇五帝王部惠民一	1261
天寶十三載（754）	河南道		濟州爲河所陷沒。（陽穀縣以縣屬鄆州）	元和郡縣圖志卷十鄆州	259
肅　宗					
至德二年（757）		三月	三月癸亥（十五日），大雨至癸酉（廿五日）不止。甲戌（廿六日）雨止。	冊府元龜卷一四四帝王部弭災二	1752
至德二年（757）		三月	三月癸亥（十五日），大雨至癸酉（廿五日）不止。	舊唐書卷十肅宗本紀	246
乾元二年（759）	河南道、山東		史思明南侵，守將李銑于長青縣邊家口決黃河，東流至禹城縣，禹城縣遷治所。（南岸人爲決口）	太平寰宇記卷十九齊州	
乾元中（758～760）	河南道		棣州（樂安郡）黃河改道，州治僅在河南（最下游河道北移）。	文苑英華卷七三七雜序三	3841
上元元年（760）		閏四月	自四月雨至閏月末不止。米價翔貴，人相食，餓死者委骸于路。是歲饑，米斗至一千五百文。	舊唐書卷十肅宗紀	258259
上元二年（761）	京師	八月	京師自七月霖雨，八月盡方止。京城宮寺廬舍多壞，街市溝渠中漉得小魚。	舊唐書卷十肅宗紀卷三七五行志	2621359
代　宗					
寶應元年（762）	江南道	十月	十月，浙江水旱，百姓重困。	新唐書卷六代宗紀	168
廣德元年（763）	京師	九月	九月，京畿大雨，水平地數尺，時吐蕃寇京畿，以水自潰去。	新唐書卷三六五行志三	931
廣德二年（764）	洛水	五月	五月，洛水溢。	新唐書卷六代宗紀	170
廣德二年（764）	東都	五月	五月，東都大雨，洛水溢，漂二十餘坊；河南諸州水。	新唐書卷三六五行志三	931
廣德二年（764）	京師	九月	自七月大雨未止（九月），京城米斗值一千文。	舊唐書卷十一代宗紀	276

永泰元年（765）	京師	三月	三月庚子（九日）夜，降霜，木有冰。歲饑，米斗千錢，諸穀皆貴。 是春大旱，京師米貴，斛至萬錢。	舊唐書卷十一代宗紀	279
永泰元年（765）	京師	九月	九月，大雨，平地水數尺，溝河漲溢。 時吐蕃寇京師，以水，自潰而去。	舊唐書卷三七五行志	1359
永泰元年（765）	關內道	九月	九月自丙午（十七日）至甲寅（廿五日）大雨，平地水流。 丁巳（廿八日），吐蕃大掠京畿男女數萬計，焚廬舍而去。同華節度周智光以兵追擊于澄城，破賊萬計。	舊唐書卷十一代宗紀	280
大曆元年（766）	洛水、河南道	七月	自五月大雨，洛水泛溢，漂溺居人廬舍二十坊。 七月，河南諸州水。	舊唐書卷十一代宗紀	283
大曆元年（766）	洛水	七月	七月癸酉（廿日），洛水溢。	新唐書卷六代宗、卷三六五行志三	1729、32
大曆元年（766）（永泰二年）	洛水、河南道	七月	洛水大雨，水壞二十餘坊及寺觀廨舍。 河南數十州大水。	舊唐書卷三七五行志	1359
大曆二年（767）	洛陽、河南道	夏	夏，洛陽大雨，水壞二十餘坊及寺觀廨舍。河南數十州大水。	舊唐書卷三七五行志	1359
大曆二年（767）	河東、河南、淮南、江南、嶺南道	秋	秋，湖南及河東、河南、淮南、浙江東西、福建等道州五十五水災。	新唐書卷三六五行志	932
大曆二年（767）	河東、河南、淮南、江南、嶺南道	秋	是秋，河東、河南、淮南、浙江東西、福建等道五十五州奏水災。	舊唐書卷十一代宗本紀	288
大曆四年（769）	京師		京師大雨水，斗米八百，佗物稱是。	唐會要卷四四水災下	783
大曆四年（769）	京師	八月	自夏四月連雨至此月（八月）。京城米斗八百文。	舊唐書卷十一代宗紀	294
大曆四年（769）秋	京師	八月	大雨，是歲自四月霖澍至九月。京師米斗至八百文，官出太倉米賤糶以救饑人。	舊唐書卷三七五行志	1359
大曆四年（769）	京師	秋	自四月雨連霖至秋。京師米斗至八百。	冊府元龜卷一四四帝王部弭災二	1753
大曆五年（770）	京城	夏	夏，復大雨，京城饑。出太倉米減價以救人。	舊唐書卷三七五行志	1359

大曆六年 （771）		九月	自八月連雨，害秋稼。 是歲春旱，米斛至萬錢。	舊唐書卷十一代 宗紀	298
大曆七年 （772）	江南道	二月	二月庚午（十九日）江州江溢。	新唐書卷六代宗 紀	176
大曆十年 （775）	江南道	七月	七月己未（廿八日），杭州海溢。	新唐書卷六代宗 紀	178
大曆十年 （775）	江南道	七月	杭州海溢。	新唐書卷三六五 行志三	932
大曆十年 （775）	江南道	七月	七月己未（廿八日），杭州大風， 海水翻潮，溺州民五千家，船千 艘。	舊唐書卷十一代 宗紀	308
大曆十一 年（776）		七月	七月戊子夜（三日），暴澍雨，平 地水深盈尺，溝渠漲溢，壞坊民 千二百家。 庚寅，田承嗣兵寇滑州，李勉拒 戰而敗。	舊唐書卷十一代 宗紀	309
大曆十一 年（776）	京師	七月	七月戊子（三日），夜澍雨，京師 平地水尺餘，溝渠漲溢，壞民居 千餘家。	新唐書卷三六五 行志三	932
大曆十二 年（777）	黃河	九月	是秋河溢。	新唐書卷六代宗 紀	179
大曆十二 年（777）	河南道	秋	是秋，宋、亳、陳、滑等州水。	舊唐書卷十一代 宗紀	313
大曆十二 年（777）	關內道、河 南道	秋	秋，京畿及宋、亳、滑三州大雨， 害稼，河南尤甚，京師平地深五 尺，河溢。	新唐書卷三六五 行志三	932
大曆十二 年（777）	河南道	秋	秋大雨。是歲，春夏旱，至秋八 月雨，河南尤甚，平地深五尺， 河決。漂溺田稼。	舊唐書卷三七五 行志	1359
德　宗					
建中元年 （780）	河北道		幽、鎮、魏、博大雨，易水、滹 沱橫流，自山而下，轉石折樹， 水高丈餘，苗稼蕩盡	新唐書卷三六五 行志三	932
建中元年 （780）	河北道		黃河、滹沱、易水溢。	新唐書卷七德宗 紀	185
貞元二年 （786）		五月	五月，自癸巳（五日）大雨至於 茲日（丙申八日），饑民俟夏麥將 登，又此霖澍，人心甚恐，米斗 復千錢。 己亥（十日），百僚請上復常膳； 是時民久饑困，食新麥過多，死 者甚眾。 六月辛酉（四日），大風雨，街陌 水深數尺，人有溺死者。	舊唐書卷十二德 宗紀	353

貞元二年（786）	關內道、河南道、山南道、淮南道	六月	六月丁酉，大風雨，街陌水深數尺，人有溺死者。 大風雨，京城通衢水深數尺，有溺死者。東都、河南、荊南、淮南江河溢。	新唐書卷三六五行志三	932
貞元二年（786）	關內道、河南道、山南道、淮南道	夏	京師通衢水深數尺。吏部侍郎崔縱，自崇義里西門爲水漂浮行數十步，街舖卒救之獲免；其日，溺死者甚眾。東都、河南、荊南、淮南江河溢，壞人廬舍。	舊唐書卷三七五行志	1359
貞元三年（787）	河南道、淮南道	三月	三月，東都、河南、江陵、汴揚等州大水。	新唐書卷三六五行志三	932
貞元三年（787）	淮南道	五月	五月，揚州江溢。	新唐書卷七德宗本紀	194
貞元三年（787）	河南道、淮南道	五月	五月，東都、河南、江陵、汴州、揚州大水，漂民廬舍	舊唐書卷十二德宗紀	356
貞元三年（787）	河南道、淮南道	閏五月	東都、河南、江陵大水，壞人廬舍。汴州尤甚。揚州江水泛漲。	唐會要卷四四水災下	783
貞元四年（788）	關內道	八月	八月，灞水溢。	新唐書卷七德宗紀	196
貞元四年（788）	關內道	八月	八月，灞水暴溢，殺百餘人。	新唐書卷三六五行志三	932
貞元四年（788）	關內道	八月	八月，連雨，灞水暴溢，溺殺渡者百餘人。	舊唐書卷三七五行志	1359
貞元四年（788）	關內道	八月	八月，連雨，灞水暴溢，溺殺渡者百餘人。	唐會要卷四四水災下	783
貞元八年（792）	河南道	六月	六月，淮水溢。	新唐書卷七德宗紀	198
貞元八年（792）	河南道	六月	六月，淮水溢，平地七尺，沒泗州城。	新唐書卷三六五行志三	932
貞元八年（792）	河北道	七月	幽州奏七月，大雨水深一丈已上，鄭、涿、薊、檀、平等五州并平地，水深一丈五尺。	唐會要卷四四水災下	783
貞元八年（792）	河北道	七月	幽州大雨，平地水深二丈，鄭、涿、薊、檀、平等五州平地，水深一丈五尺。	舊唐書卷三七五行志	1359
貞元八年（792）	河南道	十月	十月，徐州奏：自五月廿五日雨，至七月八日方止，平地水深一丈二尺，郭邑廬里屋宇田稼皆盡，百姓皆登丘塚山原以避之。	舊唐書卷三七五行志 唐會要卷四四水災下	1359 783
貞元八年（792）	河北、河南、江南、淮南	秋	秋，大雨，河南、河北、山南、江淮凡四十餘州，大水，漂溺死者二萬餘人。	舊唐書卷三七五行志	1359

貞元八年（792）	河、北河南、江南、淮南	八月	八月，河北、江南、江淮凡四十餘州大水，漂溺死者二萬餘人。	唐會要卷四四水災下	783
貞元八年（792）	淮南、山南河南道、河北道	八月	八月，河南、河北、山南、江淮凡四十餘州大水，漂溺死者二萬餘人。乙丑，以天下水災，分命朝臣宣撫賑貸。	舊唐書卷十三德宗紀	375
貞元八年（792）	淮南道、山南道、河南道、河北道	秋	秋，自江淮及荊、襄、陳、宋至于河朔州四十餘，大水，害稼，溺死二萬餘人，漂沒城郭廬舍，幽州平地水深二丈，徐、鄭、涿、薊、檀、平等州，皆深丈餘。	新唐書卷三六五行志三	932
貞元八年（792）	江南道	十月	徐州，從五月廿五日雨至七月八日方止，平地水深一丈二尺，苗田屋宇，漂蕩倒塌，村閭向盡，百姓多就高處，及移居鄰郡。	唐會要卷四四水災下	783
貞元十一年（795）	江南道		復州竟陵等三縣，遭朗、蜀二水泛漲，沒溺損戶一千六百六十五，田四百一十頃。	唐會要卷四四水災下	784
貞元十一年（795）	江南道	十月	十月，朗、蜀二州江溢。	新唐書卷七德宗紀	200
貞元十一年（795）	江南道	十月	十月，朗、蜀二州江溢。	新唐書卷三六五行志三	932
貞元十二年（796）	嶺南道	四月	四月，大水，嵐州暴雨，水深二丈。	新唐書卷三六五行志三	932
貞元十二年（796）	嶺南道	四月	四月，福建等州大水；六月，嵐州暴雨，水深二丈餘。損屋宇田苗。	唐會要卷四四水災下	784
貞元十三年（797）	河南道	七月	七月，淮水溢于亳州。	新唐書卷三六五行志三	932
貞元十四年（798）		六月	六月，以米價稍貴，令度支出官米十萬石於兩街賤糶。其月以久旱穀貴人流，出太倉粟分給京畿諸縣……九月，以歲饑出太倉粟三十萬石出糶。	唐會要卷八八倉及常平倉	1615
貞元十四年（798）		十月	冬十月癸酉（丁酉廿日），以歲凶穀貴，出太倉粟三十萬石，開場糶以惠民。庚子（廿四日），夏州韓全義，奏破吐蕃鹽州。	舊唐書卷十三德宗紀	389
貞元十五年（799）	河南道	七月	秋七月鄭、滑州大水。	舊唐書卷十三德宗紀	391

貞元十五年（799）	河南道		鄭、滑州大水。	唐會要卷四四水災下	784
貞元十六年（800）	京師	十月	是歲，京師饑。	新唐書卷七德宗紀	203
貞元十八年（802）	河南道、淮南道	七月	七月，蔡、申、光三州春水夏旱。賜帛五萬段，米十萬石，鹽三千石。	舊唐書卷十三德宗紀	396
貞元十八年（802）	河南道、淮南道	春	春，申、光、蔡等州大水。	新唐書卷三六五行志三	932
貞元十八年（802）	河南道、淮南道		申、光、蔡等州水。賜物五萬段，米十萬石，鹽三千石，以賑貧民。	唐會要卷四四水災下	784
順　宗					
永貞元年（805）	江南道	夏	朗州之熊武五溪溢。	新唐書卷三六五行志三	932
永貞元年（805）	江南道	秋	武陵、龍陽二縣，江水溢，漂萬餘家。京畿長安等九縣山水害稼。		
永貞元年（805）	江南道	九月	朗州武陵、龍陽二縣，江水暴漲，漂萬餘家。	唐會要卷四四水災下	784
永貞元年（805）	關內道	十一月	十一月，京兆府長安等九縣山水泛漲，害田苗。	唐會要卷四四水災下	784
憲宗					
元和元年（806）	山南道、河北、河南	夏	夏，荊南及壽、幽、徐等州大水。	新唐書卷三六五行志三	932
元和元年（806）	河北道、河南道	12月	12月，幽州、徐州水，損田苗。	唐會要卷四四水災下	784
元和二年（807）	河南道		蔡州上言，大水，平地水深八尺。	唐會要卷四四水災下	784
元和二年（807）	河南道	六月	六月，大雨，水平地深數尺。	新唐書卷三六五行志三	932
元和二年（807）	河南道	六月	六月，蔡州水，平地深七八尺。	舊唐書卷十四憲宗本紀	421
元和三年（808）	京師		京師大雨水。	唐會要卷四四水災下	784
元和三年（808）	京師	秋	秋，京師大雨。	舊唐書卷十四憲宗本紀	426
元和四年（809）	關內道	七月	七月丁未（三日），渭南暴水壞廬舍二百餘戶，溺死六百人。命府司賑給。	舊唐書卷十四憲宗本紀	428
元和四年（809）	關內道	七月	七月，渭南縣暴水泛溢，漂損廬舍二百一十三戶，秋田十有六頃，溺死者千人。命京兆府發義倉救之。	唐會要卷四四水災下	784

元和四年 （809）	關內道	十月	十月丁未（無），渭南暴水，漂民居二百餘家。	新唐書卷三六五 行志三	933
元和六年 （811）		二月	二月，李絳奏：「諸州闕官職田祿米，及見任官抽一分職田，請所在收貯，以備水旱賑貸。」從之。	舊唐書卷十四憲宗本紀	437
元和六年 （811）	關內道、江南道	七月	七月，鄜坊、黔中水。	新唐書卷三六五 行志三	933
元和七年 （812）	關內道	正月	正月癸酉（十三日），振武河溢，毀東受降城。	新唐書卷七 舊唐書卷十五憲宗紀	2124 41
元和七年 （812）	關內道	正月	正月，振武界黃河溢，毀東受降城。（《唐會要》卷四四，頁784）	新唐書卷三六舊唐書卷三七五行志	9331 360
元和七年 （812）	江南道	五月	五月，饒、撫、虔吉、信五州山水暴漲，壞廬舍，虔州尤甚，平地有深至四丈餘。	新唐書卷三六舊唐書卷三七五行志	9331 359
元和七年 （812）	江南道	五月	五月，饒、撫、虔吉、信五州山水暴漲，沒毀廬舍，虔州尤甚，深四丈者。	唐會要卷四四水災下	784
元和八年 （813）	河南道		許州大水，摧大隗山。	唐會要卷四四水災下	784
元和八年 （813）	河南道	五月	五月，陳州許州大雨，大隗山摧，水流出，溺死者千餘人。	新唐書卷三六舊唐書卷三七五行志	9331 360
元和八年 （813）	京師	六月	京師大水，城南深丈餘，入明德門，猶漸車輻。	新唐書卷三六五 行志三	933
元和八年 （813）	京師	六月	京師水積城南，深丈餘，入明德門，猶漸車輻。	舊唐書卷三七五 行志	1360
元和八年 （813）	京師	六月	六月庚寅（九日），京師大水，風雨，毀屋揚瓦，人多壓死者，水積於城南，深數丈餘，入明德門，猶漸車輻。	唐會要卷四四水災下	784
元和八年 （813）	京師	六月	五月辛巳（三十日）朔，時積雨，延英不開十五日。 六月庚寅（九日），京師大風雨，毀屋飄瓦，人多壓死。所在川瀆暴漲，行人不通 六月辛丑（廿日），出宮人二百車，任所適，以水災故。	舊唐書卷十五憲宗本紀	446
元和八年 （813）	關內道	六月	六月辛卯（十日），渭水暴漲，絕濟者一月，時所在霖雨，百源皆發，川瀆多不由故道。	唐會要卷四四水災下	784
			辛丑（廿日），出宮人二百車，人得娶納，以水害誠陰盈也。	舊唐書卷三七五 行志	1360

元和八年（813）	關內道、河北道	六月	六月辛卯（十日），渭水溢，絕濟。時所在百川發溢，多不由故道。滄州水潦，浸鹽山等四縣。辛丑（廿日），出宮人。	新唐書卷七憲宗本紀卷三六五行志三	213933
元和八年（813）		六月	六月辛丑（二十日），出宮人二百車，許人得娶以爲妻，以水害誡陰盈故。	冊府元龜卷一四四帝王部弭災二	1754
元和八年（813）	河南道、河北道	12月	12月，以河溢浸滑州羊馬城之半。滑州薛平、魏博田弘正徵役萬人，於黎陽界開古黃河道，決舊河水勢，滑人遂無水患。	舊唐書卷十五憲宗紀	448
元和九年（814）	淮南、江南道	秋	秋，淮南及岳、安、宣、江、撫、袁等州大水，害稼。	新唐書卷三六五行志三	933
元和九年（814）	淮南道、江南道	秋	淮南及宣州大水。	舊唐書卷三七五行志	1360
元和九年（814）	淮南道、江南道	12月	12月，淮南宣州大水。	唐會要卷四四水災下	785
元和十一年（816）	關內道、江南道、河南道	五月	五月，京畿大雨，害田四萬頃，昭應尤甚，漂溺居人，衢州山水涌，深三丈，壞州城，民多溺死。，浮梁、樂平溺死一百七十人。爲水漂流不知所在者四千七百戶。潤、常湖、陳、許等州各損田萬頃。	舊唐書卷三七五行志	1360
元和十一年（816）	關內道、江南道、河南道	五月	五月，昭應雨水，漂溺居人。是月，衢州山水，湧出三丈餘，壞州城，百姓溺死，損田千餘頃。是月，浮梁、樂平二縣暴雨。百姓溺死者，一百七十人，其爲漂泛，不知所在者，四千七百戶。闕兩稅錢三萬五千貫。	唐會要卷四四水災下	785
元和十一年（816）	京畿	五月	五月，京畿大雨水，昭應尤甚。衢州山水，害稼，深三丈，毀州郭，溺死者百餘人。	新唐書卷三六五行志三	933
元和十一年（816）	江南道、河南道	六月	六月，大風雨，海溢，毀城郭；饒州浮梁、樂平二縣暴雨，水，漂沒四千餘戶；潤常潮陳許五州及京畿水，害稼。	新唐書卷七憲宗紀卷三六五行志	216933
元和十一年（816）	關內道	八月	八月甲午（一日），渭水溢，毀中橋。	新唐書卷七憲宗紀	216
元和十一年（816）	關內道	八月	八月甲午（一日），渭水溢，毀中橋。	新唐書卷三六五行志三	933
元和十一年（816）	嶺南道	八月	八月戊申（十五日），容州奏颶風海水毀州城。	舊唐書卷十五憲宗紀	457

元和十一年（816）	江南道	九月	九月丁卯（五日），饒州奏浮梁、樂平二縣，五月內暴雨水溢，失四千七百戶，溺死者一百七十人。	舊唐書卷十五憲宗紀	457
元和十一年（816）	江南道、河南道	十一月	十一月，潤、常、陳、許等州以水害聞，田不發者萬餘頃。	唐會要卷四四水災下	785
元和十一年（816）	京畿	12月	12月，京畿水，害田。潤、常、湖、衢、陳、許六州大水。	舊唐書卷十五憲宗紀	458
元和十一年（816）	京畿	12月	12月，京兆府水，害田。潤、常、湖、衢、陳、許六州大水。	唐會要卷四四水災下	785
元和十二年（817）	京師	六月	六月乙酉（廿七日），京師大雨，含元殿一柱傾，市中水深三尺，壞坊民二千家。	舊唐書卷十五憲宗紀	459
元和十二年（817）	京師	六月	六月乙酉（廿七日），京師大雨，水，含元殿一柱傾，市中水深三尺，毀民居二千餘家；河南、河北大水，洺、邢尤甚，平地二丈；河中、江陵、幽澤潞晉隰蘇台越州水，害稼。	新唐書卷三六五行志三	933
元和十二年（817）	京師	六月	六月乙酉（廿七日），京師大雨，街市中水深三尺，毀廬舍二千餘家，含元殿一柱傾。	舊唐書卷三七五行志	1360
元和十二年（817）	京師	六月	六月，京師大雨，含元殿一柱傾，市中水深三尺，壞坊民二千家；河北水災，邢、洺尤甚，平地或深二丈。	唐會要卷四四水災下	785
元和十二年（817）	河北道	七月	秋七月，河北水災，邢、洺尤甚，平地或深二丈。	舊唐書卷十五憲宗紀	460
元和十二年（817）	河南河北	秋	秋，河南北水，害稼。	舊唐書卷三七五行志	1360
元和十三年（818）	淮水	六月	六月辛未（十九日），淮水溢。	新唐書卷七憲宗本紀	217
元和十三年（818）	淮水	六月	六月辛未（十九日），淮水溢。	新唐書卷三六五行志三	933
元和十三年（818）	淮南道	六月	六月，淮水溢，壞人廬舍。	唐會要卷四四水災下	785
元和十三年（818）	關內道	12月	12月，奉先等十一縣，水害麥田。	唐會要卷四四水災下	785
穆　　宗					
元和十五年（820）	關內道	八月	八月，同州雨雪害秋稼。	舊唐書卷十六穆宗本紀	480

元和十五年（820）	江南道、河北道	秋	秋，洪、吉、信、滄等州水。	新唐書卷三六五行志三	933
元和十五年（820）	河北道	九月	九月十一日，大雨兼雪，街衢禁苑樹無風而摧折、連根而拔者不知其數。滄州大水 仍令閉坊市北門以禳之。	舊唐書卷三七五行志	1360
元和十五年（820）	河北道	九月	九月，滄景大雨，敗田三百頃，壞屋舍二百九十間。又江西奏，吉州大水。	唐會要卷四四水災下	785
長慶二年（822）	河南道	七月	七月，河南、陳、許、蔡等州大水。好時山水漂民居三百餘家。處州大雨，水，平地深八尺，壞城邑，桑田太半。	新唐書卷三六五行志三	933
長慶二年（822）	河南道	七月	七月，好時縣山水漂溺居人三百家。陳、許、蔡等州水。 陳、許州水災，賑粟五萬石。	舊唐書卷十六穆宗紀	498
長慶二年（822）	河南道	七月	七月，好時山水泛漲，漂損居人三百餘家。 其月，詔陳許兩州災頗甚，百姓廬舍，漂溺復多，言念疲氓，豈忘救卹，宜賜米粟，共五萬石充賑給。以度支先於內見收貯米粟充。本道觀察使審勘責所漂溺貧破人戶，量家口多少，作等第，分給聞奏。	唐會要卷四四水災下	785
長慶二年（822）	江南道	八月	八月，浙東處州大水，溺居民。	舊唐書卷十六穆宗紀	499
長慶二年（822）	河南道	十月	十月，好時山水泛漲，漂損居人三百餘家，河南陳、許二州尤甚。詔賑貸粟五萬石，量人戶家口多少，等第分給。	舊唐書卷三七五行志	1360
敬　　宗					
長慶四年（824）	漢水	六月	是夏，漢水溢。	新唐書卷八穆宗紀	228
長慶四年（824）	江南道、河南道、山南道	夏	夏，蘇湖二州大雨，水，太湖決溢；睦州及壽州之霍山山水暴出；鄆曹濮三州雨，水壞州城，民居，田稼略盡；襄均復郢四州漢水溢決。	新唐書卷三六五行志三	933
長慶四年（824）	江南道	六月	六月辛巳（三日），敕以霖雨命疏決京城繫囚。 七月己巳（廿二日），浙西水壞太湖堤，水入州郭，漂民廬舍。	舊唐書卷十七敬宗紀	510

長慶四年 （824）	河南道	秋	秋，河南及陳許二州水，害稼。	新唐書卷三六五 行志三	933
長慶四年 （824）	江南道、河南道、山南道	七月	秋七月，睦州、清溪等六縣大雨，山谷發洪水泛溢，漂城郭廬舍。 乙丑（十八日），鄆、曹、濮暴雨水溢，壞城郭廬舍。襄、均、復等州漢江溢，漂民廬舍。	舊唐書卷十七敬宗紀	510-511
長慶四年 （824）	河南道	八月	八月，陳、許、鄆、曹、濮等州水害秋稼。 甲寅，詔於關內、關東折糴和糴粟一百五十萬石。	舊唐書卷十七敬宗紀	511
長慶四年 （824）	江南道、	十一月	十一月，蘇、常、湖、岳、吉、潭、郴等七州水傷稼。 甲寅（九日），詔於關內、關東折糴和糴粟一百五十萬石。	舊唐書卷十七敬宗紀	512
寶曆元年 （825）	關內道	七月	七月乙酉（廿三日），鄜、坊水壞廬舍。 奉天縣水壞廬舍。	舊唐書卷十七敬宗紀	515
寶曆元年 （825）	關內道	七月	七月乙酉（廿三日），鄜、坊大水。	唐會要卷四四水災下	785
寶曆元年 （825）	關內道	九月	九月，華州暴水傷稼。	唐會要卷四四水災下	785
寶曆元年 （825）	關內道	秋	秋，鄜、坊二州暴水；兗海華三州及京畿，奉天等六縣水，害稼。	新唐書卷三六五行志三	934
文 宗					
大和二年 （828）	河南道、江南道	六月	六月，是夏，河溢，壞棣州城；越州海溢。	新唐書卷八文宗紀	231
大和二年 （828）	河南道	六月	六月，陳州水害秋稼。	唐會要卷四四水災下	785
				舊唐書卷十七文宗紀	529
大和二年 （828）	關內道、河南道、江南道	夏	夏，京畿及陳滑二州水，害稼；河陽水，平地五尺；河決，壞棣州城；越州大風，海溢；河南鄆、曹、濮、淄、青、齊、德、兗、海等州並大水。	新唐書卷三六五行志三	934
大和二年 （828）	關內道	八月	八月，京畿奉先等十七縣水。（舊唐書卷十七文宗本紀頁529）	唐會要卷四四水災下	785
大和三年 （829）	關內道、河南道	四月	四月，同官縣暴水，漂沒三百餘家；宋亳徐等州大水，害稼。	新唐書卷三六五行志三	934
大和三年 （829）	關內道	四月	四月，同官縣暴水，漂沒三百餘家。	舊唐書卷三七五行志	1360

大和三年 （829）	河南道	六月	六月，徐州自六月九日大雨至十一日，壞民舍九百家。	舊唐書卷三七五行志	1360
大和三年 （829）	河南道	七月	七月，宋、亳水害秋稼。	唐會要卷四四水災下	785
大和四年 （830）	河南道	五月	五月，許州自五月大雨，水深八尺，壞郡郭居民大半。	舊唐書卷三七五行志	1361
大和四年 （830）	河南道、江南道	夏	夏，鄆、曹、濮雨，壞城郭田廬向盡。蘇、湖二州水，壞六堤，水入郡郭，溺廬井。	舊唐書卷三七五行志	1360
大和四年 （830）	淮南道	六月	六月，舒州江水溢。	新唐書卷八文宗紀	233
大和四年 （830）	淮南關內、江南、山南、河南道	夏	夏，江水溢，沒舒州太湖、宿松、望江三縣民田數百戶；鄜、坊水，漂三百餘家；浙西、浙東、宣歙、江西、鄜坊、山南東道、淮南、京畿、河南、江南、荊襄、鄂岳、湖南大水，皆害稼。	新唐書卷三六五行志三	934
大和四年 （830）	關內道	八月	八月丙辰（十五日），鄜州水，溺居民三百餘家。	舊唐書卷十七文宗紀	538
大和四年 （830）	淮南道	九月	九月，舒州太湖、宿松、望江大水災，溺民戶六百八十。 詔本道以義倉斛斗賑貸。	唐會要卷四四水災下	786
大和四年 （830）	淮南道	九月	九月，舒州太湖、宿松、望江三縣水，溺民戶六百八十。 己丑，淮南天長等七縣水，害稼。 詔以義倉賑貸。	舊唐書卷十七文宗紀	538-539
大和四年 （830）	淮南道	十一月	十一月，淮南大水及蟲霜，並傷稼。	舊唐書卷十七文宗紀	539
大和四年 （830）	河南江南山南道	十一月	十一月，京畿、河南、江南、湖南等道大水害稼。	唐會要卷四四水災下	786
大和四年 （830）	河南江南山南道		是歲，京畿、河南、江南、荊襄、鄂岳、湖南等道大水，害稼。 出官米賑給。	舊唐書卷十七文宗紀	540
大和五年 （831）	江南道、劍南道	六月	戊寅（十二日），以霖雨涉旬，詔疏理諸司繫囚。 六月辛卯（廿五日），蘇、杭、湖南水害稼。 甲午（廿八日），東川奏：玄武江水漲二丈，梓州羅城漂人廬舍。	舊唐書卷十七文宗紀	542
大和五年 （831）	江南道、劍南道	六月	蘇、杭、湖三州雨水害稼。 東川奏，元武江水漲二丈，壞梓州羅城人廬舍。	唐會要卷四四水災下	786

大和五年 （831）	劍南道	六月	六月，梓州玄武江溢。	新唐書卷八文宗紀	233
大和五年 （831）	江南山南 劍南道	六月	六月，玄武江漲，高二丈，溢入梓州羅城；淮西、浙東、浙西、荊襄、岳鄂、東川大水，害稼。	新唐書卷三六五行志	934
大和五年 （831）	劍南道	七月	秋七月，劍南東西兩川水。 遣使宣撫賑給。	舊唐書卷十七文宗紀	542
大和五年 （831）	淮南、江南 山南道、劍 南道		是歲，淮南、浙江東西道、荊襄、鄂岳、劍南東川並水，害稼。 是冬，京師大雨雪。請蠲秋租。	舊唐書卷十七文宗紀	543
大和六年 （832）	江南道	二月	二月，以去歲蘇湖大水，宜賑貸二十二萬石，以本州常平義倉斛斗充給。	唐會要卷四四水災下	786
大和六年 （832）	江南道	二月	二月戊寅（十五日），蘇、湖二州大水。 賑米二十二萬石，以本州常平倉斛斗給。	舊唐書卷十七文宗紀	544
大和六年 （832）	河南道	六月	六月，徐州大雨，壞民居九百餘家。	新唐書卷三六五行志三	934
大和七年 （833）	淮南道、江 南道	秋	秋，浙西及揚、楚、舒、廬、壽、滁和宣等州大水，害稼，損田四萬餘頃。	新唐書卷三六五行志三	934
大和七年 （833）	淮南道、江 南道	秋	秋（八年正月），揚、楚、舒、廬、壽、滁、和七等州大水，害稼，損田四萬餘頃。	舊唐書卷十七文宗紀	553
大和七年 （833）	江南道	十月	十月辛酉（十九日），潤、常、蘇、湖四州水，害稼。	舊唐書卷十七文宗紀	552
大和八年 （834）	淮南道	四 月 六月	滁州奏清流等三縣，四月雨至六月，諸山發洪水，漂溺戶一萬三千八百。	唐會要卷四四水災下 舊唐書卷十七文宗紀	7865 56
大和八年 （834）	山南道、淮 南道	秋	秋，江西及襄州水，害稼；蘄州湖水溢；滁州大水，溺萬餘戶。	新唐書卷三六五行志三	934
大和八年 （834）	淮南江南	九月	九月，淮南、兩浙、黔中水災，民戶流亡，京師物價暴貴。	舊唐書卷十七文宗紀	556
開成元年 （836）	關內道	夏	夏，鳳翔、麟遊縣暴雨，水，毀九成宮，壞民舍數百家，死者百餘人。	新唐書卷三六五行志三	934
開成元年 （836）	河北道	七月	七月，滹沱溢。	新唐書卷八 文宗紀	237
開成元年 （836）	淮南道	十月	冬十月己酉（十三日），揚州、江都七縣水旱，損田。	舊唐書卷十七文宗紀	566

開成二年（837）	山南東道諸州	八月	八月，山南東道諸州大水，田稼漂盡。 丁酉（六日），詔大河西南，幅員千里，楚澤之北，連互數州，以水潦暴至，堤防潰溢，既壞廬舍，復損田苗，言念黎元，罹此災沴，宜令給事中盧弘邢，郎中崔瑨宣慰。	唐會要卷四四水災下	786
開成三年（838）	漢水	夏	夏，漢水溢。	新唐書卷八文宗紀	238
開成三年（838）	河北、河南關內道、山南、江南	夏	夏，河決，浸鄭、滑外城；陳、許、鄜、坊、鄂、曹、濮、襄、魏、博等州大水；江漢漲溢，壞房、均、荊、襄等州民居及田產殆盡；蘇湖處等州水溢入城，處州平地八尺。	新唐書卷三六五行志三	934
開成三年（838）	山南道	八月	八月甲午（九日），山南東道諸州大水，田稼漂盡。 丁酉（十二日），詔：「大河而南，幅員千里，楚澤之北，連互數州。以水潦暴至，隄防潰溢，既壞廬舍，復損田苗。…遣使宣慰。	舊唐書卷十七文宗紀	574
開成四年（839）	劍南道、河南河北	七月	秋七月庚辰（一日）朔，西蜀水，害稼。 滄景、淄青大水。	舊唐書卷十七文宗紀	578
開成四年（839）	河南道	秋	秋，大雨，水，害稼及民廬舍，德州尤甚，平地水深八尺。	新唐書卷三六五行志三	934
武　　宗					
開成五年（840）	河北道	七月	七月戊寅（四日），鎮州及江南水。	新唐書卷三六五行志三	934
會昌元年（841）	山南道	七月	七月，襄郢江左大水。	舊唐書卷十八武宗本紀	588
會昌元年（841）	山南道	七月	七月壬辰（十八日），漢水溢。	新唐書卷八武宗紀	241
會昌元年（841）	山南道	七月	七月，江南大水，漢水壞襄、均等州民居甚眾。	新唐書卷三六五行志三	934
會昌元年（841）	山南道	七月	七月，襄州漢水暴溢，壞州郭。均州亦然。	舊唐書卷三七五行志	1361
會昌三年（843）	京師	九月	九月丁未（廿日），雨霖。以雨霖，理囚，免京兆府秋稅。	新唐書卷八武宗紀	243
宣　　宗					
大中四年（850）	京師	四月	四月壬申（廿四日），雨霖。以雨霖，詔京師，關輔理囚，蠲度支、鹽鐵，戶部逋負。	新唐書卷八武宗紀	248

大中十二年（858）	河北、河南、江南、淮南	八月	八月，魏、博、幽、鎮、兗、鄆、滑、汴、宋、舒、壽、和、潤等州水，害稼；徐泗等州水深五丈，漂沒數萬家。	新唐書卷三六五行志三	934
大中十三年（859）		夏	夏，大水。	新唐書卷三六五行志三	935
懿　宗					
咸通元年（860）	河南道		潁州大水。	新唐書卷三六五行志三	935
咸通四年（863）	東都	閏六月	閏六月，東都暴水，自龍門毀定鼎、長夏等門，漂溺居人。	新唐書卷三六五行志三	935
咸通四年（863）	東都河南	七月	七月，東都、許、汝、徐、泗等州大水。	新唐書卷三六五行志三	935
咸通四年（863）	東都河南	七月	七月，東都、許、汝、徐、泗等州大水，傷稼。	舊唐書卷十九懿宗本紀	654
咸通四年（863）	河南道	九月	九月，孝義山水深三丈，破武牢關金城門氾水橋。	新唐書卷三六五行志三	935
咸通六年（865）	洛陽	六月	六月，東都大水，漂壞十二坊，溺死者甚眾。	新唐書卷三六五行志三	935
咸通七年（866）	江南、淮南	夏	夏，江淮大水。	新唐書卷三六五行志三	935
咸通七年（866）	河南道	秋	秋，河南大水，害稼。	新唐書卷三六五行志三	935
僖　宗					
咸通十四年（873）	河南、河北	八月	八月，關東河南大水。	新唐書卷三六五行志三	935
乾符三年（876）	河北道		關東大水。	新唐書卷三六五行志三	935
乾符五年（878）	河東關內	秋	秋，大霖雨，汾、澮及河溢流，害稼。	新唐書卷三四五行志一	877
乾符六年（879）	京師	二月	二月，京師地震，藍田山裂，出水。河東軍亂。	新唐書卷九僖宗紀	268
廣明元年（880）	京師東都	四月	四月甲申（一日），京師、東都、汝州雨雹，大風拔木。	新唐書卷九僖宗紀	270
中和二年（882）	關中	十一月	十一月，是歲，關中大饑。	新唐書卷九僖宗紀	274
昭　宗					
大順二年（891）	河南道	二月	二月辛巳（一日），……時張浚、韓建兵敗後，……出河清達于河陽。屬河溢，無舟楫，建壞人廬舍，為木罌數百，方獲渡。	舊唐書卷二十昭宗紀	745

乾寧元年（894）	京師	七月	七月，雨霖。 以雨霖，避正殿，減膳。	新唐書卷十昭宗紀	290
乾寧三年（896）	河南道	四月	四月，河圯于滑州，朱全忠決其堤，因爲二河，散漫千餘里。	新唐書卷三六五行志三	935
光化三年（900）	江南道	九月	九月，浙江溢，壞民居甚眾。	新唐書卷三六五行志三	935

附錄二　唐代水利建設表

年　號	工程名稱	州縣別	修築者	內　　容	出　　處	頁碼
				關　內　道		
大曆元年（766）	漕渠	京兆府長安	京兆尹黎幹	尹黎幹自南山開漕渠，抵景風、延喜門，入苑以漕炭薪。	新唐書卷三七地理志一	962
永泰二年（765）	漕渠	京兆府長安	京兆尹黎幹	九月帝御安福門樓觀新開漕渠，初京兆尹黎幹以京城木炭價重，具以利便陳於帝前，請山谷口鑿渠通於城內至薦福寺東街，北抵景風延喜門入於苑，濶八尺，深一丈，以運木炭，至是幹潛貯舸船機師以爲水戲冀悅於帝乂之，竟無成功。	冊府元龜卷四九七邦計部河渠二	5952
天寶二年（743）	渭水	京兆府長安	京兆尹韓朝宗	尹韓朝宗引渭水入金光門，置潭于西市之西街，以貯材木。	新唐書卷三七地理志一	962
貞元十三年（797）	龍首渠湖渠	京兆府長安		六月，引龍首渠水自通化門入，至太清宮前。七月，浚湖渠…。八月詔京兆尹韓皋修昆明池石炭、賀蘭兩堰兼湖渠。	舊唐書卷一三德宗紀	385～386
文宗時（827～840）	滻水	京兆府長安		京兆府大旱，（崔琪）奏析滻入禁中，取十九漑民田。	新唐書卷一八二崔琪傳	5363
武德六年（623）		京兆府藍田	寧民令顏昶	寧民令顏昶引南山水入京城。	新唐書卷三七地理志一	963

寶曆元年（825）	劉公渠彭城堰	京兆府高陵	縣令劉仁師	有古白渠，寶曆元年，令劉仁師更水道，渠成，名劉公，堰，渠上之堰名曰彭城堰。	新唐書卷三七地理志一	963
大曆十二年（777）	鄭白渠	京兆府	京兆尹黎幹	京兆尹黎幹奏曰：臣得畿內百姓連狀陳涇水為碾磑擁隔不得溉田，請決開鄭白支渠，復秦漢水道，以溉陸田，收數倍之利，乃詔發使簡覆不許碾磑妨農幹，又奏請脩六門堰許之。	冊府元龜卷四九七邦計部河渠二	5952
大曆十三年（778）	鄭白支渠	京兆府		涇水擁隔，請開鄭、白支渠，復秦漢故道，以溉民田，廢碾磑八十餘所。。（引涇水以溉民田）	新唐書卷一四五黎幹傳	4721
大曆十三年（778）	白渠	京兆府		正月，壞京畿白渠磑八十餘所，以妨奪農業也。帝思致理之本務於養人，以農者生民之，原苦於不足，碾磑者，興利之業，主於并兼，遂發使行其損益之由僉，以為正渠無害支渠，有損，乃命府縣凡支渠磑，一切罷之。	冊府元龜卷四九七邦計部河渠二	5952
	鄭白渠	京兆府雲陽縣		涇水，在縣西南二十五里。初，鄭國分涇水置鄭渠，後倪寬又穿六輔渠，今此縣與三原界六道小渠，猶有存者。…秦漢時的鄭白渠，溉田四萬四千餘頃。唐高宗永徽六年（655）溉田萬餘頃，到代宗大曆時，僅溉田六千餘頃（鄭白渠連接涇水和渭水，橫跨雲陽等數縣。）	元和郡縣圖志卷一關內道	11
開成元年（836）	興成渠	京兆府咸陽	縣令韓遼	秦、漢時故漕興成堰，東達永豐倉（今華陰縣東北），咸陽縣令韓遼請疏之，自咸陽抵潼關三百里，可以罷車挽之勞。…堰成，罷輓車之牛以供農耕，關中賴其利。（舊唐書卷一七二頁4484、新唐書卷一三一頁5516李石傳略同）	新唐書卷五三食貨志三	1371
	強公渠	京兆府華原	參軍強循	華原無泉，人畜多暍死。循教人渠水以浸田，一方利之，號強公渠。	新唐書卷一〇〇強循傳	3946
	龍泉陂	京兆府涇陽		龍泉陂在涇陽縣南三里，周回六里，多蒲魚之利。	元和郡縣圖志卷二	28
	太白渠			在縣東北十里。		

	中白渠			渠首受太白渠，東流入高陵縣界。	元和郡縣圖志卷二	28
	南白渠			渠首受中白渠水，東南流，亦入高陵縣界。		
	清泉陂	京兆府櫟陽		櫟陽縣西南十里，多水族之利。	元和郡縣圖志卷二	27
開元二年（714）	敷水渠	華州華陰	姜師度	華陰縣西二十四里，姜師度鑿敷水渠，以洩水害。	新唐書卷三七地理志一	964
開元五年（717）	再修敷水渠		刺史樊忱	開元五年，刺史樊忱復鑿敷水渠，使通渭漕。	新唐書卷三七地理志一	964
開元四年（716）	利俗渠羅文渠渭水堤	華州鄭縣	刺史姜師度	西南二十三里有利俗渠，引喬谷水，東南十五里有羅文渠，引小敷谷水，支分溉田，皆開元四年，詔陝州刺史姜師度疏故渠，又立隄以捍水害。	新唐書卷三七地理志一	964
天寶三載（744）	漕渠	華州華陰	韋堅	有漕渠，自苑西引渭水，因古渠會灞、滻，經廣運潭至縣入渭，天寶三載，韋堅開。	新唐書卷三七地志理一	964
天寶三載（744）	漕渠	華州華陰	韋堅	三載，韋堅開漕河自苑西引清水，因古渠至華陰，入渭引永豐倉及三門倉米以給京師，名曰廣運潭，以堅爲天下轉運使（灞、滻二水通會於漕渠）。	冊府元龜卷四九七邦計部河渠二	5952
天寶元年（742）	廣運潭	華州華陰	韋堅	陝郡太守韋堅奏：引灞、滻二水開廣運潭於望春亭之東，自華陰、永豐倉以通河、渭廣運潭。渠既成，至二年三月二十六日，勅。古之善政，貴於足食，欲求富國，必先利人。朕以關輔之間，尤資殷贍，比來轉輸，未免艱辛。故置此潭，以通漕運，萬世之利，一朝而成，其潭宜以廣運爲名。	唐會要卷八七	1598
天寶三載（744）	廣運潭	華州華陰	韋堅	左常侍兼陝州刺史韋堅開漕河，自苑西引渭水，因古渠至華陰入渭，運永豐倉及三門倉米，以給京師，名曰廣運潭，以堅爲天下轉運使。灞、滻二水會於漕渠，每夏大雨輒皆漲，大曆之後，漸不通舟。天寶中，每歲水陸運米二百五十萬石入關；大曆後，每歲水陸運米四十萬石入關。	元和郡縣圖志卷二關內道	35

武德二年（619）	金氏二陂	華州下邽		東南二十里有金氏二陂，武德二年引白渠灌之，以置監屯。	新唐書卷三七地理志一	964
貞元四年（788）	陽班湫	同州郃陽		有陽班湫，貞元四年堰洿谷水成。		965
開元七年（719）	通靈陂	同州朝邑	刺史姜師度	引洛堰河以漑通靈陂田百餘頃。	新唐書卷三七地理志一	965
開元七年（719）	通靈陂引洛水堰黃河	同州朝邑	刺史姜師度	姜師度派洛灌朝邑、河西二縣，關河以灌通靈陂，收棄地二千頃為上田，置十餘屯。	新唐書卷一百姜師度傳	3946
開元七年（719）	通靈陂引洛水堰黃河	同州朝邑	刺史姜師度	姜師度於朝邑、河西二縣界，就古通靈陂，擇地引雒水及堰黃河灌之，以種稻田，凡二千餘頃，內置屯十餘所，收獲萬計。	舊唐書卷一八五下姜師度傳	4816
開元七年（719）	引洛水堰黃河	同州朝邑	刺史姜師度	引洛水堰黃河以灌之，種稻田二千餘頃。	元和郡縣圖志卷二關內道	38
武德七年（624）		同州韓城	治中雲得臣	武德七年，治中雲得臣自龍門引河漑田六千餘頃。	新唐書卷三七地理志一	965
垂拱（685）	昇原渠	鳳翔府寶雞		西北有昇原渠，引汧水至咸陽。垂拱初運岐、隴水入京城。	新唐書卷三七地理志一	967
如意元年（692）	高泉渠			東北十里有高泉渠，如意元年開，引水入縣城。		
咸通三年（862）	昇原渠	鳳翔府寶雞		東有渠引渭水入昇原渠，通長安故城。	新唐書卷三七地理志一	967
	成國渠	鳳翔府郿縣		在郿縣東北九里，受渭水以漑田。	元和郡縣圖志卷二關內道	44
武德八年625）	五節堰	隴州汧陽	水部郎中、姜行本	有五節堰，引隴州水通漕，武德八年，水部郎中姜行本開。	新唐書卷三七地理志一 舊唐書卷四九食貨下	968
開成二年（837）	上善泉	坊州中部	刺史張怡	州郭無水，東北七里有上善泉，開成二年，刺史張怡架水入縣城，以紓遠汲。	新唐書卷三七地理志一	970
開成四年（839）	上善泉	坊州中部	刺史崔駢	開成四年，刺史崔駢復增修之，民獲其利。	新唐書卷三七地理志一	970

	特進渠	靈州迴樂		有特進渠，溉田六百頃，長慶四年詔開。	新唐書卷三七地理志一	972
	薄骨律渠	靈州迴樂		薄骨律渠，在縣南六十里，溉田一千餘頃。	元和郡縣圖志卷四	94
	千金大陂、胡渠、御史、百家	靈州靈武		在靈武縣南五十里。從漢渠北流四十餘里始爲千金大陂，其左右又有胡渠、御史、百家等八渠，溉田五百餘頃。	元和郡縣圖志卷四關內道	95
貞元七年（791）	延化渠	夏州朔方		貞元七年，開延化渠，引烏水入庫狄澤，溉田二百頃。	新唐書卷三七地理志一	973
開元七年（719）	黃河堰	會州會寧	刺史安敬宗	有黃河堰，開元七年，刺史安敬宗築，以捍河流。	新唐書卷三七地理志一	973
開元七年（719）	黃河堰	會州會寧		黃河堰，開元七年，河流漸逼州城，刺史安敬中忠率團練兵起作，拔河水向西北流，遂免淹沒。	元和郡縣圖志卷四關內道	97
建中三年（782）	陵陽渠	豐州九原		有陵陽渠，建中三年，浚之以溉田，置屯，旋棄之。	新唐書卷三七地理志一	976
貞元中（784）	咸應渠永清渠	豐州九原	刺史李景略	開咸應、永清二渠，刺史李景略開，溉田數百頃。		

<table>
<tr><td colspan="7" align="center">河　南　道</td></tr>
</table>

天寶十載（751）	伊水石堰	河南府河南	河南尹裴迴	龍門山東抵天津，有伊水石堰，天寶十年，尹裴迴置。	新唐書卷三八地理志二	982
大足元年（701）	洛漕新潭	河南府河南		有洛漕新潭，大足元年開，以置租船。		
大足元年（701）	新潭			則天大足元年六月於東都立德坊南穿新潭，安置諸州租船。	冊府元龜卷四九七邦計部河渠二	5950
	通津渠	河南府河南		通津渠，在河南縣南三里。隋大業元年（605），分洛水西北，名千步磧渠，又東北流入洛水，謂之洛口。	元和郡縣圖志卷五河南道	132
	月陂	河南府洛陽	宇文愷	洛水，在洛陽縣西南三里。西自苑內上陽之南瀰漫東流，宇文愷築隄束令東北流。當水衝，捺堰九折，形如偃月，謂之月陂，今雖漸壞，尚有存者。	元和郡縣圖志卷五河南道	131
貞元二年～五年（786～789）	引伊洛水溉田	河南府	崔縱	崔縱引伊洛水溉高仰，通利里閈，人甚宜之。	新唐書卷一二〇崔縱傳	4320

開元廿四年（736）	積翠、月陂、上陽	河南府洛陽		胡三省註：玄宗開元二十四年，以穀、洛二水或泛溢，疲費人功，遂出內庫和僱，脩三陂以禦之，一曰積翠，二曰月陂，三曰上陽；爾後二水無勞役之患。	資治通鑑卷一九五唐紀十一	6130
	汴渠蒗蕩渠	河南府河陰		汴渠，在河陰縣南，亦名蒗蕩渠。禹塞滎澤，開渠以通淮、泗。後漢初，汴河決壞，明帝永平中命王景脩渠築堤，十里立一水門，令更相注，迴無復潰漏之患。自宋武北征之後，復皆堙塞。隋煬帝大業元年更令開導，名通濟渠，自洛陽西苑引穀、洛水達於河，自板渚引河入汴口，又從大梁之東引汴水入於泗，達於淮，自江都宮入於海。亦謂之御河，河畔築御道，樹之以柳，煬帝巡幸，乘龍舟而往江都。自揚、益、湘南至交、廣、閩中等州，公家運漕，私行商旅，舳艫相繼。隋氏作之雖勞，後代實受其利焉。	元和郡縣圖志卷五河南道	137
	汴口堰梁公堰	河南府河陰	梁睿	汴口堰，在河陰縣西二十里。又名梁公堰，隋文帝開皇七年，使梁睿增築漢古堰，遏河入汴也。	元和郡縣圖志卷五河南道	137
廣德二年（764）	汴河	河南	太子賓客劉晏兼御史大夫	三月，以太子賓客劉晏兼御史大夫克東都、河南、江、淮已來轉運使，乃與河南副元帥計議開決汴河。	冊府元龜卷四九七邦計部河渠二	5952
顯慶二年（657）	百尺溝	河南府濟源		在東北六里，引濟水灌溉。隋文帝仁壽三年（603）置，原屬懷州。唐高宗顯慶二年（657）改屬河南府。	元和郡縣圖志卷五河南道	146
武德元年（618）	廣濟渠	陝州陝縣	金部郎中長孫操	有廣濟渠，武德元年，陝東道大行臺金部郎中長孫操所開，引水入城，以代井汲，有太原倉。	新唐書卷三八地理志二	985
貞觀十一年（637）	南北利人渠	陝州陝縣	武侯將軍丘行恭	有大陽故關，即茅津，一曰陝津，貞觀十一年造浮梁。有南北利人渠。十一年太宗東幸，使武候將軍丘行恭開。《元和郡縣圖志》卷六載始建隋開皇六年（589）。同北渠一起疏導，東南自硤石（縣）界流入（陝縣）。	新唐書卷三八地理志二	985

開皇六年 （586）	南北利 人渠	陝州 陝縣	蘇威	隋開皇六年（586）始建，蘇威引橐水西北入城，百姓賴其利，故以爲名。南利人渠，東南自硤石界流入。與北渠同時疏導。	元和郡縣圖志卷六河南道	157
開元廿九年 （741）	石渠	陝州 陝郡	刺史 李濟物	陝州刺史李濟物避三門河路浚急，於其北鑿石渠通運船，爲漫流河泥旋塡淤塞，不可漕而止。	冊府元龜卷四九七邦計部河渠二	5951
天寶二年 （743）	新潭			三月帝幸望春樓，觀新潭，會羣臣，張樂既暮旋官，帝覩舟楫之利甚勤，乃詔曰：古之善政貴於足食，將欲國富，必先利人，朕於關輔之間尤資殷贍，比來輸轉未免艱辛，故致此潭以通漕運，萬代之利，一朝而成，將久懷於永圖，豈苛求於縱，觀其陝郡太守韋堅，始終撿校夙夜勤勞，賞於有功則惟嘗典宜特與三品京官兼太守，其判官等即量與改轉，仍委韋堅具名錄奏應役人夫，各酬庸直兼放今年地租，且起運初畢，舟楫已通，其押運網既涉遠途，又能先至，各賜一中上考船夫等，共賜錢二千貫，以亨宴樂。	冊府元龜卷四九七邦計部河渠二	5951
開元廿九年 （741）	廣運潭	陝州 陝郡	太守 韋堅	其年陝郡太守韋堅奏，引灞滻二水開廣運潭於望春亭之東，自華陰永豐倉以通河渭廣運潭，渠既成，至二年三月二十六日勑，古之善政，貴於足食，欲求國富，必先利人，朕以關輔之間，尤資殷贍，比來轉輸，未免艱辛，故置此潭，以通漕運，萬世之利，一朝而成，其潭宜以廣運爲名。	唐會要卷八十七漕運	1598
天寶元年 （742）	廣運潭 渭水	陝郡	太守 韋堅	天寶元年命陝郡太守韋堅引灌水開廣運於望春亭之東以通河、渭。 京兆尹韓朝宗又分渭水入自金門，置潭於西市西劉，以貯材木。	冊府元龜卷四九七邦計部河渠二	5951
天寶元年 （733）	三門	陝州 平陸	太守 李齊物	開三門以利漕運。	新唐書卷三八地理志二	985
顯慶元年 （656）	三門	陝州	苑西西 監 褚朗	十月，苑西西監褚朗，請開底柱三門，鑿山架險，擬通陸運，於是發卒六千人鑿之，一月而功畢，後水漲引舟，竟不能進。	唐會要卷八十七漕運	1595

開元廿九年（741）	三門渠	陝州	太守李濟物	十一月，陝郡太守李濟物，鑿三門上路通流，便於漕運，開渠得古黎鏵三，於石下，皆有文曰平陸，遂改河北縣為平陸縣。至天寶元年正月二十五日，渠成放流。	唐會要卷八十七漕運	1598
貞觀元年（627）		虢州弘農	縣令元伯武	南七里有渠，貞觀元年，令元伯武引水北流入城。	新唐書卷三八地理志二	986
憲宗時（806～819）		滑州	節度使薛平	鄭、滑節度使薛平籍民田所當者，易以宅地，疏通二十里，以瀉水悍，還壖田七百頃於河南，自是滑人無患。	新唐書卷一一一薛平傳	4145
開元十五年（727）		鄭州	將作大匠范安及	正月十二日，令將作大匠范安及檢校鄭州河口斗門，先是，洛陽人劉宗器上言，請塞汜水舊汴河口，於下流滎澤界，開梁公堰，置斗門，以通淮汴，擢拜宗器佐衛率府冑漕，至是，新渠填塞，行舟不通，貶宗器為循安懷戍主，安及遂發河南府，懷鄭汴滑三萬人，疏決開舊河口，旬日而畢。	冊府元龜卷四九七邦計部河渠二、唐會要卷八十七	5951 1596
	李氏陂（僕射陂）	鄭州管城		李氏陂，在縣東四里，後魏稱為僕射陂，周迴十八里。天寶六年更名為廣仁池。	元和郡縣圖志卷八河南道	203
	潁渠	鄭州新鄭		新鄭縣西北二十里之洧水（今河南雙洎河）灌潁渠首受洧水，東魏築堰通洧水渠，灌破長社城。	元和郡縣圖志卷八	206
永徽中（650～655）	椒陂塘	潁州汝陰	刺史柳寶積	在縣南三十五里有修椒陂塘，引潤水溉田二百頃，永徽中，刺史柳寶積修。	新唐書卷三八地理志二	987
	百尺堰	潁州汝陰		在汝陰縣西北一百里。	元和郡縣圖志卷七河南道	189
武德中（618～626）	大崇陂雞陂、黃陂、湄陂	潁州下蔡		西北百二十里有大崇陂，八十里有雞陂，六十里有黃陂，東北八十里有湄陂，皆隋末廢，唐復之，溉田數百頃。	新唐書卷三八地理志二	987
	郭堤塘	許州長社	節度使高瑀	繞州郭堤塘百八十里，節度使高瑀立以溉田。	新唐書卷三八地理志二	988
太和四年～六年（830～832）	堤塘	許州長社	節度使高瑀	州比水旱無年，瑀相地宜，築隄庸百八十里，時其鍾洩，民賴不饑。	新唐書卷七一一高瑀傳	5193

神龍中（705～706）	復開鄧門廢陂	陳州西華	縣令張餘慶	有鄧門廢陂，神龍中，令張餘慶復開，引潁水漑田。	新唐書卷三八地理志二	988
開元中（713～741）	增浚隋故玉梁渠	蔡州新息	縣令薛務	西北有隋故玉梁渠，開元中，令薛務增浚，漑田三千餘頃。	新唐書卷三八地理志二	989
		葛陂	蔡州平與		縣東北四十里，周迴三十里。	元和郡縣圖志卷九河南道	239
載初元年（689）	湛渠	汴州開封		有湛渠，載初元年引汴注白溝，以通曹、兗賦租。	新唐書卷三八地理志二	989
貞觀十年（636）	觀省陂	汴州陳留	劉雅	有觀省陂，貞觀十年，令劉雅決水漑田百頃。	新唐書卷三八新地志二	989
		高陂	亳州城父		在縣南五十六里，周迴四十三里，多魚蚌菱芡之利。	元和郡縣圖志卷七河南道	186
垂拱四年（688）	新漕渠	泗州漣水		有新漕渠，南通淮，垂拱四年開，以通海、沂、密等州。	新唐書卷三八地理志二	991
太極元年（712）		泗州盱眙	刺使魏景清	有直河，太極元年，敕（剌）使魏景清引淮水至黃土岡，以通揚州。	新唐書卷三八地理志二	991
開元二年（714）	梁公堰		河南尹李傑	河南尹李傑奏，河、汴之交有梁公堰，年久堰破，江淮漕運不通，傑奉發汴、鄭丁夫以浚之。省功速就，公私深以爲利，刻石水濱以紀其績。	冊府元龜卷四九七邦計部河渠二	5950
乾封中（666～667）	重修千人塘	濠州鍾離		南有故千人塘，乾封中修以漑田。	新唐書卷三八地理志二	991
顯慶中（656～661）	重修隋牌湖堤	宿州苻離		東北九十里有隋故牌湖堤，灌田五百餘頃，顯慶中復修。	新唐書卷三八地理志二	991
開元廿七年（739）	廣濟新渠	宿州虹縣	採訪使齊澣	有廣濟新渠，開元二十七年，採訪使齊澣開，自虹至淮陰北十八里入淮，以便漕運，既成，湍急不可行，遂廢。	新唐書卷三八地理志二	991
開元廿七年（739）	廣濟渠	宿州虹縣	採訪使齊澣	廿七年，河南採訪使汴州刺史齊澣以江淮漕運經淮水波濤，有沉損，遂開廣濟渠下流，自泗州虹縣至楚州淮陰縣北十八里，合於淮，而踰時畢功，既而以水浚急，行旅艱險，旋即停廢却緣舊河。	冊府元龜卷四九七邦計部河渠二	5951

開元十四年（726）		濟州	裴耀卿	裴耀卿任濟州刺史時，「大水，河防壞。」當時，「諸不敢擅興役」，裴耀卿認爲這種態度「非至公也」，於是決定在未奉朝命下率領民眾搶修堤防，并「躬護作役」，未訖，有詔徙官。耀卿懼功不成，弗即宣，而撫巡飭屬愈急。隄成，發詔而去，濟人爲立碑頌德。工程尚未完工時，接到調任宣州刺史命令，他擔心離開後修堤工程中途而廢，遂暫不宣布調職消息，督工愈急。直至隄成，才發詔而去。濟人爲立碑頌德。以紀念這次治河活動。	新唐書卷一二七裴耀卿傳	4452
	大劑陂	曹州考城		即戴陂，在考城縣西南四十五里，周迴八十七里。	元和郡縣圖志卷一一河南道	295
長安中（702）	竇公渠	青州北海	縣令竇琰	長安中，令竇琰於故營丘城東北穿渠，引白浪水曲折三十里以溉田，號竇公渠。	新唐書卷三八地理志二	994
貞觀十年（636）		萊州即墨	縣令仇源	縣東南有堰，貞觀十年，令仇源築，以防淮涉水。	新唐書卷三八地理志二	995
開元六年（718）	普濟渠	兗州萊蕪	縣令趙建盛	縣西北十五里，有普濟渠，開元六年，令趙建盛開。	新唐書卷三八地理志二	996
開元十四年（726）	永安堤	海州朐山	刺史杜令昭	縣東二十里有永安堤，北接山，環城長十里，以捍海潮。開元十四年，刺史杜令昭築。	新唐書卷三八地理志二	996
貞觀年間（627～649）	陂十三	沂州永縣		有陂十三，蓄水溉田，皆貞觀以來築。	新唐書卷三八地理志二	996
	濰水故堰	密州諸城		在諸城縣東北四十六里，蓄以爲塘，方二十餘里。溉水田萬頃。	元和郡縣圖志卷一一河南道	299
河 東 道						
貞觀十七年（643）	涑水渠	河中府虞鄉	刺史薛萬徹	縣北十五里有涑水渠，貞觀十七年，刺史薛萬徹開，自聞喜引涑水下入臨晉。	新唐書卷三九地理志三	1000
貞觀十年（636）	瓜谷山堰、	河中府龍門	縣令長孫恕	縣北三十里有瓜谷山堰，貞觀十年築。	新唐書卷三九地理志三	1001
貞觀廿三年（649）	石盧渠馬鞍塢渠		縣令長孫恕	縣東南二十三里有十石盧渠，貞觀廿三年，縣令長孫恕鑿，溉田良沃，畝收十石。西二十一里有馬鞍塢渠，亦恕所鑿。		1001

開元二年（714）	龍門倉			有龍門倉，開元二年置。	新唐書卷三九地理志三	1002
武德中（618～626）	高梁堰	晉州臨汾	刺史李寬陶善鼎	東北有高梁堰，武德中引高梁水溉田，入百金泊。貞觀十三年爲水所壞。	新唐書卷三九地理志三	1001
永徽二年（651）	夏柴堰			臨汾縣東二十五里，永徽二年，刺史李寬刺史李寬引滮水溉田。令陶善鼎復治百金泊，亦引滮水溉田。		
乾封二年（667）	百金泊	晉州臨汾		乾封二年堰壞，乃西引晉水。	新唐書卷三九地理志三	1001
永徽元年（650）	新絳渠	絳州曲沃	縣令崔翳	縣東北三十五里有新絳渠，永徽元年，令崔翳引古堆水溉田百餘頃。南十三里山有銅。	新唐書卷三九地理志三	1001
貞元中（785～804）	汾水		刺史韋武	絳州刺史韋武，鑿汾水溉田萬三千餘頃。	新唐書卷九八韋武傳	3905
儀鳳二年（677）	沙渠	絳州聞喜		縣東南三十五里有沙渠，儀鳳二年，詔引中條山水于南坡下，西流經十六里，溉涑陰田。	新唐書卷三九地理志三	1002
貞觀中（627～649）	晉渠	太原府太原	長史李勣	井苦不可飲，貞觀中，長史李勣架汾引晉水入東，以甘民食，謂之晉渠。	新唐書卷三九地理志三	1003
貞觀三年（629）	柵城渠	太原府文水	民眾	縣西北二十里有柵城渠，貞觀三年，民相率引文谷水，溉田數百頃。	新唐書卷三九地理志三	1004
武德二年（619）	常渠	太原府文水	刺史蕭顗	縣西十里有常渠，武德二年，汾州刺史蕭顗引文水南流入汾州。	新唐書卷三九地理志三	1004
開元二年（714）	甘泉渠蕩沙渠靈長渠千畝渠		縣令戴謙	縣東北五十里有甘泉渠，二十五里有蕩沙渠，二十里有靈長渠，有千畝渠俱引文谷水，傳溉田數千頃，皆開元二年令戴謙所鑿。		
敬宗至文宗時（825～840）	隄文谷瀘河	汾州	刺史薛從	汾州刺史薛從，隄文谷、瀘河兩水引溉公私田，汾人利之。徙濮州，儲粟二萬斛以備凶災。	新唐書卷一一一薛從傳	4146
貞元元年（785）	泫水	澤州高平	縣令明濟	有泫水，一曰丹水，貞元元年，令明濟引入城，號甘泉。	新唐書卷三九地理志三	1008
河 北 道						
永徽四年（653）		孟州河陽		有池，永徽四年引濟水漲之，開元中以畜黃魚。	新唐書卷三九地理志三	1009

開元二年（714）	梁公堰	孟州河陰	河南尹李傑	有梁公堰，在河汴間，開元二年，河南尹李傑因故渠濬之，以便漕運。	新唐書卷三九地理志三	1010
大和五年（831）	古渠	孟州濟源	節度使溫造濬	有枋口堰，大和五年，節度使溫造濬古渠，溉濟源、河內、溫、武陟田五千頃。		1010
大中年（847～859）	新河、吳澤陂	懷州脩武	縣令杜某	縣西北二十里，有新河，自六眞山下合黃丹泉水南流入吳澤陂，大中年，令杜某開。		1010
	丹水	懷州河內		丹水北去河內縣七里，分溝灌溉。	元和郡縣圖志卷一六河北道	445
長慶初（821～824）	秦渠	懷州河內	節度使崔弘禮	河陽節度使崔弘禮，治河內秦渠，溉田千頃，歲收八萬斛。	新唐書卷一六四崔弘禮傳	5051
開元廿八年（740）	西渠	魏州貴鄉	刺史盧暉	有西渠，開元二十八年，刺史盧暉徙永濟渠，自石灰窠引流至城西，注魏橋，以通江、淮之貨。	新唐書卷三九地理志三	1011
開元廿八年（740）	通濟渠	魏州貴鄉	刺史盧暉	魏州刺史盧暉開通濟渠，自石灰窠引流至州城西，而注魏橋。夾州製樓百餘間，以貯江淮之貨。	冊府元龜卷四九七邦計部河渠二	5951
永徽中（650～655）	永濟渠	魏州	刺史楚王靈龜李龜	楚王靈龜，永徽中，爲魏州刺史，開永濟渠入新市控引商旅百姓利之。	冊府元龜卷四九七邦計部河渠二	5950
開元十六年（728）		魏州	刺史宇文融	正月，以魏州刺史宇文融兼檢校汴州刺史，侯前兗州河南、北溝渠隄堰涉九河使，融上請言禹貢九河舊道興役甚多，事竟不就。	冊府元龜卷四九七邦計部河渠二	5951
開元十年（722）	黃河隄	博州	刺史李畬、裴子餘、柳儒乘、按察使蕭嵩	六月博州黃河隄壞湍湃洋溢不可禁止，詔博州刺史李畬，冀州刺史裴子餘，趙州刺史柳儒，乘傳旁午分理，兼命按察使蕭嵩總其事。	冊府元龜卷四九七邦計部河渠二	5951
咸亨三年（672）	高平渠廣潤陂	相州安陽	刺史李景	縣西二十里有高平渠，刺史李景引安陽水溉田，入廣潤陂，咸亨三年開。	新唐書卷三九地理志三	1012
咸亨三年（672）	金鳳渠	相州鄴縣		縣南五里有金鳳渠，引天平渠下流溉田，咸亨三年開。	新唐書卷三九地理志三	1012
	天谷井堰			即古漳水十二渠遺址。	元和郡縣圖志卷十六河北道	453

咸亨三年（672）	萬金渠	相州堯城		天祐三年更曰永定。北四十五里有萬金渠，引漳水入故齊都領渠以溉田，咸亨三年開。	新唐書卷三九地理志三	1012
咸亨四年（673）	菊花渠天平渠利物渠	相州臨漳	縣令李仁綽	南有菊花渠，自鄴引天平渠水溉田，屈曲經三十里。又北三十里有利物渠，自滏陽下入成安，并取天平渠水以溉田，皆咸亨四年，令李仁綽開。	新唐書卷三九地理志三	1012
貞觀十七年（643）	石堰	衛州衛縣		御水有石堰一，貞觀十七年築。	新唐書卷三九地理志三	1012
元和八年（813）	新河	衛州黎陽	觀察使田弘正節度使薛平	有白馬津，一名黎陽關。有大伾山，一名黎陽山。有新河，元和八年觀察使田弘正及鄭滑節度使薛平開，長十四里，闊六十步，深丈有七尺，決河注故道，滑州遂無水患。	新唐書卷三九地理志三	1013
神龍三年（705）	張甲河	貝州經城	姜師度	縣西南四十里有張甲河，神龍三年，姜師度因故瀆開。	新唐書卷三九地理志三	1013
	百門陂	貝州共城	百姓	共城縣西北五里，百姓引水以溉稻田，陂南通漳水。	元和郡縣圖志卷十六河北道	462
	高陵津	檀州臨黃		東南有盧津關，一名高陵津。	新唐書卷三九地理志三	1013
貞元中（785～804）	漳水	邢州平鄉	刺史元誼	貞元中，刺史元誼徙漳水，自州東二十里出，至鉅鹿北十里入故河。	新唐書卷三九地理志三	1014
永徽五年（654）	漳、洺南隄沙河南隄	洺州雞澤		有漳、洺南隄二，沙河南隄一，永徽五年築。	新唐書卷三九地理志三	1014
	黃陂塘	洺州雞澤		即晉代的黃塘泉，唐時，雞澤縣河北道的洺州。黃陂塘在縣西北十五里。	元和郡縣圖志卷一五河北道	431～432
總章二年（669）	大唐渠	鎮州獲鹿		本鹿泉，天寶十五載更名。有故井陘關，一名土門關。東北十里，有大唐渠，自平山至石邑，引太白渠溉田。	新唐書卷三九地理志三	1015
總章二年（669）	禮教渠			有禮教渠，總章二年，自石邑西北引太白渠東流入眞定界以溉田。		
天寶二年（743）	太白渠			天寶二年，又石邑引大唐渠東南流四十三里入太白渠。		

貞觀十一年（637）	葛榮陂趙照渠	冀州信都	刺史李興公	天祐二年更日堯都。縣東二里有葛榮陂，貞觀十一年，刺史李興公開，引趙照渠水以注之。	新唐書卷三九地理志三	1015
顯慶元年（656）	濁漳隄	冀州南宮		縣西五十九里有濁漳隄，顯慶元年築。	新唐書卷三九地理志三	1016
延載元年（694）	通利渠			有通利渠，延載元年開。		
景龍元年（707）	渠	冀州堂陽		西南三十里有渠，自鉅鹿入縣境，下入南宮，景龍元年開。	新唐書卷三九地理志三	1016
開元六年（718）	漳水隄			縣西十里有漳水隄，開元六年築。		
顯慶元年（656）	衡漳右隄	冀州武邑		縣北三十里有衡漳右隄，顯慶元年築。	新唐書卷三九地理志三	1016
載初中（689）	羊令渠	冀州衡水	縣令羊元珪	縣南一里有羊令渠，載初中，令羊元珪引漳水北流，貫城注隄。	新唐書卷三九地理志三	1016
永徽五年（654）	廣潤陂畢泓	趙州平棘	縣令弓志元	縣東二里有廣潤陂，引太白渠以注之，東南二十里有畢泓，皆永徽五年令弓志元開，以畜洩水利。	新唐書卷三九地理志三	1017
上元中（674～675）	新渠	趙州寧晉	縣令程處默	地旱鹵。縣西南有新渠，上元中，令程處默引洨水入城以溉田，經十餘里，地用豐潤，民食乃甘。	新唐書卷三九地理志三	1017
儀鳳三年（678）	北豐水渠	趙州昭慶	縣令李玄	縣西南二十里有建初陵、啟運陵，二陵共塋。城下有北豐水渠，儀鳳三年，令李玄開，以溉田通漕。	新唐書卷三九地理志三	1017
開元中（713～741）	千金渠萬金堰	趙州柏鄉	縣令王佐	縣西有千金渠、萬金堰，開元中，令王佐所浚築，以疏積潦。	新唐書卷三九地理志三	1017
永徽二年（651）	永濟隄			西縣北五十五里有永濟隄二，永徽二年築。		
永徽三年（652）	明溝河隄	滄州清池		西四十五里有明溝河隄二，西五十里有李彪淀東隄及徒駭河西隄，皆三年築。	新唐書卷三九地理志三	1017
顯慶元年（656）	衡漳隄			西四十里有衡漳隄二，顯慶元年築。		
開元十年（722）	衡漳東隄	滄州清池	刺史姜師度	縣西北六十里有衡漳東隄，開元十年築。東南二十里有渠，注毛氏河，東南七十里有渠，注漳，並引浮水，皆刺史姜師度開。	新唐書卷三九地理志三	1017

時間	名稱	地點	人物	內容	出處	頁碼
開元十六年（728）	無棣河浮河隄陽通河隄、永濟北隄	滄州清池		西南五十七里有無棣河，東南十五里有陽通河，皆開元十六年開。南十五里有浮河隄，陽通河隄，又南三十里有永濟北隄，亦是年築。	新唐書卷三九地理志三	1017
開元十年（722）	毛公井		縣令毛某	有甘井二，十年，令毛某母老，苦水鹹無以養，縣舍穿地，泉湧而甘，民謂之毛公井。		
永徽元年（650）	無棣溝	滄州無棣	刺史薛大鼎	有無棣溝通海，隋末廢，永徽元年，刺史薛大鼎開。	新唐書卷三九地理志三	1018
永徽元年（650）	無棣河新河	滄州無棣	刺史薛大鼎	永徽元年薛大鼎爲滄州刺史，州界有無棣河，隋末塡廢，大鼎奏開之。引魚鹽於海，百姓歌之，曰，新河得通舟檝利直達滄海魚鹽至。昔日徒行，今日騁駟，美哉，薛公德滂被。大鼎又以州界卑下遂決長蘆及彰、衡等三河，分泄夏潦，境內無復水災。	冊府元龜卷四九七邦計部河渠二、新唐書卷一九七薛大鼎傳	5950 5621
乾符元年（874）		滄州乾符		本魯城，乾符元年生野稻水穀二千餘頃，燕、魏飢民就食之，因更名。		1018
開元中（713〜741）	靳河	景州東光		南二十里有靳河，自安陵入浮河，開元中開。	新唐書卷三九地理志三	1018
開元十年（722）	古毛河	景州南皮		古毛河自臨津經縣入清池，開元十年開。		1018
久視元年（700）	新河	德州平昌		有馬煩河，久視元年開，號「新河」。		1018
永徽中（650〜655）	瀘溝水	幽州	都督裴行方	裴行方永徽中，爲檢校幽州都督引瀘溝水廣開稻田數千頃，百姓賴以豐給。	冊府元龜卷四九七邦計部河渠二	5950
貞觀廿一年（646）	長豐渠	瀛州河間	刺史朱潭	縣西北百里有長豐渠，貞觀二十一年刺史朱潭開。	新唐書卷三九地理志三	1020
開元廿五年（737）	長豐渠	瀛州河間	刺史盧暉	西南五里有長豐渠，開元廿五年，刺史盧暉自束城，平舒引滹沱河東入淇通漕，溉田五百餘頃。		
開元四年（716）	通利渠	莫州任丘	縣令魚思賢	有通利渠，開元四年，令魚思賢開，以洩陂淀，自縣南五里至城西北入漒，得地二百餘頃。	新唐書卷三九地理志三	1021

神龍中（705～706）	平虜渠	薊州漁陽	刺史姜師度	有平虜渠傍海穿漕，以避海難，又其北漲水爲溝，以拒契丹，皆神龍中滄州刺史姜師度開。	新唐書卷三九地理志三	1022
神龍三年（707）	平虜渠	薊州漁陽郡	刺史姜師度	中宗神龍三年，滄州刺史姜師度於薊州之北，漲水爲溝，以備契丹奚之入寇。又約舊渠，傍海穿漕，號爲平虜渠，以避海難運糧。	唐會要卷八十七漕運	1596
開元四年（716）	渠河塘	薊州三河		開元四年析潞置。北十二里有渠河塘，西北六十里有孤山陂，溉田三千頃。	新唐書卷三九地理志三	1022
山 南 道							
貞元八年（792）	塞古堤	江陵府江陵	節度使嗣曹王李皋	貞元八年，節度使嗣曹王皋塞古堤，廣良田五千頃，畝收一鍾。又規江南廢洲爲廬舍，架江爲二橋。	新唐書卷四〇地理志四	1028
貞元八年（792）	教人鑿井	江陵府江陵	李皋	荊俗飲陂澤，乃教人鑿井，人人爲便。	新唐書卷四〇地理志四	1028
光 宅 中（684）	永泰渠	朗州武陵	刺史胡處立	縣北有永泰渠，光宅中，刺史胡處立開，通漕，且爲火備。	新唐書卷四〇地理志四	1029
開元廿七年（739）	北塔堰	朗州武陵	刺史李璡	縣西北二十七里有北塔堰，開元廿七年，刺史李璡增修，接古專陂，由黃土堰注白馬湖，分入城隍及故永泰渠。溉田千餘頃。	新唐書卷四〇地理志四	1029
長慶元年（821）	考功堰	朗州武陵	刺史李翺	縣東北八十九里有考功堰，長慶元年，刺史李翺因故漢樊陂開，溉田千一百頃。	新唐書卷四〇地理志四	1029
長慶二年（822）	增修右史堰後鄉渠	朗州武陵	刺史溫造	縣東北有右史堰，長慶二年，刺史溫造增修，開後鄉渠，經九十七里，溉田二千頃。	新唐書卷四〇地理志四	1029
長慶二年（822）	增開津石陂	朗州武陵	縣令崔嗣業李翺、溫造	縣北百一十九里有津石陂，本聖曆初（698～699），令崔嗣業開，翺、造亦從而增之，溉田九百頃。		
聖曆初（698～699）	崔陂槎陂	朗州武陵	縣令崔嗣業	縣東北八十里有崔陂。東北三十五里有槎陂，亦崔嗣業所修以溉田，後廢。	新唐書卷四〇地理志四	1029
大曆五年（770）	復治槎陂	朗州武陵	韋夏卿	崔嗣業所修以溉田，後廢。大曆五年，韋夏卿復治槎陂，溉田千餘頃。十三年以堰壞遂廢。	新唐書卷四〇地理志四	1029

咸通中（860～873）	石堰渠	復州竟陵	刺史董元素	有石堰渠，咸通中，刺史董元素開。	新唐書卷四○地理志四	1033
元和中（806～820）	疏嘉陵江	興州政順	節度使嚴礪	節度使嚴礪自縣西疏嘉陵江二百里，焚巨石，沃醯以碎之，通漕以饋成州戍兵。	新唐書卷四○地理志四	1035
文宗時（827～835）	濱漢塘堰	襄州襄樊	節度使王起	王起爲山南東道節度使，濱漢塘堰聯屬吏弗完治，起至部先修復，與民約爲水令，遂無凶年。	新唐書一六七王起傳	5117
大曆四年（769）	長渠	襄州襄樊	節度使梁崇嘗	長渠溉田三千頃，唐大曆四年己酉節度使梁崇嘗修之。（民國湖北通志·重修武安靈溪堰記卷一○五）	中國水利史稿頁	80
大曆十二年（777）	六門堰	鄧州穰縣		京兆尹請修六門堰，許之。	舊唐書卷一一代宗紀	313
	六門堰	鄧州穰縣		在縣西三里。漢元帝建昭中，召信臣爲南陽太守，在縣南六十里造鉗盧陂，累石爲隄，傍開六石門，以節水勢。澤中有鉗盧玉池，用廣溉灌，…至三萬頃，人得其利。後漢杜詩爲太守，復修其陂。	元和郡縣圖志卷廿一山南道	533
	楚堰	鄧州臨湍		在縣南八里，擁斷湍水，高下相承八重，溉田五百餘頃。	元和郡縣圖志卷廿一山南道	535
	溫湯水	郢州京山		縣南十五里，擁以溉稻田，其收數倍。	元和郡縣圖志卷廿一山南道	538
淮南道						
貞觀十八年（644）	雷塘、勾城塘	揚州江都	長史李襲譽	縣東十一里有雷塘，貞觀十八年，長史李襲譽引渠，又築勾城塘，以溉田八百頃。	新唐書卷四一地理志五	1052
貞元四年（788）	愛敬陂水門		節度使杜亞	有愛敬陂水門，貞元四年，節度使杜亞自江都西循蜀岡之右，引陂趨城隅以通漕，溉夾陂田。		
寶曆二年（826）	漕渠		鹽鐵使王播	寶曆二年，漕渠淺，輸不及期，鹽鐵使王播自七里港引渠東注官河，以便漕運。		
元和中（806～820）	隄塘	揚州高郵	節度使李吉甫	有隄塘，溉田數千頃，元和中，節度使李吉甫築。	新唐書卷四一地理志五	1052
大曆中（766～779）	常豐堰	楚州山陽	黜陟使李承	有常豐堰，黜陟使李承置以溉田。		

長慶中（821～824）	白水塘	楚州寶應		長慶中興白水塘屯田，發青、徐、揚州之民以鑿之。	新唐書卷四一地理志五	1052
證聖中（695）	白水塘羨塘			縣西南八十里有白水塘、羨塘，證聖中開，置屯田。		
長慶二年（822）	棠梨涇	楚州淮陰		縣南九十五里有棠梨涇，長慶二年開。	新唐書卷四一地理志五	1052
開元中（713～741）	韋游溝	和州烏江	縣丞韋尹	縣東南二里有韋游溝，引江至郭十五里，溉田五百頃，開元中，丞韋尹開。	新唐書卷四一地理志五	1053
貞元十六年（800）			縣令游重彥	貞元十六年，令游重彥又治之，民享其利。		
廣德二年（764）	永樂渠	壽州安豐	宰相元載	縣東北十里有永樂渠，溉高原田，廣德二年，宰相元載置，大曆十三年（778）廢。	新唐書卷四一地理志五	1053
永徽四年（653）	雨施陂	光州光山	刺史裴大覺	縣西南有雨施陂，永徽四年，刺史裴大覺積水以溉田百餘頃。	新唐書卷四一地理志五	1054
江　南　道						
開元廿二年（724）	伊婁河	潤州丹徒	刺史齊澣	刺史齊澣以州北隔江，舟行繞瓜步，回遠六十里，多風濤，乃於京口埭下直趨渡江二十里，開伊婁二十五里，渡揚子，立埭，歲利百億，舟不漂溺。	新唐書卷四一地理志五	1057
開元廿六年（738）	伊婁河	潤州丹徒	刺史齊澣	潤州刺史齊澣奏：自瓜步濟江迂六十里。請自京口埭下直濟江，穿伊婁河二十五里即達揚子縣，立伊婁埭。	資治通鑑卷二一四唐紀三十	6836
永泰中（765）	練塘	潤州丹楊	刺史韋損	在縣北，周八十里，刺史韋損因廢塘復置，溉丹陽、金壇、延陵之田，民刻石頌之。	新唐書卷四一地理志五	1057
武德二年（619）	南、北謝塘	潤州金壇	刺史謝元超	縣東南三十里有南、北謝塘，武德二年，刺史謝元超因故塘復置以溉田。	新唐書卷四一地理志五	1057
大曆十二年（777）	絳巖湖	昇州句容	縣令延嘉	縣西南三十里，麟德中，縣令延嘉因梁故隄置。後廢。大曆十二年，縣令王昕復置，周百里爲塘，立二斗門以節旱暵，開田萬頃。	新唐書卷四一地理志五	1057
元和八年（813）	孟瀆	常州武進	刺史孟簡	縣西四十里有孟瀆，引江水南注通漕，溉田四千頃，元和八年，刺史孟簡因故渠開。	新唐書卷四一地理志五	1058

元和八年（813）	泰伯瀆	常州無錫	刺史孟簡	南五里有泰伯瀆，東連蠡湖，亦元和八年孟簡所開。	新唐書卷四一地理志五	1058
開元廿六年（738）	伊婁河	常州	刺史齊澣	十一月五日，潤州刺史齊澣奏，常州北界隔吳江，至瓜步江爲限，每船渡繞爪步江沙尾，紆迴六十里，多爲風濤所損，臣請於京口埭下，直截渡江，二十里開伊婁河，二十五里即達揚子江縣，無風水災，又減租腳錢，歲收利百億，又立伊婁埭，皆官收其課，迄今用之。	唐會要卷八十七漕運	1597
長慶中（821～824）	古涇三百	蘇州海鹽	縣令李諤	有古涇三百一，長慶中令李諤開，以禦水旱。	新唐書卷四一地理志五	1058
大和七年（833）	漢塘			縣西北六十里有漢塘，大和七年開。		1058
元和中（806～820）	官池	湖州烏程	刺史范傳正	縣東二十三里有官池，元和中刺史范傳正開	新唐書卷四一地理志五	1059
寶曆中（825～826）	陵波塘		刺史崔玄亮	縣東南二十五里有陵波塘，寶曆中刺史崔玄亮開。		
寶曆中（825～826）	蒲帆塘		刺史楊公漢	縣北二里有蒲帆塘，刺史楊公漢開，開而得蒲帆。		
寶曆中（825～826）	吳興塘	湖州烏程	吳興太守沈攸	劉宋吳興太守沈攸之所建，溉田二千餘頃。	元和郡縣圖志卷二五江南道	605
貞元十三年（797）	西湖	湖州長城	刺史于頔	有西湖，溉田三千頃，其後堙廢，貞元十三年，刺史于頔復之。人賴其利。（冊府元龜卷四九七略同）	新唐書卷四一地理志五	1059
聖曆初（698～699）	邸閣池石鼓堰	湖州安吉	縣令鉗耳知命	縣北三十里有邸閣池，北七十里有石鼓堰，引天目山水溉田百頃，皆聖曆初令鉗耳知命置。	新唐書卷四一地理志五	1059
穆宗時（821～824）	錢塘湖	杭州錢塘	刺史白居易	白居易爲杭州刺史，始築堤捍錢塘湖，鍾洩其水，溉田千頃。	新唐書卷一一九白居易傳	4303
咸通二年（861）	沙河塘	杭州錢塘	刺史崔彥曾	縣南五里有沙河塘，咸通二年刺史崔彥曾開。	新唐書卷四一地理志五	1059
開元元年（713）	捍海隄塘	杭州鹽官		有捍海隄塘，長百二十四里，開元元年重築。	新唐書卷四一地理志五	1059

寶曆中（825～826）	上湖、下湖	杭州餘杭	縣令歸珧	縣南五里有上湖，西二里有下湖，寶曆中，令歸珧因漢令陳渾故迹置。	新唐書卷四一地理志五	1059
	北湖			縣北三里有北湖，亦歸珧所開，溉田千餘頃。		
	甬道			歸珧又築甬道，通西北大路，高廣徑直百餘里，行旅無山水之患。		
貞觀十二年（638）	陽陂湖	杭州富陽	縣令郝某	縣北十四里有陽陂湖，貞觀十二年令郝某開。	新唐書卷四一地理志五	1060
登封元年（696）			縣令李濬時	南六十步有堤，登封元年（696）令李濬時築，東自海，西至于莧浦，以捍水患。		
貞元七年（791）		杭州富陽	縣令鄭早	貞元七年（791），令鄭早又增脩之。	新唐書卷四一地理志五	1060
貞元十八年（802）	紫溪水	杭州於潛	縣令杜泳	縣南三十里有紫溪水溉田，貞元十八年令杜泳開，又鑿渠三十里，以通舟檝。	新唐書卷四一地理志五	1060
永淳元年（682）	官塘九澳	杭州新城		縣北五里有官塘，堰水溉田，有九澳，永淳元年開。	新唐書卷四一地理志五	1060
興元初（784）	治漕渠	睦州	節度使杜亞	淮西節度使杜亞，治漕渠，引湖陂，築防庸，入之渠中，以通大舟，夾隄高印，田因得溉灌。疏啓道衢，徹壅通墕，人皆悅之。	新唐書卷一七二杜亞傳	5207
開元十年（722）	防海塘	越州會稽	縣令李俊之	縣東北四十里有防海塘，自上虞江抵山陰百餘里，以畜水溉田，開元十年令李俊之增脩。	新唐書卷四一地理志五	1061
大曆十年（775）	防海塘	越州會稽	觀察使皇甫溫	大曆十年觀察使皇甫溫增脩之。	新唐書卷四一地理志五	1061
大和六年（832）		越州會稽	縣令李左次	大和六年令李左次又增脩之。		
	鏡湖	越州會稽		鏡湖，後漢永和五年（140）太守馬臻創立，在會稽、山陰兩縣界築塘蓄水，水高丈餘，田又高海丈餘，若水少則洩湖灌田，如水多則閉湖洩田中水入海，所以無凶年。隄塘周迴三百一十里，溉田九千頃。	元和郡縣圖志卷二六江南道	619

貞元元年（785）	越王山堰	越州山陰	觀察使皇甫政	縣北三十里有越王山堰，貞元元年，觀察使皇甫政鑿山以畜洩水利。	新唐書卷四一地理志五	1061
元和十年（815）	朱儲斗門新河運道塘		觀察使孟簡	縣東北二十里作朱儲斗門。北五里有新河，西北十里有運道塘，皆元和十年觀察使孟簡開。		
大和七年（833）	新逕斗門		觀察使陸亙	縣西北四十六里有新逕斗門，太和七年觀察使陸亙置。		
天寶中（742～755）	湖塘	越州諸暨	縣令郭密之	縣東二里有湖塘，天寶中，令郭密之築，溉田二十餘頃。	新唐書卷四一地理志五	1061
寶曆二年（826）	任嶼湖黎湖	越州上虞	縣令金堯恭	縣西北二十七里有任嶼湖，寶曆二年令金堯恭置，溉田二百頃。北二十里有黎湖，亦堯恭所置。	新唐書卷四一地理志五	1061
開元中（713～741）	小江湖	明州鄮縣	縣令王元緯	縣南二里有小江湖，溉田八百頃，開元中令王元緯置。	新唐書卷四一地理志五	1061
天寶二年（743）	西湖		縣令陸南金	縣東二十五里有西湖，溉田五百頃，天寶二年令陸南金開廣之。		
貞元九年（793）	廣德湖	明州鄮縣	刺史任侗	縣西十二里有廣德湖，溉田四百頃，貞元九年，刺史任侗因故迹增脩。	新唐書卷四一地理志五	1061
大和六年（832）	仲夏堰		刺史于季友	縣西南四十里有仲夏堰，溉田數千頃，大和六年刺史于季友築		
開元五年（717）	神塘	衢州西安		縣東五十五里有神塘，開元五年，因風雷摧山，偃澗成塘，溉田二百頃。	新唐書卷四一地理志五	1062
大和二年（828）	海隄	福州閩縣	縣令李茸	縣東五里有海隄，大和二年令李茸築。先是，每六月潮水鹹鹵，禾苗多死，隄成，瀦溪水殖稻，其地三百戶皆成良田。	新唐書卷四一地理志五	1064
大和七年（833）	海隄	福州長樂	縣令李茸	縣東十里有海隄，大和七年令李茸築，立十斗門以禦潮，旱則瀦水，雨則洩水，遂成良田。	新唐書卷四一地理志五	1064
貞觀元年（627）	材塘	福州連江		縣東北十八里有材塘，貞觀元年築。	新唐書卷四一地理志五	1064
開元廿九年（741）	溝	泉州晉江	別駕趙頤貞	開元二十九年，別駕趙頤貞鑿溝通舟至城下。	新唐書卷四一地理志五	1065
貞元五年（789）	尚書塘	泉州晉江	刺史趙昌	東一里有尚書塘，溉田三百餘頃，貞元五年刺史趙昌置，名常稔塘，後昌爲尚書，民思之，因更名。	新唐書卷四一地理志五	1065

大和三年（829）	天水淮	泉州晉江	刺史趙棨	縣西南有天水淮，溉田百八十頃，大和三年刺史趙棨開。	新唐書卷四一地理志五	1065
貞觀中（627～649）	諸泉塘、瀝潯塘、永豐塘、橫塘、頡洋塘、國清塘	泉州莆田		縣西一里有諸泉塘，南五里有瀝潯塘，西南二里有永豐塘，南二十里有橫塘，東北四十里有頡洋塘，東南二十里有國清塘，溉田總千二百頃，並貞觀中置之。	新唐書卷四一地理志五	1065
建中年（780～783）	延壽陂			縣北七里有延壽陂，溉田四百餘頃，建中年置。		
大曆二年（767）	德政陂	宣州宣城	觀察使陳少遊	縣東十六里有德政陂，引渠溉田二百頃，大曆二年觀察使陳少遊置。	新唐書卷四一地理志五	1066
元和四年（809）	大農陂	宣州南陵	縣令范某	有大農陂，溉田千頃，元和四年，寧國令范某因廢陂置，為石堰三百步，水所及者六十里。	新唐書卷四一地理志五	1066
咸通五年（864）	永豐陂			有永豐陂，在青弋江中，咸通五年置。		
元和三年（808）	東湖	洪州南昌	刺史韋丹	縣南有東湖，元和三年，刺史韋丹開南塘斗門以節江水，開陂塘以溉田。	新唐書卷四一地理志五	1068
會昌六年（846）	捍水隄	洪州建昌	縣令何易于	縣南一里有捍水隄，會昌六年攝令何易于築。	新唐書卷四一地理志五	1068
咸通三年（862）	隄		縣令孫永	縣西二里又有隄，咸通三年令孫永築。		
長慶二年（822）	甘棠湖	江州潯陽	刺史李渤	南有甘棠湖，長慶二年刺史李渤築，立斗門以蓄洩水勢。	新唐書卷四一地理志五	1068
大和三年（829）	秋水隄		刺史韋珩	縣東有秋水隄，大和三年刺史韋珩築		
會昌二年（842）	西有斷洪隄	江州潯陽	刺史張又新	縣西有斷洪隄，會昌二年刺史張又新築，以窒水害。	新唐書卷四一地理志五	1068
咸通元年（860）	陳令塘	江州都昌	縣令陳可夫	縣南一里有陳令塘，咸通元年令陳可夫築，以阻潦水。	新唐書卷四一地理志五	1068
貞元十三年（797）	長樂堰	鄂州永興		縣北有長樂堰，貞元十三年築。	新唐書卷四一地理志五	1068
建中元年（780）	邵父堤、李公堤	饒州鄱陽	刺史李復	縣東有邵父堤，東北三里有李公堤，建中元年刺史李復築，以捍江水。	新唐書卷四一地理志五	1069

建中元年（780）	馬塘、土湖	饒州鄱陽	刺史馬植	縣東北四里有馬塘，北六里有土湖，皆刺史馬植築。	新唐書卷四一地理志五	1069
	李渠	袁州宜春	刺史李將順	縣西南十里有李渠，引仰山水入城，刺史李將順鑿。	新唐書卷四一地理志五	1070
	涓湖	潭州湘潭		縣西七十里有涓湖，溉良田二百餘頃。	元和郡縣圖志卷二九江南道	704
	溫水	郴州郴縣		溫水在縣北，常溉田，12月種，明年三月熟，可一歲三熟。（今湖南永興以南）	元和郡縣圖志卷二九江南道	708

劍　南　道

天寶中（742～755）	萬歲池築隄	成都府成都	長史章仇兼瓊	縣北十八里有萬歲池，天寶中，長史章仇兼瓊築隄，積水溉田。	新唐書卷四二地理志六	1079
天寶二載（743）	官源渠	成都府成都	縣令獨孤戒盈	縣南百步有官源渠隄百餘里，天寶二載，令獨孤戒盈築。	新唐書卷四二地理志六	1079
開元廿三年（735）	新源水	成都溫江	長史章仇兼瓊	有新源水，開元二十三年，長史章仇兼瓊因蜀王秀故渠開，通漕西山竹木。	新唐書卷四二地理志六	1080
武后時（684～704）	堋口埌歧水	彭州九隴	長史劉易從	長史劉易從決唐昌沱江，鑿川派流，合堋口埌歧水溉九隴、唐昌田。	新唐書卷四二地理志六	1080
龍朔中（661～663）長安初（701～704）	侍郎堰百丈堰小堰	彭州導江		有侍郎堰，其東百丈堰，引江水以溉彭、益田，龍朔中築。又有小堰，長安初築。		
開元廿八年（740）	遠濟堰	蜀州新津	採訪使章仇兼瓊	縣西南有遠濟堰，分四筒穿渠，溉眉州通義、彭山之田。開元二十八年，採訪使章仇兼瓊開。	新唐書卷四二地理志六	1080
貞元末（785～804）	堤堰	漢州雒滕	刺史盧士珵	貞元末，刺史盧士珵立隄堰，溉田四百餘頃。	新唐書卷四二地理志六	1081
開元中（713～741）	通濟大堰一，小堰十	眉州彭山	長史章仇兼瓊	有通濟大堰一，小堰十，自新津邛江口引渠南下，百二十里至州西南入江，溉田千六百頃，開元中，益州長史章仇兼瓊開。	新唐書卷四二地理志六	1081
大和中（827～835）	山釃渠	眉州青神	榮夷人張武	大和中，榮夷人張武等百餘家請田于青神，鑿山釃渠，溉田二百餘頃。	新唐書卷四二地理志六	1082

貞觀六年（632）	百枝池	資州盤石	將軍薛萬徹	縣北七十里有百枝池，周六十里，貞觀六年，將軍薛萬徹決東使流。	新唐書卷四二地理志六	1082
垂拱四年（688）	廣濟陂	綿州巴西	長史樊思孝縣令夏侯奭	縣南六里有廣濟陂，引渠溉田百餘頃，垂拱四年，長史樊思孝、令夏侯奭因故渠開。	新唐書卷四二地理志六	1089
貞觀六年（632）	洛水堰	綿州魏城		縣北五里有洛水堰，貞觀六年引安西水入縣，民甚利之。	新唐書卷四二地理志六	1089
永徽五年（654）	茫江堰	綿州羅江	縣令白大信	縣北五里有茫江堰，引射水溉田入城，永徽五年，令白大信置。	新唐書卷四二地理志六	1089
貞元廿一年（805）	楊村堰	綿州羅江	縣令韋德	縣北有楊村堰，引折腳堰水溉田，貞元廿一年，令韋德築。	新唐書卷四二地理志六	1089
貞觀元年（627）	折腳堰	綿州神泉		縣北二十里有折腳堰，引水溉田，貞觀元年開。	新唐書卷四二地理志六	1089
貞觀元年（627）	雲門堰	綿州龍安		縣東南二十三里有雲門堰，決茶川水溉田，貞觀元年築。	新唐書卷四二地理志六	1089
龍朔三年（663）	利人渠	劍州陰平	縣令劉鳳儀	縣西北有利人渠，引馬閣水入縣溉田，龍朔三年，令劉鳳儀開，寶應中（762）廢，後復開，景福二年又廢。	新唐書卷四二地理志六	1090
武德初（618～626）	漢陽堰	陵州籍縣	縣令陳充	縣東五里有漢陽堰，武德初引漢水溉田二百頃，後廢，文明元年（684），令陳充復置，後又廢。	新唐書卷四二地理志六	1091
嶺　南　道						
景雲中（710～711）	鬱水、七源州	邕州宣化	司馬呂仁	鬱水自蠻境七源州流出，州民常苦之，司馬呂仁引渠分流以殺水勢，自是無沒溺之害，民乃夾水而居。	新唐書卷四三地理志七	1102
長壽元年（692）	相思埭	桂州臨桂		有相思埭分相思水使東西流。	新唐書卷四三地理志七	1105
貞元十四年（798）	回濤堤			縣東南有回濤堤，以捍桂水，貞元十四年築。		1105
寶曆初（825～826）	靈渠	桂州理定	觀察使李渤	縣西十里有靈渠，引灕水，故秦史祿所鑿，後廢。寶曆初，觀察使李渤立斗門十八以通漕，俄又廢。	新唐書卷四三地理志七	1105

咸通九年（868）		桂州理定	刺史魚孟威	咸通九年，刺史魚孟威以石為鏵隄，亙四十里，植大木為斗門，至十八重，乃通巨舟。	新唐書卷四三地理志七	1105～1106
咸通中（860～873）	北戌灘	白州博白	安南都護高駢	縣西南百里有北戌灘，咸通中，安南都護高駢募人平其險石，以通舟檝。	新唐書卷四三地理志七	1109

附錄三　唐代賑濟表

年　代	賑給措施	出　處	頁碼
武德元年（618）	九月四日，置社倉。	舊唐書卷四九食貨志下	2122
武德元年（618）	九月四日，令州縣始置社倉。	冊府元龜卷五○二邦計部常平	6020
武德元年（618）	12月，開倉以賑貧乏。	冊府元龜卷一○五帝王部惠民一	1256
武德二年（619）	閏二月，出庫物三萬段，以賑窮乏。	冊府元龜卷一○五帝王部惠民一	1256
	制凡水旱霜蝗耗十四者，免其租，桑麻盡者，免其調；田耗十之六者，免租調；耗七者，課役皆免。	新唐書卷五十一食貨志一	1343
武德二年（619）	凡水旱蟲霜爲災，十分損四分已上，免租；損六分已上，免租、調；損七分已上，課、役俱免。若桑、麻損盡者，各免調。若已役、已輸者，聽免其來年。	唐六典卷三尙書戶部	77
貞觀元年（627）	關東、河南、隴右及緣邊諸州霜害秋稼。 九月辛酉（十二日）詔命中書侍郎溫彥博、尙書右丞魏徵等分往諸州馳驛檢行其苗稼不熟之處使知損耗多少，戶口乏糧之家存問，若爲支計必當細勘，速以奏聞，待使人還京量行賑濟。	冊府元龜卷一四四帝王部弭災二	1746
貞觀元年（627）	八月，關東、河南、隴右沿邊諸州霜害秋稼 九月，命中書侍郎溫彥博、尙書右丞魏徵等分往諸州賑恤。	舊唐書卷二太宗紀	33
貞觀元年（627）	九月，遣溫彥博等諸州行損田，還京量行賑濟。	冊府元龜卷一四四帝王部弭災二	1746
貞觀元年（627）	是歲，關中饑，至有鬻男女者。	舊唐書卷二太宗紀	33
貞觀二年（628）	關內饑。 遣使巡關內，出金寶贖饑民鬻子者還。	新唐書卷二太宗紀	29

貞觀二年（628）	四月初，詔天下州縣並置義倉。	舊唐書卷二太宗紀	34
貞觀二年（628）	四月，制天下州縣並置義倉，先是每歲水旱皆以正倉出給，無倉之處就食他州，百姓流移，或致窮困，左丞戴冑上言：水旱凶災，前聖之所不免，國無九年之儲蓄，禮經之所明誡，今喪亂之後，戶口凋殘，每歲納租未實，倉廩隨即出給，纔供當年，若有凶災，將何以賑恤？故隋開皇立制天下之人節級輸粟，名爲社倉。終於文皇得無饑饉，及大業中年國用不足，並取社倉之物以充官費，故至末途無以支給。請自王公以爰及眾庶，計所墾田稼穡頃畝，每至秋熟，准其見苗，以理勸課，盡令出粟，稻麥之鄉亦同此稅，各納所在，爲立義倉，若年穀不登，百姓饑饉，所在州縣隨便取給，太宗曰既爲百姓預作儲貯，官爲舉掌以備凶年，朕非所須橫生賦斂，利民之事深是可行，宜下所司，議立條制至是。戶部尚書韓仲良奏：王公以下墾地畝納二升，其粟麥稅稻之屬各，各依土地貯之州縣，以備凶年，制可之。自是倉儲衍溢，億兆賴焉。	冊府元龜卷五〇二邦計部常平	6020
貞觀七年（633）	六月，滹沱河溢決於洋州，壞人廬舍。遣諫議大夫孫伏伽賑恤之。 是年山東、河南之地四十餘州水。遣使賑恤之。	冊府元龜卷一〇五帝王部惠民一	1256
貞觀七年（633）	八月，山東河南州三十大水。 遣使賑恤。	舊唐書卷三太宗紀	43
貞觀八年（634）	七月，隴右山摧，大蛇見於山東，河南淮海之地多大水。 虞世南建言修德消變。遣使分道賑恤餓人申理獄訟多所原免	冊府元龜卷一四四帝王部弭災二	1746
貞觀九年（635）	秋，關東、劍南之地二十四州旱，分遣使賑恤之。	冊府元龜卷一〇五帝王部惠民一	1256
貞觀十年（636）	以職田侵漁百姓，詔給逃還貧戶，視職田多少，每畝給粟二斗，謂之地租，尋以水旱復罷之。	資治通鑑卷二一二唐紀二八	6749
貞觀十年（636）	關東及淮海之地二十八州水。遣使賑恤之。	冊府元龜卷一〇五帝王部惠民一	1256
貞觀十一年（637）	七月，黃氣竟天，大雨，穀水溢，入洛陽宮，深四尺，壞左掖門，毀官寺一十九所，洛水漂六百餘家。詔百官言事。諸司供進，悉令減省，凡所作役，量事停廢，遭水之處，賜帛有差，廿二日廢明德宮，及飛山宮之元圃院，分給河南、洛陽遭水戶。	唐會要卷四十三	778
貞觀十一年（637）	七月，乙未（十三日），詔百官言事。壬寅，廢明德宮之玄圃院，賜遭水家。	新唐書卷二太宗紀	37

貞觀十一年（637）	七月，大雨，穀水溢，入洛陽宮，深四尺，壞左掖門，毀官寺十九，洛水暴漲，漂六百餘家。帝引咎，令群臣直言政之得失。十三日，詔諸司供進，悉令減省。凡所力役，量事停廢。遭水之家，賜帛有差。二十日，詔廢明德宮及飛山宮之玄圃院，分給河南，洛陽遭水戶。	新唐書卷三六五行志三	928
貞觀十一年（637）	七月，詔以水災，其離州諸縣，百姓漂失資產乏絕糧食者，宜令使人與之相知，量以義倉賑給，布告天下使明知朕意，庚子賜遭水旱之家帛十五匹半毀者八匹。是月廢明德宮之玄圃苑院，分給河南、離陽遭水者。	冊府元龜卷一〇五帝王部惠民一	1257
貞觀十一年（637）	九月，河溢，壞陝州河北縣毀河陽中潬。太宗幸白馬坡以觀之，賜遭水之家粟帛有差。	舊唐書卷三太宗紀	48
貞觀十一年（637）	九月，黃河泛溢，毀河陽中潬。河陽縣淞河居人，被流漂者，賜粟帛有差。	冊府元龜卷一〇五帝王部惠民一	1257
貞觀中	詔：畝稅二升，粟、麥、　、稻，隨土地所宜。寬鄉斂以所種，狹鄉據青苗簿而督之。田耗十四者免其半，耗十七者皆免之。商賈無田者，以其戶爲九等，出自五石至五斗爲差。下下戶及獠不取焉。歲不登，則以賑民；或貸爲種子，則至秋而償。 其後洛、相、幽、徐、齊、并、秦、蒲州又置常平倉，粟藏九年，米藏五年，下濕之地，粟藏五年，米藏三年，皆著於令。	新唐書卷五十一食貨志一	1344
貞觀十三年（639）	12月十四日，詔於洛、相、幽、徐、齊、并、秦、蒲等州置常平倉。	唐會要卷八十八倉及常平倉	1612
貞觀十三年（639）	12月，十四日，詔於洛、相、幽、徐、齊、并、秦、蒲等州置常平倉。	冊府元龜卷五〇二邦計部常平	6020
貞觀十五律（641）	三月，如襄城宮澤州疾疫，遣醫就療。	冊府元龜卷一四七帝王部恤下二	1777
貞觀十六年（643）	夏，穀、涇、徐、虢、戴五州疾疫，遣賜醫藥焉。	冊府元龜卷一四七帝王部恤下二	1777
貞觀十八年（644）	九月，穀、襄、豫、荊、徐、梓、忠、綿、宋、亳十州大水。並以義倉賑給之。	冊府元龜卷一〇五帝王部惠民一	1257
貞觀十九年（645）	正月，易州言去秋水害稼，開義倉賑給之。		
貞觀廿一年（647）	九月冀、易、幽、瀛、莫、豫、邢、趙八州大水。遣屯田員外韓贍等分行所損各家賑䘏。		
貞觀廿二年（648）	二月詔：去秋泉州海水泛溢。開義倉賑貸。		
永徽元年（650）	六月，新豐南大雨，零口山水暴出，漂新廬舍，溺死者九十餘人，詔給死者絹布三匹，仍給棺瘞埋之，乏絕者給資之，宣、歙、饒、常等州暴雨，水漂殺四百餘人。詔爲瘞埋，仍給貸之。	冊府元龜卷一四七帝王部恤下二	1777

永徽二年 （651）	正月，開義倉以賑民。	新唐書卷三太宗紀	53
永徽二年 （651）	正月，詔：去歲天下諸州，或遭水旱，百姓之間，致有罄乏，此由朕之不德，兆庶何辜？…得以正、義倉賑貸。雍、同二州，各遣郎中一人充使存問。	舊唐書卷四高宗紀	68
永徽二年 （651）	閏九月初六日，勅義倉據地稅子實是勞煩，宜令眾戶出粟率上上戶五石，餘各有差。	冊府元龜卷五〇二邦計部常平	6020
永徽四年 （653）	兗夔果忠等州水。竝貸賑之。	冊府元龜卷一〇五帝王部惠民一	1257
永徽五年 （654）	六月，河北大水。 遣使慮囚。	新唐書卷三高宗紀	56
永徽五年 （654）	六月，詔工部侍郎王儦往河北較行水諸州乏絕者賑貸之。	冊府元龜卷一〇五帝王部惠民一	1257
永徽五年 （654）	六月，恆州大雨，自二日至七日。滹沱河泛溢，損五千三百家。遣使慮囚。	舊唐書卷三七五行志	1352
永徽六年 （655）	京東二市置常平倉，以大雨道路不通，京師米貴。	唐會要卷八十八倉及常平倉	1612
永徽六年 （655）	八月，京西二市初置常平倉。以大雨道路不通，京師米貴。	冊府元龜卷五〇二邦計部常平	6020
永徽六年 （655）	秋，雒水泛溢壞天津橋。冀沂密兗滑汴鄭婺等州，雨水害稼。詔令賑貸之。	冊府元龜卷一〇五帝王部惠民一	1257
永徽六年 （655）	六月，辛丑（三日），商州山水漂壞居人廬舍遣使存問之。	冊府元龜卷一四七帝王部恤下二	1777
永徽六年 （655）	六月，括州大風雨，海水泛溢，壞永嘉、安固二縣城郭，漂百姓宅六千八百四十三區。溺殺人九千七十、牛五百頭，損苗四千一百五十頃。冀州大水，漂壞居人廬舍數千家。遣使賑給。	舊唐書卷五高宗紀	93
顯慶元年 （656）	七月，宣州、涇縣山水暴漲，高四丈餘，漂蕩村落，溺殺二千餘人，制賜死者物各五疋，廬舍損壞者，量為營造，并賑給之。	冊府元龜卷一四七帝王部恤下二	1777
顯慶二年 （657）	12月三日，京西常平倉置平署官員。（自太宗以至高宗、則天數十年間義倉不許雜用，其後公私窮迫，漸貸義倉支用。自中宗神龍之後，天下義倉費用殆盡。）	冊府元龜卷五〇二邦計部常平	6021
顯慶四年 （759）	七月連州山水暴漲，漂沒七百餘家，詔鄉人為造宅宇，仍賑之。	冊府元龜卷一四七帝王部恤下二	1777
總章二年 （669）	九月，括州暴雨、大風、海水泛漲溢，壞永嘉、安固二縣城廓及廬舍六千餘家，漂溺畜，遣使賑給。	冊府元龜卷一〇五帝王部惠民一	1258
咸亨元年 （670）	九月，辛未（一日），詔贊善大夫崔承福，通事舍人韋太眞，司衛承鉼耳知正等使，往江西南運糧以濟貧乏。	冊府元龜卷一〇五帝王部惠民一	1258

咸亨元年 （670）	十月，壬辰（廿三日），詔雍、同、華等州百姓有單貧孤苦不能得食及於京城內流冗街衢乞丐塵肆者，宜令所司撿括具錄名姓、本貫，屬於故城內屯監安置，量賜皮裘衣裝，及糧食，縣官與屯監官相知檢校。 十一月，乙卯（十六日），令運劍南倉米萬石，浮江西下，以救饑人。	冊府元龜卷一〇五帝王部惠民一	1258
咸亨元年 （670）	十月，癸酉（四日），大雪，平地三尺餘，行人凍死者贈帛給棺木。令雍、同、華州貧寠之家，有年十五已下不能存活者，聽一切任人收養爲男女，充驅使，皆不得將爲奴婢。	舊唐書卷五高宗紀	95
咸亨元年 （670）	是歲，天下四十餘州旱及霜蟲，百姓飢乏，關中尤甚。 詔令任往諸州逐食，仍轉江南租米以賑給。	舊唐書卷五高宗紀	95
咸亨二年 （671）	二月，丁亥（二十日），雍州人梁金柱請出錢三千貫賑濟貧人。	舊唐書卷五高宗紀	95
咸亨四年 （673）	正月，甲午（七日）詔咸亨初收養爲男女及驅使者，聽量酬衣食之直，放還本處。	舊唐書卷五高宗紀	97
咸亨四年 （673）	七月辛巳（廿八日），婺州暴雨，水泛漲，溺死者五千人，漂損居宅六百家。遣使賑給之。	冊府元龜卷一〇五帝王部惠民一	1258
儀鳳元年 （676）	八月，青州大風，齊淄等七州，大水。停梨園等作坊，減少府監雜匠罷九成宮木工作，亦罷之天下囚徒，委諸州長官慮之。	冊府元龜卷一四四帝王部弭災二	1749
儀鳳元年 （676）	八月，青州大風，海水泛溢，漂損居人廬宅五千餘家。齊淄等七州，大水。詔賑貸貧乏溺死者賜物，埋殯之，舍宅壞者助其營造。	冊府元龜卷一四七帝王部恤下二	1778
儀鳳元年 （676）	八月，青、齊等州海泛溢，又大雨，漂溺居人五千家。遣使賑卹之。	舊唐書卷五高宗紀	102
儀鳳二年 （677）	二月，東都饑。 官出糙米以救饑人。	舊唐書卷五高宗紀	104
調露元年 （679）（儀鳳四年）	二月，命東都出粟及遠年糙米就市糶，以救饑人。	冊府元龜卷一〇五帝王部惠民一	1258
永隆元年 （680）	八月，河南、河北大水。 詔百姓乏絕者往江南就食，仍遣使分道給之。	冊府元龜卷一〇五帝王部惠民一	1258
永隆元年 （680）	秋，河南、北諸州大水。詔遣使分往存問，其漂溺死者，各給棺槥，仍贈其物七弔，屋宇破壞者，勸課鄉閭，助其脩葺，糧食乏絕者，給貸之。	冊府元龜卷一四七帝王部恤下二	1778
永隆元年 （680）	十一月，洛州饑。 減價官糶，以救饑人。	舊唐書卷五高宗紀	107

永隆二年 （681）	正月，凡在寮宜識至懷其殿中太僕寺馬，並令減送群牧諸方貢物，及供進口味百司支料，並宜量事減省。雍、岐、華、同四州，六等已下戶，宜免兩年地稅。河北澇損戶嘗式蠲放之外，特免一年調，其有屋宇遭水破壞，及糧食乏絕者，令州縣勸課助修，并加給貸。	冊府元龜卷一四四帝王部弭災二	1749
永隆二年 （681）	八月丁卯（一日）朔，河南、河北大水，詔百姓乏絕者往江南就食，仍遣使分道給之。	冊府元龜卷一〇五帝王部惠民一	1258
開耀元年 （681）	八月，河南、河北大水。 許遭水處往江、淮已南就食。	舊唐書卷五高宗紀	108
開耀元年 （681）	八月，河南、河北大水。 遣使賑乏絕，室廬壞者給復一年，溺死者贈物人三段。	新唐書卷三高宗紀	76
永隆二年 （681）（開耀元年）	八月，河南、河北大水。詔溺死者各贈物三品。	冊府元龜卷一四七帝王部恤下二	1778
開耀元年 （681）	八月，丁卯（一日）朔，河南、河北大水。詔百姓乏絕者，往往江淮南就食，仍遣使分道給之。	冊府元龜卷一〇五帝王部惠民一	1258
永淳元年 （682）	正月，以年饑受朝賀，不設會。放雍州諸府兵士於鄧綏等州就穀。	冊府元龜卷一四四帝王部弭災二	1748
永淳元年 （682）	正月，以年饑，罷朝會。 關內諸府兵，令於鄧、綏等州就穀。	舊唐書卷五高宗紀	109
永淳元年 （682）	六月，西京平地水深四尺已上，麥一束止得一二升，米一斗二百二十文，布一端止得一百文。國中大饑，蒲、同州等沒徙家口并逐糧，飢餒相仍，加以疾疫，自陝至洛，死者不可勝數。西京米斗三百已下。	舊唐書卷三七五行志	1352
垂拱四年 （688）	二月，山東、河南甚饑乏。 詔司屬卿王及善、司府卿歐陽通、冬官侍郎狄仁傑巡撫賑給。	舊唐書卷六武后紀	118
長壽元年 （692）	七月，大雨，洛水泛溢，漂流居人五千餘家。 遣使巡問賑貸。	舊唐書卷六武后紀	122
長安四年 （704）	十一月，日夜陰晦，大雨雪。都中人有餓凍死者。 令官司開倉賑給。	舊唐書卷六武后紀	132
神龍元年 （705）	四月，雍州同官縣，大雨雹，鳥獸死，又大水，漂流居人四五百餘家。遣員外郎一人巡行，賑給。 六月，河北十七州大水，漂流居人。害苗稼。遣員外郎一人巡行，賑給。	冊府元龜卷一〇五帝王部惠民一	1258
神龍元年 （705）	四月，雍州同官縣大雨雹，鳥獸死及大水漂流居人四五晉家，遣員外郎一人巡行賑給，被溺死者為埋殯。 七月，雒水暴漲壞人廬舍，二千餘家溺死者數百人，令御史存問賑卹，官為瘞埋。	冊府元龜卷一四七帝王部恤下二	1778

神龍元年（705）	六月，河北十七州大水，漂沒人居。 戊辰（二十日），洛水暴漲，壞廬舍二千餘家，溺死者甚眾。 八月戊申（一日），以水災，令文武官九品以上直言極諫。河南洛陽百姓被水兼損者給復一年。	舊唐書卷七中宗紀	140
神龍元年（705）	七月，洛水溢。 八月給復河南，洛陽二縣一年。詔九品已上整言極諫。	新唐書卷四中宗紀	107
神龍二年（706）	六月，遣使賑貸河北遭水之家。 12 月，河北諸州遭水，人多阻饑。令侍中蘇瓌存撫賑給。	冊府元龜卷一〇五帝王部惠民一	1258
景龍元年（707）	夏，山東、河南二十餘州大旱，饑饉、疾疫，死者二千餘人，命戶部侍郎樊悅巡撫賑給。	冊府元龜卷一〇五帝王部惠民一	1258
景龍二年（708）	二月，以河朔諸州多饑乏，命魏州刺史張知泰，攝右御史臺大夫巡問賑恤。七月，荊州水，制令賑給。	冊府元龜卷一〇五帝王部惠民一	1258
景龍三年（709）	六月，以旱避正殿，減膳，撤樂，詔括天下圖籍。壬寅，慮囚。	新唐書卷四中宗紀	111
景龍三年（709）	三月，制發倉廩賑饑人。 十月，以關中旱及水旱，大理少卿侯令德等，分道撫問賑給。	冊府元龜卷一〇五帝王部惠民一	1258
景龍三年（709）	是歲，關中饑，米斗百錢，運山東、江、淮穀輸京師。	通鑑卷二〇九	6638
景雲二年（711）	八月，河南、淮南諸州上言：水旱為災，出十道使巡撫，仍令所在賑恤。	冊府元龜卷一〇五帝王部惠民一	1258
	自太宗時置義倉及常平倉以備凶荒，高宗以後，稍假義倉以給他費，至神龍中略盡。玄宗即位，復置之。	新唐書卷五十二食貨志二	1352
先天二年（713）（開元元年）	六月，以久霖雨，告乾陵及太廟，帝減膳，避正殿。	冊府元龜卷一四四帝王部弭災二	1749
開元二年（714）	正月，關中自去秋至于是月不雨，人多饑乏。 遣使賑給。	舊唐書卷八玄宗紀	172
開元二年（714）	閏二月十八日勅，年歲不稔，有無須通所在州縣，不得閉糴，各令當處長吏簡較。	冊府元龜卷五〇二邦計部常平	6012
開元二年（714）	正月，戊寅（十九日），勅曰：如聞三輔近地幽、隴之間頃緣水旱，素不儲蓄，嗷嗷百姓，已有饑者，方春陽和物皆遂性，豈可為之君上，而令有窮愁靜言之遂忘寢食，宜令兵部員外郎李懷讓、主爵員外郎慕容珣，分道即馳驛往岐、華、同、幽、隴等州指宣朕意，灼然乏絕者，速以當處義倉量事賑給，如不足，兼以正倉及永豐倉米充。仍令節減，務救懸絕者。	冊府元龜卷一〇五帝王部惠民一	1258

開元二年 （714）	九月二十五日，勅天下諸州，今年稍熟，穀價全賤，或慮傷農，常平之法，行之自古，宜令諸州，加時價三兩錢糴，不得抑斂，仍交相付領，勿許懸久。蠶麥時熟，穀米必貴，即令減價出糶。豆等堪貯者熟，亦宜準此。	唐會要卷八十八倉及常平倉	1612
開元二年 （714）	九月，詔曰天下諸州，今年稍熟，穀價全賤，或慮傷農，常平之法，行自往古，苟絕欺隱利益實多，宜令諸州，加時價三兩錢糴，不得抑斂，仍交相付領，勿許懸久。蠶麥時熟，穀米必貴，即令減價出糶。豆等堪貯者熟，亦宜準此。以時出入，務在利人，江、嶺、淮、浙、劍南地皆下濕，不堪貯積，不在此例。其常平所須錢物，宜令所司支料奏聞，並委長官專知，改任日遁相付受。且以天災流行，國家代有，若無糧儲之備，必致饑饉之憂。縣令親人風俗所繫隨當處豐約，勸課百姓未辦三載之糧，且貯一年之食，每家別為倉窖，非蠶忙農要之時，勿許破用。仍委刺史及按察使，簡較覺察，不得容其矯妄。	冊府元龜卷五○二邦計部常平	6021
開元三年 （715）	十一月，乙丑（己丑十日），詔曰：君以人為本，民以食為天，雖水、旱、蟲、螟，代則嘗有，有一於此，胡寧不恤間者。河南、河北災蝗、水澇之處，其困弊未獲安存，念之撫然不忘瘝瘵，宜令禮部尚書鄭惟忠持節河南宣撫百姓，工部尚書劉知柔持節河北道安撫百姓其被蝗、水之州，量事賑貸。	冊府元龜卷一○五帝王部惠民一	1259
開元三年 （715）	七月詔曰，古之為國者，藏之於人，百姓不足，君孰與足。比者山東邑郡，歷年不稔，朕為父母，欲安黎庶，恤彼貧弊，拯其流亡，靜而思之，非不勤矣。今者風雨咸若，京坻可望，貸糧地稅，庸、調、正租，一時併徵，必無辦法。河北諸州宜委州縣長官勘責灼然，不能支濟者，稅租且於本州納，不須徵却。待至春中，更別處分，有貸糧迴溥等，於量事減徵。	冊府元龜卷一四七帝王部恤下二	1777
開元四年 （716）	五月二十一日，詔州縣義倉，本備飢年賑給。近年已來，每三年一度，以百姓義倉糙米，遠赴京納，仍勒百姓私出腳錢。自今以後，更不得義倉變造。（《舊唐書》卷四九〈食貨志〉，頁2124。）	唐會要卷八十八倉及常平倉	1613
開元四年 （716）	五月勅曰，天下百姓皆有正條正租，州縣義倉，本備饑年賑給，若緣官事便用還以正倉却填，近年已來，每三年一度，以百姓義倉糙米，遠送交納，仍勒百姓私出腳錢，即并正租，一年兩度打腳，雇男鬻女，折舍賣田，力極計窮，遂即逃竄，勢不獲已，情實可矜，自今已後，更不得以義倉回造。已上道者，不在停限，以後若不熟之少者，任所司臨時具奏聽進，止其腳，並以官物充。	冊府元龜卷五○二邦計部常平	6021

開 元 五 年 （717）	五月，詔曰：河南、河北去年不熟，今春亢旱，全無麥苗，雖令賑給，未能周贍，所在饑弊，特異尋常，如聞至今猶未得雨，事須存問，以慰其心。從此發使，又恐勞擾，宜降恩制，令本道按察使按撫，其有不收麥處，更量賑卹，使及秋收，仍令勸課種黍稷及旱穀等，使接糧應有事急要者，宜委使人量停事，有不便於人，須有釐革。	冊府元龜卷一○五帝王部惠民一	1259
開 元 六 年 （718）	八月辛巳（十九日），詔曰：今歲河南諸州頗多水潦，稼穡不稔，閭閻阻饑，方屬西巡，更深東顧，不加存問，孰副憂軫，宜令工部尚書劉知柔馳驛充使往河南道巡歷，簡問應免租庸及賑卹，竝量事便處分兼察人民冤苦，官吏善惡，還日奏。聞宋、亳、陳、許之間遭水潦尤甚，其應緣賑卹，宜倍優賞。	冊府元龜卷一六二帝王部命使二	1952
開 元 七 年 （719）	六月，勅，關內、隴右、河南、河北五道，及荊、揚、襄、夔、綿、益、彭、蜀、漢、劍、茂等州，並置常平倉。其本上州三千貫，中州二千貫，下州一千貫，每糶具本利與正倉帳同申。（《舊唐書》卷四九〈食貨志〉，頁2124。）	唐會要卷八十八倉及常平倉	1613
開 元 八 年 （720）	二月，以河南淮南江南頻遭水旱。遣吏部郎中張旭等分道賑卹。 四月，華州刺史竇思仁奏：乏絕戶，請以永豐倉賑給從之。	冊府元龜卷一○五帝王部惠民一	1259
開 元 八 年 （720）	三月，甲子四鎮水旱。 免水旱州逋負，給復四鎮行人家一年。	新唐書卷五玄宗紀	127
開 元 八 年 （720）	六月，河南府穀、雒、涯（瀍）三水泛漲，漂溺居人四百餘家，壞田三百餘頃，諸州當防丁當番衛士掌閑⏋者千餘人，遣使賑卹，及助脩屋宇，其行客溺死者，委本貫存恤其家。	冊府元龜卷一四七帝王部卹下二	1779
開 元 九 年 （721）	夏五月，己未（十三日），勅，諸州水旱特有其五嶽、四瀆，宜令所司差使致祭，自餘名山大川及古帝王并名賢、將相陵墓並令所司州縣州縣長官致祭，仍各修飾洒掃。	冊府元龜卷一四四帝王部弭災二	1751
開 元 十 年 （722）	五月，伊、汝水溢，毀東都城東南隅，平地深六尺；河南許仙豫陳汝唐鄧等州大水，害稼，漂沒民居，溺死者甚眾。七月庚辰（十日），給復遭水州。	新唐書卷五玄宗紀、卷三六五行志三	129 931
開 元 十 年 （722）	五月，東都大雨，伊汝等水泛漲，漂壞河南府及許、汝、仙、陳等州廬舍數千家，溺死者甚眾。 秋八月丁亥（無），遣戶部尚書陸象先往汝、許等州存撫賑給。	舊唐書卷八玄宗紀	183 -184
開 元 十 年 （722）	五月，東都大雨，伊、汝等水泛壞河南府及許、汝、仙、陳四州廬舍數千家，溺死者甚眾。詔河南府巡行所損之家，量加賑貸，并借人力助營宅屋。	冊府元龜卷一四七帝王部卹下二	1779
開 元 十 年 （722）	六月，丁巳（十八日），博州河決，命按察使蕭嵩等治之。	資治通鑑卷二一二唐紀二八	6750

開元十年 （722）	八月，東都大雨，伊、汝等水泛漲，漂壞河南府及許、汝、仙、陳等州廬舍數千家。遣戶部尚書陸象先存撫賑給。	冊府元龜卷一〇五帝王部惠民一	1259
開元十年 （722）	九月十五日，廢河陽、柏崖、坦縣等倉。	唐會要卷八十八倉及常平倉	1613
開元十一年（723）	正月，詔河南府遭水百姓，前令量事賑濟，如聞未能存活，春作將興，恐乏糧用。宜令王怡簡問不支濟者，更賑給，務使安存。	冊府元龜卷一〇五帝王部惠民一	1259
開元十一年（723）	七月，丁亥（廿四日），勅曰：……今遠路僻州，醫術全少，下人疾苦，將何恃賴？宜令天下諸州各置職事醫學博士一員，階品同于錄事，每州寫本草及百一集驗方，與經史同貯，其諸州子錄事，各省一員，中下州先有一員者，省訖仰州褟勳散官兖帝新製廣濟方，頒於天下。	冊府元龜卷一四七帝王部恤下二	1779
開元十二年（724）	三月，詔曰：「河南河北去歲雖熟，百姓之間頗聞辛苦，今農事方起，蠶作就功，宜令御史分往行，其有貸糧未納者，竝停到秋收。	冊府元龜卷一四七帝王部恤下二	1779
開元十二年（724）	七月，河東、河北旱，命中書舍人寇泚宣慰河東道，給事中李昇期宣慰河北道，百姓有匱乏者，量事賑給，帝親禱于內壇凼三日曝立。	冊府元龜卷一四四帝王部弭災二	1751
開元十二年（724）	八月，蒲、同兩州自春偏旱，慮自來歲貧下少糧，宜令太原倉出十五萬石米付蒲州，永豐倉出十五萬石米付同州，減時價十錢糶與百姓。	冊府元龜卷一〇五帝王部惠民一	1259
開元十三年（725）	正月詔曰：元率地稅以置義倉，本防險年，賑給百姓，頓年不稔，通租頗多，言念貧人將何以濟今獻春布澤務合時和，自開元十二年以前所未納懸欠地稅放免。	冊府元龜卷四九〇邦計部常平	5862
開元十四年（726）	七月詔曰：…頃秋夏之際，水潦不時，懷、鄭、許、滑、衛等州皆遭泛溢，苗稼潦漬，屋宇傾催，……宜令右監門衛將軍知內侍省事黎敬仁速往宣慰，如有遭損之處，應須營助賑給，竝委使與州縣相知，量事處置，及所在堰不穩便者，簡行具利害奏聞。	冊府元龜卷一六二帝王部命使二	1954
開元十四年（726）	七月，以懷、鄭、許、滑、衛等州水潦，遣右監門衛將軍知內侍省事黎敬仁宣慰，如有遭損之處，應須營助賑給，竝委使與州縣相知，量事處置。及所在堤堰不穩便者，簡行其利害奏聞。 九月，命御史中丞兼戶部侍郎宇文融往河南、河北道遭水州宣撫，若屋宇摧壞，牛畜俱盡，及征人之家，不能自存立者，量事助其脩葺。 十一月詔曰：近聞河南、宋、沛等州百姓多有淞流逐熟去者，須知所詣有以安存，宜令本道勸農事，與州縣撿責其所去，及所到戶數奏聞。	冊府元龜卷一四七帝王部恤下二	1779

開元十四年（726）	七月癸未（十四日），瀍水溢。瀍水暴漲，流入洛漕，漂沒諸州租船數百艘，溺死者甚眾，漂失楊、壽、光、和、廬、杭、瀛、棣租米十七萬二千八百九十六石，并錢絹雜物等。 因開斗門決堰，引水南入洛，漕水燥竭，以搜漉官物，十收四五焉。	舊唐書卷三七五行志	1357
開元十四年（726）	九月，八十五州言水，河南、河北尤甚，同、福、蘇、嘗四州，漂壞廬舍，遣戶部侍郎宇文融簡覆賑給之。	冊府元龜卷一〇五帝王部惠民一	1259
開元十四年（726）	九月，命御史中丞兼戶部侍郎宇文融往河南河北道遭水州宣撫，若屋宇摧壞，牛畜俱盡，及征人之家不能自存立者，量事助其脩葺。有官吏縱捨賑給不均，亦須糾正，回日奏聞。	冊府元龜卷一四七帝王部恤下二、卷一六二帝王部命使二	1779、1954
開元十五年（727）	三月制曰：河北遭水處城旁及諸番降人。先令安置，及編州縣被差征行人家口等，去年水潦，漂損田苗，頻遣使人，所在巡撫，兼令州縣，倍加矜恤，不知竝得安存與否。以今舊穀既沒，新麥未登，丁壯既差遠行，老少慮不支濟。朕居黃屋，念在蒼生，每思優養無鑒寐，今故遣中使左監門衛將軍李善才重此宣慰，宜令州縣即簡責，有乏絕者，准吏給糧。俾令安堵，以副朕心。	冊府元龜卷一六二帝王部命使二	1954
開元十五年（727）	四月詔曰：河南河北諸州，去年緣遭水潦，雖頻加賑貸而恐未小康，言念於茲，無忘鑒寐爰自春夏雨澤，以時兼聞夏苗非常茂好既即收穫不慮少糧，然以產業初營，儲積未瞻，若非寬惠，不免艱辛，其貸糧麥種穀子廻轉變造諸色欠負等竝放，候豐年以漸徵納釁麥事畢，及秋收後，竝委刺史縣令專勾當各令貯積勿使妄有費用明加曉諭，知朕意焉。	冊府元龜卷一四七帝王部恤下二	1779
開元十五年（727）	二月，遣右監門將軍黎敬仁往河北賑給貧乏，時河北牛畜大疫也。 七月，戊寅（八日），冀州、幽州、莫州大水，河水泛濫，漂損居人屋宇，及稼穡，竝以倉糧賑給之。 丙辰，詔曰：同州、鄘州近屬霖雨，稍多水潦為害，念彼黎人，載懷憂惕，宜令侍御史劉彥回乘傳宣慰。其有百姓屋宇、田苗被漂損者，量加賑給。 八月，制曰：河北州縣，水災尤甚，言念蒸人，何以自給，宜令所司量支東都租米二十萬石賑給。乃令魏州刺史宇文融充宣撫使，便巡撫水損，應須優恤，及合折免，并存閭舍，一事已上，與州縣相知，逐穩便處置，務從簡易，勿致勞擾。 12 月，以河北饑甚，轉江淮租米百萬餘石，賑給之。	冊府元龜卷一〇五帝王部惠民一	1259 ～ 1260
開元十五年（727）	四月，初洛陽人劉宗器上言，請塞汜水舊汴口，更於滎澤引河入汴；擢宗器為左衛率府胄曹。至是，新渠填塞不通，貶宗器為循州安懷戍主。命將作大匠范安及發河南、懷、鄭、汴、滑、衛三萬人疏舊渠，旬日而畢。	資治通鑑卷二一三唐紀二九	6777

開元十五年（727）	七月，鄜州雨，洛水溢入州城，平地丈餘，損居人廬舍，溺死者不知其數。 二十一日，同州損郭邑及市，毀馮翊縣。 己亥（廿九日），降都城囚罪，徙以下原之。	新唐書卷五玄宗紀	132
開元十五年（727）	八月，澗、穀溢，毀澠池縣。 己巳（廿九日），降天下北罪，嶺南邊州流人，徙以下原之。	新唐書卷五玄宗本紀、卷三六五行志三	133 931
開元十五年（727）	八月，澠池縣夜有暴雨，澗水、穀水漲合，毀郭邑百餘家及普門佛寺。 己巳（廿九日），降天下死罪，嶺南邊州流人，徙以下原之。	舊唐書卷三七五行志	1358
開元十五年（727）	是秋，天下六十三州水，十七州，霜旱；河北饑。轉江淮之南租米百萬石以賑給之。	舊唐書卷八玄宗紀	191
開元十六年（728）	正月，以久雨。兩京及諸州繫囚應推徒已下罪並宜移樽就教死罪及流各減一等。庶得解吾人之慍，結迎上天之福祐。	冊府元龜卷一四四帝王部弭災二	1752
開元十六年（728）	九月，以久雨，帝思宥罪，緩刑，乃下制曰：古之善爲邦者，重人之命，執法之中，所以和氣洽嘉生茂，今秋京城連雨，隔月恐耗其膏粒而害于粢盛，抑朕之不明何政之闕也。永惟久雨者，陰氣凌陽，冤塞不暢之所致也，持獄之吏不有刑罰生於刻薄輕重出於愛憎邪。詩曰：此宜無罪汝歹收之刺壞法也。書曰：與其殺不辜，寧失不經，明慎刑也，好生之德可不務乎！兩京及諸州繫囚應推徒已下罪，並宜釋放死罪，及流各減一等，庶得解吾人之慍，結迎上天之福祐，布告遐邇知朕意焉。	冊府元龜卷一四四帝王部弭災二	1752
開元十六年（728）	九月詔曰：河南道宋、亳、許、仙、徐、鄆、濮、兗州奏旱損田，宜令右監門衛大將軍黎敬仁往彼巡問，如有不支濟戶，應須賑恤，與州縣長官相知，量事處置。	冊府元龜卷一六二帝王部命使二	1954
開元十六年（728）	九月詔曰：如聞天下諸州今歲普熟，穀價至賤，必恐傷農，加錢收糴，以實倉廩，縱逢水旱，不慮阻饑。公私之間，或亦爲便令，所在以常平本錢及當處物，各於時價上加三五錢，百姓有糴易者，爲收糴事須兩和，不得限數配糴，訖具所用錢物，及所收糴物數，具申所司，仍令上佐一人專簡較。	冊府元龜卷五〇二邦計部平糴	6012
開元十六年（728）	十月二日，勅，自今歲普熟，穀價至賤，必恐傷農。加錢收糴，以實倉廩，縱逢水旱，不慮阻飢。公私之間，或亦爲便。宜令所在以常平本錢及當處物，各於時價上量加三錢，百姓有糴易者，爲收糴。事須兩和，不得限數。（《舊唐書》卷四九〈食貨志〉，頁2124。）	唐會要卷八十八倉及常平倉	1613
開元二十年（732）	九月戊辰（廿八日），河南道宋、滑、兗、鄆等州大水傷禾稼，特放今年地稅。	冊府元龜卷四九〇邦計部常平	5863

開元二十年（732）	二十年，京師穀價踴起，上召京兆尹裴耀卿，問以救人之術。	唐會要卷八十七漕運	1596
開元廿一年（733）	四月，以久旱，命太子少保陸象先，戶部尙書杜暹等七人，往諸道賑給。 是年，關中久雨害稼，京師饑。詔出太倉粟二百萬石賑給之。	冊府元龜卷一〇五帝王部惠民一	1261
開元廿一年（733）	是歲，關中久雨害稼，京師饑。 詔出太倉米二百萬石給之。	舊唐書卷八玄宗紀	200
開元廿一年（733）	九月，關中久雨穀貴，上將幸東都，召京兆尹裴耀卿謀之，對曰：「關中帝業所興，當百代不易，但地狹穀少，故乘輿時幸東都以寬之。……請於河口倉（河口，汴水達河之口也，河口倉謂之武牢倉。），……又於三門東西各置一倉（時於三門東置集津倉，西置鹽倉），至者貯納，水險則止，水通則下。	資治通鑑卷二一三唐紀廿九	6802
開元廿二年（734）	正月懷、衛、邢、相等州乏糧，遣中書舍人裴敦復巡問，量給種子。 二月，秦州地震，廨宇及居人廬舍推壞略盡，遣使存問賑恤之。	冊府元龜卷一〇五帝王部惠民一	1261
開元廿二年（734）	春正月己巳（六日），幸東都。己丑（廿六日），至京師。 二十四年冬十月戊申（二日），車駕發東都，還西京。 辛未（八日），太府卿嚴挺之、戶部侍郎裴寬於河南存問賑給。 乙酉（廿二日），懷、衛、邢、相等五州乏糧，遣中書舍人裴敦復巡問，量給種子。	舊唐書卷八玄宗紀	200～203
開元廿二年（734）	八月，遣侍中裴耀卿充江淮、河南轉運使，河口置輸場。 壬寅（廿四日），於輸場東置河陰縣。 又遣張九齡於許、豫、陳、亳等州置水屯。	舊唐書卷八玄宗紀	201
開元廿二年（734）	上以裴耀卿爲江淮、河南轉運使，於河口置輸場。 八月，壬寅，於輸場東置河陰倉，西置柏崖倉（高宗咸亨二年，於洛州河陽縣柏崖置倉，開元十年廢，今復因舊基置之。）三門東置集津倉，西置鹽倉；鑿漕渠十八里以避三門之險。	資治通鑑卷二一四唐紀三十	6807
開元廿三年（735）	八月，制江淮以南有遭水處，委本道使賑給之。	冊府元龜卷一〇五帝王部惠民一	1261
開元廿五年（737）	以江、淮輸運有河、洛之艱，而關中蠶桑少，菽粟常賤，乃命庸、調、資課皆以米，凶年樂輸布絹者亦從之。河南、北不通運州，租皆爲絹，代關中庸、課（調），詔度支減轉運。	新唐書卷五十一食貨志一	1346

開元廿五年（737）	四月，勅，關輔庸調所稅非少，既寡蠶桑，皆資菽粟，常賤糴貴賣，捐費逾深，又江淮苦變造之勞，河路增轉輸之弊，每計其運腳錢，數倍加錢。今歲屬和平庶，物穰賤，南畝有十千之。獲京師同水止之饒，均其餘以減遠貴，順其便使農無傷。自今已後，關內諸州庸、調、資課，竝宜准時價變粟，取米送至京，逐要支用。其路遠處不可運送者，所在收貯，便充隨近軍糧。其河南、河北不通水舟，宜折租造絹，以代關中調課，所司仍明爲條件，稱朕意焉。	冊府元龜卷四八七邦計部賦稅一	5829
開元廿五年（737）	九月，詔曰，大河南北人戶殷繁，衣食之原租賦尤廣，頃年水旱廒庾尚虛，今歲屬和平，時遇豐稔而租所入水陸漕運緣腳錢雜，必甚傷農，務在優饒惠彼黎庶，息其轉輸，大實倉儲，今年河南、河北應送含嘉、太原等倉租米，宜折粟，留納本州。	冊府元龜卷四八七邦計部賦稅一	5829
開元廿五年（737）	四月，詔有司以咸宜公主秦州牧地分給逃還貧下戶。	冊府元龜卷一〇五帝王部惠民一	1261
開元廿五年（737）	九月，戊子（十七日），敕以歲稔穀賤傷農，命增時價十二三，和糴東、西畿粟各數百萬斛，停運今年江、淮所運租。	資治通鑑卷二一四唐紀三十	6830
開元廿八年（740）	正月，勅，諸州水旱，皆待奏報，然後賑給。道路悠遠，往復淹遲，宜令給訖奏聞。	唐會要卷八十八	1613
開元廿八年（740）	十月，河北十三州水，勅本道採訪使量事賑給。	冊府元龜卷一〇五帝王部惠民一	1261
開元廿九年（741）	正月，丁酉（十五日）制，承前諸州饑饉，皆待奏報，然後始開倉賑給。道路悠遠，何救懸絕！自今委州縣長官與采訪使量事給訖奏聞。	資治通鑑卷二一四唐紀三十	6843
開元廿九年（741）	秋，河北博、洺等二十四州言雨水害稼。命御史中丞張倚往東都及河北賑恤之。	舊唐書卷九玄宗紀	214
開元廿九年（741）	秋，河北二十四州雨水害傷稼。命御史中丞張倚往東都及河北賑給。	冊府元龜卷一〇五帝王部惠民一	1261
天寶元年（742）	是歲，命陝郡太守韋堅引滻水開廣運潭於望春亭之東，以通河、渭；京兆尹韓朝宗分渭水入自金光門，置潭於西市之西街，以貯木材。	舊唐書卷九玄宗紀	216
天寶元年（742）	開元之前，每歲供邊兵衣糧，費不過二百萬；天寶之後，邊將奏益兵浸多，每歲用衣千二十萬匹，糧百九十萬斛，公私勞費，民始困矣。	資治通鑑卷二一四唐紀三十	6851
天寶四載（745）	五月詔曰，如聞今載收麥倍勝常歲，稍至豐賤，即慮傷農，處置之間事資通濟。宜令河南、河北諸郡長官取當處常平錢，於時價外，斗別加三五錢，量事收糴大麥貯掌，其義倉亦宜准此。仍委採訪使勾當，便勘覆具數一時錄奏。諸道有糧儲少處，各隨土宜，如堪貯積，亦准此處分。	冊府元龜卷五〇二邦計部平糴	6013

天寶六載（747）	三月，太府少卿張宣奏：「準四載（745）五月并五載三月敕節文，至貴時賤價出糶，賤時加價收糴。若百姓未辦錢物者，任準開元二十年七月敕，量事賒糶，至粟麥熟時徵納。臣使司商量，且糶舊糴新，不同別用。其賒糶者，至納錢日若粟麥雜種等時價甚賤，恐更迴易艱辛，請加價便與折納。」	舊唐書卷四九食貨志	2124
天寶九載（750）	四月，詔出太倉粟七十萬石，開六場糶之，并賑貸外縣百姓，至秋熟徵納，便於外縣收貯，以防水旱。	唐會要卷八十八倉及常平倉	1614
天寶十二載（753）	正月丁卯（廿五日），詔曰：河東及河淮間諸郡去載微有澇損，至於乏絕已令給糧，如聞郡縣尚未賙恤，方春在候，農事將興或慮百姓艱難，未能存濟，宜每道各令御史一人，即往宣撫，應有不支持者，與所繇計會，隨事賑給，如當郡無食，及不克聽取比郡者，分付務令勝致，以副朕懷。	冊府元龜卷一○五帝王部惠民一	1261
天寶十二載（753）	八月，京城霖雨，米貴。令出太倉米十萬石，減價糶與貧人。仍令中書門下就京兆、大理竦決囚徒。	舊唐書卷九玄宗紀	227
天寶十二載（753）	八月，京師連雨二十餘日，米涌貴，令中書門下就京兆尹大理竦決囚徒。	冊府元龜卷一四四帝王部弭災二	1752
天寶十二載（753）	是時中國盛強，自安遠門西盡唐境萬二千里，閭閻相望，桑麻翳野，天下稱富庶者無如隴右。	資治通鑑卷二一六唐紀三二	6919
天寶十三載（754）	以久雨，左相、許國公陳希烈爲太子太師，罷知政事。	舊唐書卷九玄宗紀	229
天寶十三載（754）	秋，霖雨積六十餘日，京城垣屋頹壞殆盡，物價暴貴，人多乏食。東都瀍、洛暴漲，漂沒一十九坊。令出太倉米一百萬石，開十場賤糶以濟貧民。	舊唐書卷九玄宗紀	229
天寶十三載（754）	秋，大霖雨，自八月至十月，幾六十餘日，如齊、京城坊市垣墉隤毀殆盡，米價踴貴，詔出太倉米百萬石於城中，分十場賤糶與貧人。	冊府元龜卷一○五帝王部惠民一	1261
天寶十三載（754）	十月，自去歲水旱相繼，關中大饑。楊國忠京兆尹李峴不附己，以災沴歸咎於峴，九月貶長沙太守。上憂雨傷稼，國忠取禾之善者獻之，曰：「雨雖多，不害稼也。」上以爲然。扶風太守房琯言所部水災，國忠使御史推之。是歲天下無應爲災者。高力士侍側，上曰：「淫雨不已，卿可盡言。」對曰：「自陛下以權假宰相，賞罰無章，陰陽失度，臣何敢言！」上默然。	資治通鑑卷二一七唐紀卅三	6928
天寶十四載（755）	正月，以歲饑乏故下詔曰：「嘉穀不登，古今薦有，勸分之義皇王善經，且豐熟已來，歲頗久，豈有餘糧棲畝，誠恐極賤傷農，所以積之京坻用防水旱，爰自二載，稍異有年粟麥之間，或聞未贍，比開倉賤糶，以濟時須，雖且得支持而價未全，減餕糧種子尚慮不克，是用賙恤俾之寬泰，在於處置須均有	冊府元龜卷一○五帝王部惠民一	1261

	無，今更出倉務，令家給俾其樂業式副朕心，宜於太倉出糶一百萬石，分付京兆府與諸縣，糶每升減於時價十文，河南府畿縣出三十萬石，太原府出三十萬石，榮陽臨汝等郡各出粟二十萬石，河內郡出米十萬石，陝郡出米二萬石，并每斗減時價十文，糶與當處百姓，應緣開場差官分配多少，一時各委府郡縣長官處置，乃令採訪使各自勾當其太倉、含嘉倉令監倉使與府縣計會處分其奉、先、同、官、華、原等縣，與中部郡地宜准諸縣例數，便於中部，請受其餘縣有司者仰准此其天下府縣百姓去載有損，交不支濟者仰所繇審勘責除有倉糧之外，仍便據籍地頃畝量與種子。京兆府及華陽、馮翊、扶風等郡，既是近輔須別優矜。雖非損戶，或有乏少種子者，亦仰每鄉量宜准給，并委採訪，與府郡長官計會即與處置。使及營農使其種子既須好粟，仍取新地稅分付京畿府郡，京草雖已加價，尚聞難辦，宜委度支各與所繇計會支料得至今載終已，來用足之外應未選者量事停減賑給，糶倉矜貧濟乏，務從撫實，無使隱欺。如官人及富有之家典正并儌攬諸色，輒私侵糶兼有乞取或虛剉人名詐來請受者，其自五品已上官蔭人等，錄奏當別有處分，六品已下并白身者便決一頓，仍准法科繩所繇等官不能察覺，及自抵犯者亦與同罪。		
至德二年（757）	三月癸亥（十五日），大雨至廿五日不止。廿六日雨止。 帝令恤獄緩刑，詔三司條件竦理處分。	冊府元龜卷一四四帝王部弭災二	1752
至德二年（757）	三月癸亥（十五日），大雨至廿五日不止。 詔理疏刑獄，廿六日方止。	舊唐書卷十肅宗紀	246
寶應元年（762）	十月，浙江水旱，百姓重困。 詔州縣勿輒科率，民疫死不能葬者為瘞之。	新唐書卷六代宗紀	168
大曆四年（769）	自夏四月連雨至此月（八月）。京城米斗八百文，官出太倉米二萬石，減估而糶，以惠貧民。	舊唐書卷十一代宗紀	294
大曆四年（769）	秋，大雨，是歲自四月霖澍至九月。 京師米斗至八百文，官出太倉米賤糶以救饑人。京城閉坊市北門，門置土臺，臺上置壇及黃幡以祈晴。秋末方止。	舊唐書卷三七五行志	1359
大曆四年（769）	自四月連雨至八月，京城米斗八百文，官出米二萬石，減估而糶，以惠貧民。	冊府元龜卷一〇五帝王部惠民二	1263
大曆四年（769）	自四月雨連霖至秋。 京師米斗至八百，官出米二萬石，分場出糶貧人，閉坊市北門，置土臺及黃幡以祈晴。是日雨止。	冊府元龜卷一四四帝王部弭災二	1753
大曆五年（770）	夏，復大雨，京城饑。 出太倉米減價以救人。	舊唐書卷三七五行志	1359
大曆十一年（776）	三月，以杭州前歲水災命右散騎嘗侍蕭昕使于杭州宣慰賑給。	冊府元龜卷一〇五帝王部惠民二	1263

貞元八年（792）	八月，乙丑（十日），以天下水災，分命朝臣宣撫賑貸。	舊唐書卷十三德宗紀	375
貞元十四年（798）	六月，以米價稍貴，令度支出官米十萬石於兩街賤糶。其月以久旱穀貴人流，出太倉粟分給京畿諸縣…… 九月，以歲饑出太倉粟三十萬石出糶。	唐會要卷八八倉及常平倉	1615
貞元十四年（798）	冬十月癸酉（丁酉廿日），以歲凶穀貴，出太倉粟三十萬石，開場糶以惠民。 庚子（廿四日），夏州韓全義，奏破吐蕃鹽州。	舊唐書卷十三德宗紀	389
貞元十八年（802）	七月，蔡、申、光三州春水夏旱。 賜帛五萬段，米十萬石，鹽三千石。	舊唐書卷十三德宗紀	396
貞元十八年（802）	申、光、蔡等州水。 賜物五萬段，米十萬石，鹽三千石，以賑貧民。	唐會要卷四四水災下	784
元和四年（809）	七月三日，渭南暴水壞廬舍二百餘戶，溺死六百人。命府司賑給。	舊唐書卷十四憲宗紀	428
元和四年（809）	七月，渭南縣暴水泛溢，漂損廬舍二百一十三戶，秋田十有六頃，溺死者千人。命京兆府發義倉救之。	唐會要卷四四水災下	784
元和六年（811）	二月，李絳奏：「諸州闕官職田祿米，及見任官抽一分職田，請所在收貯，以備水旱賑貸。」從之。	舊唐書卷十四憲宗紀	437
元和八年（813）	六月辛丑（廿日），出宮人二百車，任所適，以水災故。	舊唐書卷十五憲宗紀	446
元和八年（813）	六月辛卯（十日），渭水暴漲，絕濟者一月，時所在霖雨，百源皆發，川瀆多不由故道。 辛丑，出宮人二百車，人得娶納，以水害誡陰盈也。	舊唐書卷三七五行志	1360
元和八年（813）	六月辛丑（二十日），出宮人二百車，許人得娶以爲妻，以水害誡陰盈故。	冊府元龜卷一四四帝王部弭災二	1754
元和八年（813）	12月，以河溢浸滑州羊馬城之半。 滑州薛平、魏博田弘正徵役萬人，於黎陽界開古黃河道，決舊河水勢，滑人遂無水患。	舊唐書卷十五憲宗紀	448
元和九年（814）	四月，詔出太倉粟七十萬石，開六場糶之，并賑貸外縣百姓。至秋熟徵納，便于外縣收貯，以防水旱。	唐會要卷八十八倉及常平倉	1616
元和十二年（817）	四月，詔出粟二十五萬石，分兩街降估出糶。九月，詔諸道應遭水州府，河中、澤潞、河東、幽州、江陵府等管內，及鄭、滑、滄、景、易、定、陳、許、晉、隰、蘇、襄、復、台、越、唐、隨、鄧等州人戶，宜令本州厚加優卹。仍各以當荒義倉斛斗，據所損多少量事賑給訖，具數聞奏，其人戶中有漂溺致死者，仍委所在收瘞，其屋宇摧倒，亦委長吏量事勸課修葺，使得安存。	唐會要卷八十八倉及常平倉	1616
元和十三年（818）	正月，戶部侍郎孟簡奏天下州府常平義倉等斗斛請準舊例，減估出糶，但以石數奏申有司，更不收管州縣，得專以利百姓，從之。	唐會要卷八十八倉及常平倉	1616

長慶二年（822）	七月，好時縣山水漂溺居人三百家。陳、許、蔡等州水。陳、許州水災，賑粟五萬石。	舊唐書卷十六穆宗紀	498
長慶二年（822）	七月，好時山水泛漲，漂損居人三百餘家。 其月，詔陳許兩州災頗甚，百姓廬舍，漂溺復多，言念疲氓，豈忘救卹，宜賜米粟，共五萬石充賑給。以度支先於內見收貯米粟充。本道觀察使審勘責所漂溺貧破人戶，量家口多少，作等第，分給聞奏。	唐會要卷四四水災下	785
長慶二年（822）	十月，好時山水泛漲，漂損居人三百餘家，河南陳、許二州尤甚。 詔賑貸粟五萬石，量人戶家口多少，等第分給。	舊唐書卷三七五行志	1360
長慶二年（822）	閏十月甲寅（廿七日），詔：「江淮諸州旱損頗多，所在米價不免踊貴，眷言疲困，須議優矜。宜委淮南、浙西、東、宣歙、江西、福建等道觀察使，各於當道有水旱處，取常平倉斛斗，據時估減半價出糶，以惠貧民。	舊唐書卷十六穆宗紀	500
長慶四年（824）	六月辛巳（三日），敕以霖雨命疏決京城繫囚。	舊唐書卷十七敬宗紀	510
長慶四年（824）	八月，陳、許、鄆、曹、濮等州水害秋稼。 甲寅（無），詔於關內、關東折糴和糴粟一百五十萬石。	舊唐書卷十七敬宗紀	511
大和四年（830）	九月，舒州太湖、宿松、望江大水災，溺民戶六百八十。 詔本道以義倉斛斗賑貸。	唐會要卷四四水災下	786
大和四年（830）	九月，舒州太湖、宿松、望江三縣水，溺民戶六百八十。 己丑（十八日），淮南天長等七縣水，害稼。詔以義倉賑貸。 是歲，京畿、河南、江南、荊襄、鄂岳、湖南等道大水，害稼。出官米賑給。	舊唐書卷十七文宗紀	538-540
大和五年（831）	秋七月，劍南東西兩川水。 遣使宣撫賑給。	舊唐書卷十七文宗紀	542
大和六年（832）	二月戊寅（十五日），蘇、湖二州大水。 賑米二十二萬石，以本州常平倉斛斗給。	舊唐書卷十七文宗紀	544
大和六年（832）	二月，以去歲蘇湖大水，宜賑貸二十二萬石，以本州常平義倉斛斗充給。	唐會要卷四四水災下	786
開成二年（837）	八月，山南東道諸州大水，田稼漂盡。 丁酉（六日），詔大河西南，幅員千里，楚澤之北，連亙數州，以水潦暴至，堤防潰溢，既壞廬舍，復損田苗，言念黎元，罹此災沴，宜令給事中盧宣邢、郎中崔璔宣慰。	唐會要卷四四水災下	786

開 成 三 年（838）	八月甲午（九日），山南東道諸州大水，田稼漂盡。丁酉（十二日），詔：「大河而南，幅員千里，楚澤之北，連亙數州。以水潦暴至，隄防潰溢，既壞廬舍，復損田苗。…遣使宣慰。	舊唐書卷十七文宗紀	574
會 昌 三 年（843）	九月丁未（廿日），雨霖。 以雨霖，理囚，免京兆府秋稅。	新唐書卷八武宗紀	243
大 中 四 年（850）	四月，以雨霖，詔京師，關輔理囚，蠲度支，鹽鐵，戶部逋負。	新唐書卷八武宗紀	248
大 中 十 三年（859）	正月戊午（一日），大赦，蠲度支，戶部逋負，放宮人。	新唐書卷八武宗紀	252
咸 通 二 年（861）	春二月，李福奏：「屬郡穎州去年夏大雨，沈丘、汝陰、潁上等縣平地水深一丈，田稼、屋宇淹沒皆盡。乞蠲租賦。從之。	舊唐書卷十九懿宗紀	651
咸 通 七 年（866）	二月戊申（二日），免河南府，同華陝虢四州一歲稅，湖南及桂容三管，岳州夏秋稅之半。	新唐書卷九懿宗紀	259

參考書目

一、古典文獻

1. 〔宋〕王溥撰,《唐會要》全三冊,北京,中華書局,1998 年 11 月北京第四次印刷。卷一○○。

2. 〔清〕王夫之著,《讀通鑑論》全二冊,台北,里仁書局,民國 74 年 2 月出版。卷三○。

3. 〔北宋〕王欽若等編,《冊府元龜》全十二冊,北京,中華書局,1960 年 6 月第一版,1994 年 10 月北京第四次印刷。卷一○○○。

4. 〔宋〕司馬光撰、胡三省注,《資治通鑑》全十六冊,台北,世界書局,1993 年 9 月初版十一刷。卷二九四。

5. 〔漢〕司馬遷撰、會合三家注,《史記》全五冊,台北,世界書局標點本,1993 年 12 月六版二刷。卷一三○。

6. 〔唐〕白居易著,丁如明、聶世美校點,《白居易全集》,上海,古籍出版社,1999 年 5 月第一版,卷七十一。

7. 〔漢〕氾勝之著、石漢聲校釋,《氾勝之書》,北京,科學出版社,1956 年 11 月第一版第一次印刷。卷二。

8. 〔唐〕吳兢編著,《貞觀政要》,上海,古籍出版社,1999 年 7 月第五次印刷。卷一○。

9. 〔宋〕宋敏求編,《唐大詔令集》,上海,商務印書館,1959 年 4 月初版,上海第一次印刷。卷一三○。

10. 〔宋〕李昉等編撰,《太平御覽》全五冊,台北,臺灣商務印書館,民國 81 年 1 月台一版第六次印刷。卷一○○○。

11. 〔宋〕李昉等編撰,《文苑英華》全五冊,北京,中華書局,1996 年 5 月第一版。卷一○○○。

12. 〔唐〕李吉甫撰，《元和郡縣圖志》全二冊，北京，中華書局，1995 年 1 月北京第二次印刷。卷四〇。

13. 〔唐〕李林甫等撰、陳仲夫點校，《唐六典》，北京，中華書局，1992 年 1 月第一版。卷三〇。

14. 〔唐〕杜佑撰，《通典》全五冊，北京，中華書局，1988 年 12 月第一版，1996 年北京第三次印刷。卷二〇〇。

15. 〔唐〕杜甫著，高仁標點，《杜甫全集》，上海，上海古籍出版社，1996 年 11 月第一版，1997 年 6 月第三次印刷。卷二〇。

16. 〔唐〕長孫無忌等撰，〔民國〕劉俊文箋解，《唐律疏議》全二冊，北京，中華書局，1996 年 6 月第一版。卷三〇。

17. 〔南朝·宋〕范曄撰，《後漢書》全六冊，台北，鼎文書局標點本，民國 86 年 10 月九版。卷九〇。

18. 〔清〕徐松撰、閻文儒補，《兩京城坊考》，鄭州市，河南人民出版社，1992 年。卷七。

19. 〔東漢〕班固等撰，《漢書》全五冊，台北，鼎文書局標點本，民國 86 年 10 月九版。卷一〇〇。

20. 〔元〕馬端臨撰，《文獻通考》全二冊，台北，臺灣商務印書館，民國 76 年 12 月臺一版。卷三八四。

21. 〔漢〕崔寔著、石漢聲校注，《四民月令》，北京，中華書局，1965 年 3 月第一版北京第一次印刷。卷一。

22. 〔唐〕張鷟撰、趙守儼點校，《朝野僉載》，北京，中華書局，1997 年 12 月湖北第二次印刷。卷六。

23. 〔元〕脫脫撰，《宋史》全十八冊，台北，鼎文書局標點本，民國 85 年 11 月八版。卷四九六。

24. 〔宋〕曾鞏著，《曾鞏集》全二冊，北京，中華書局，1984 年 11 月第一版。卷五十二。

25. 〔晉〕陳壽撰，裴松之注，《三國志》全二冊，台北，鼎文書局標點本，民國 86 年 5 月九版。卷六五。

26. 陳尚君輯校，《全唐詩補編》全三冊，北京，中華書局，1992 年 10 月第北京第一次印刷。卷六〇。

27. 〔清〕彭定求、楊中訥等修纂，《全唐詩》全三十五冊，北京，中華書局，1996 年 1 月第六次印刷。卷九〇〇。

28. 楊伯峻編著，《春秋左傳注》（修訂本）全四冊，北京，中華書局，1990 年 5 月第二版。

29. 〔清〕董浩等撰，《全唐文》全十一冊，北京，中華書局，1996 年 7 月北京第三次印刷。卷一〇〇〇。

30. 〔北魏〕賈思勰著、繆啓愉校釋，《齊民要術》第二版，1998 年 8 月第一版北京第一次印刷。卷十。

31. 〔春秋〕管仲撰，梁運華校點《管子》，瀋陽，遼寧教育出版社，1997 年 3 月。卷二十四。

32. 〔清〕蒲松齡撰、李長年校注，《農桑經》，北京，農業出版社，1982 年 5 月第一版北京第一次印刷。

33. 〔宋〕趙彥衛撰、傅根清點校，《雲麓漫沙》，北京，中華書局，1998 年 5 月北京第二次印刷。卷十五。

34. 〔五代〕劉昫等撰，《舊唐書》，台北，鼎文書局標點本，民國 83 年 10 月八版。卷二〇〇。

35. 〔唐〕劉肅撰、許德楠、李鼎霞點校，《大唐新語》，北京，中華書局，1997 年 12 月湖北第三次印刷。卷十三。

36. 〔宋〕樂史撰，《宋本太平寰宇記》，北京，中華書局，2000 年 1 月第一版。卷二〇〇。

37. 〔宋〕歐陽修、宋祁撰，《新唐書》，台北，鼎文書局標點本，民國 83 年 10 月八版。卷二二五。

38. 〔戰國〕墨子撰，朱越利校點《墨子》，瀋陽，遼寧教育出版社，1997 年 3 月。卷十三。

39. 〔元〕駱天驤撰、黃永年點校，《類編長安志》，北京，中華書局，1990 年。卷十。

40. 〔唐〕魏徵等撰，《隋書》，台北，鼎文書局標點本，民國 85 年 11 月八版。卷八五。

41. 〔清〕顧祖禹撰，《讀史方輿紀要》，上海，上海書店，1998 年 1 月第一版。卷一三〇。

42. 〔北魏〕酈道元注，楊守敬、熊會貞疏〔民國〕，《水經注疏》全三冊，江蘇，古籍出版社，1989 年 6 月第一版。卷四〇。

43. 〔日〕仁井田陞編著《唐令拾遺》，長春市，長春出版社，1989 年 11 月第一版。令二十三，頁 926。

二、專書論著

1. 中國社會科學院歷史研究所資料編纂組，《中國歷代自然災害及歷代盛世農業政策資料》，北京，農業出版社，1988 年 12 月第一版北京第一次印刷。頁 684。

2. 中國科學院地理研究所研究室，《中國農業地理總論》，北京，科學出版社，1981 年 10 月第二次印刷。頁 428。

3. 文煥然、文榕生，《中國歷史時期冬半年氣候冷暖變遷》，北京，科學出

版社，1996 年 5 月第一版第一次印刷。頁 168。

4. 水利部黃河水利委員會編寫組，《黃河水利史述要》，北京，水利出版社，1982 年 6 月第一版北京第一次印刷。頁 397。

5. 王恢，《中國歷史地理》，台北，臺灣學生書局，民國 75 年 9 月第二次印刷。頁 1411。

6. 王頲，《黃河故道考辨》，上海，華東理工大學出版社，1995 年，10 月第一版第一次印刷。頁 250。

7. 王梨林，《中國古今物候學》，成都，四川大學出版社，1990 年 7 月第一版。頁 228。

8. 王壽南，《隋唐史》，台北，三民書局，民國 83 年 2 月再版。頁 881。

9. 王穎樓，《隋唐官制》，成都，四川大學出版社，1995 年 9 月第一版第一次印刷。頁 383。

10. 史念海，《中國的運河》，西安，陝西人民出版社，1988 年 4 月第一版。頁 448。

11. 史念海，《中國歷史人口地理和歷史經濟地理》，台北，臺灣學生書局，民國 80 年 11 月初版。頁 288。

12. 史念海，《河山集》，北京，三聯書店，1963 年 9 月第一版。頁 302。

13. 史念海，《河山集》二集，北京，三聯書店，1981 年 5 月第一版。頁 487。

14. 史念海，《河山集》三集，北京，北京人民出版社，1988 年 1 月第一版。頁 386。

15. 史念海，《河山集》四集，陝西師範大學出版社，1991 年 12 月第一版。

16. 史念海，《河山集》五集，山西人民出版社，1991 年 12 月山西第一版第一次印刷。

17. 史念海，《河山集》六集，山西人民出版社，1997 年 12 月太原第一版第一次印刷。頁 515。

18. 史念海，《唐代歷史地理研究》，北京，中國社會科學出版社，1998 年 12 月第一版第一次印刷。頁 533。

19. 平岡武夫，《唐代的曆》，江蘇，上海古籍出版社，1990 年 9 月第一版第一次印刷。頁 381。

20. 丘光明、王彤等編，《中國古代度量衡論文集》鄭州市，中州古籍出版社，1990 年 2 月第一版，頁 456。

21. 全國農業區劃委員會，《中國自然區劃概要》，北京，科學出版社，1984 年 5 月第一版第一次印刷。頁 165。

22. 全漢昇，《唐宋帝國與運河》，重慶，商務印書館，民國 33 年，11 月初版。台北，中央研究院史語所，民八十四年 5 月，重排版，頁 126。

23. 岑仲勉，《隋唐史》，全二冊，北京，中華書局，1982 年 5 月一版，1993 年 12 月北京第二次印刷。頁 704。

24. 吳琦，《漕運與中國社會》，武漢，華中師範大學出版社，1999 年 12 月第一版第一次印刷。頁 322。

25. 李治亨，《中國漕運史》，台北，文津出版社，民國 86 年，8 月初版一刷。頁 322。

26. 李樹桐，《隋唐史別裁》，台北，臺灣商務印書館，1995 年 6 月初版第一次印刷。頁 448。

27. 李錦繡，《唐代財政史稿》全三冊，北京，北京大學出版社，1995 年 7 月第一版。頁 1277。

28. 沈百先、章光彩等，《中華水利史》，台北，臺灣商務印書館，民國 68 年 3 月初版。頁 634。

29. 孟昭華，《中國災荒史記》，北京，中國社會出版社，1999 年 1 月第一版。頁 978。

30. 武金銘等，《中國隋唐五代經濟史》，北京，人民出版社，1994 年出版。頁 183。

31. 武漢水利電力學院編寫組，《中國水利史稿》（上），北京，水利出版社，1987 年，6 月第一版北京第一次印刷。頁 341。

32. 武漢水利電力學院編寫組，《中國水利史稿》（中），北京，水利出版社，1987 年，6 月第一版北京第一次印刷。頁 307。

33. 姚漢源，《中國水利史綱要》，北京，水利電力出版社，1987 年 12 月第一版北京第一次印刷。頁 559。

34. 胡明思、駱承政，《中國歷史大洪水》第一冊，北京，中國書店，1992 年 3 月第一收第一次印刷。頁 521。

35. 袁林，《西北災荒史》，甘肅，甘肅人民出版社，1994 年 11 月第一版第一次印刷。頁 1809。

36. 馬忠良，《中國森林的變遷》，北京，中國林業出版社，1997 年 1 月第一版。頁 135。

37. 高建國，《中國減災史話》，鄭州，大象出版社，1999 年，8 月第一版第一次印刷。頁 397。

38. 康有爲，《康有爲政論集》全二冊，北京，中華書局，1981 年。頁 1147。

39. 張弓，《唐朝倉廩制度初探》，北京，中華書局，1986 年 1 月第一版。頁 175。

40. 張含英，《歷代治河方略探討》，北京水利出版社，1982 年 1 月第一版。頁 174。

41. 張波、馮風、張綸、李宏斌，《中國農業自然災害史料集》，西安，陝西科學技術出版社，1994 年 8 月第一版第一次印刷。頁 684。

42. 張建民、宋儉，《災害歷史學》，長沙，湖南人民出版社，1998 年，9 月第一版第一次印刷。頁 496。

43. 張澤咸，《隋唐時期農業》，台北，文津出版社，1999 年，6 月初版一刷。頁 369。

44. 梁方仲，《中國歷代戶口、田地、田賦統計》，上海，上海人民出版社，1980 年。頁 558。

45. 郭松義、張澤咸，《中國航運史》，台北，文津出版社，民國 86 年 8 月初版一刷。頁 330。

46. 陳明光，《唐代財政史新編》，北京，中國財政經濟出版社，1991 年 9 月第一版。頁 349。

47. 陳國燦，《唐代的經濟社會》，台北，文津出版社，1999 年，6 月初版一刷。頁 272。

48. 陳寅恪，《唐代政治史述論稿》，台北，臺灣商務印書館，1994 年 8 月臺二版第一次印刷。頁 173。

49. 陳寅恪，《隋唐制度淵源略論稿》，台北，臺灣商務印書館，1994 年 8 月臺二版第一次印刷。頁 175。

50. 湯奇成、熊怡等，《中國河流水文》，北京，科學出版社，1998 年 1 月第一版第一次印刷。頁 164。

51. 費省，《唐代人口地理》，西安，西北大學出版社，1996 年。頁 168。

52. 馮秀藻、歐陽海，《廿四節氣》，北京，農業出版社，1982 年 8 月第一版第一次印刷。頁 141。

53. 葛承雍，《唐代國庫制度》，西安，三秦出版社，1990 年 6 月第一版西安第一次印刷。頁 212。

54. 鄒豹君，《地學通論》，台北，國立編譯館，民國 64 年 7 月臺十二版。頁 427。

55. 趙克堯、許道勛，《唐玄宗傳》，台北，臺灣商務印書館，民國 81 年 10 月臺灣初版第一次印刷。頁 617。

56. 劉昭民，《中華氣象學史》，台北，臺灣商務印書館，民國六十九年 9 月初版。頁 651。

57. 劉昭民，《中華歷史上氣候之變遷》，台北，臺灣商務印書館，1994 年 7 月修訂版第二次印刷。頁 307。

58. 劉緯毅，《漢唐方志輯佚》，北京，北京圖書館，1997 年 12 月第一版第一次印刷。頁 440。

59. 潘鏞,《隋唐時期的運河和漕運》,西安市,三秦出版社,1987 年初版。
    頁 128。

60. 鄭拓,《中國救荒史》,北京,北京出版社,1998 年 9 月第一版第一次印
    刷。頁 499。

61. 鄭子政,《氣候與文化》,台北,臺灣商務印書館,民國 58 年 9 月初版。
    頁 302。

62. 鄭肇經,《中國水利史》,台北,臺灣商務印書館,民國 75 年 10 月臺四
    版。頁 347。

63. 鄭德坤,《中國歷史地理論文集》,台北,聯經出版,民國 74 年 10 月第
    二次印刷。頁 336。

64. 鄧雲特,《中國救荒史》,台北,臺灣商務印書館,民國 76 年 6 月臺四版。
    頁 336。

65. 冀朝鼎著、朱詩鰲譯,《中國歷史上的基本經濟區與水利事業的發展》,
    北京,中國社會科學出版社,1998 年 2 月第三次印刷。頁 144。

66. 盧華語,《唐代蠶桑絲綢研究》,北京,首都師範大學出版社,1995 年,
    11 月第一版第一次印刷。頁 198。

67. 謝保成,《中國隋唐五代政治史》,北京,人民出版社,1994 年出版。頁
    267。

68. 韓國磐,《北朝隋唐的均田制度》,上海,上海人民出版社。頁 256。

69. 譚其驤,《中國歷史地圖集》全八冊,台北,曉園出版社,1992 年 2 月
    臺灣第一版第一次印刷。

70. 嚴耕望,《唐代交通圖考》全五冊,台北,中央研究院歷史語言研究所,
    民國 74 年 5 月初版,民國 87 年 5 月景印一版。頁 1792。

71. 顧頡剛等,《中國古代地理名著選讀》第一輯,香港,中華書局,1963
    年,8 月香港初版。頁 136。

三、期刊論文

1. 一良〈隋唐時代之義倉〉,載於《食貨半月刊》二卷六期,民國 24 年 8
   月 16 日出刊,頁 25～34。

2. 卜鳳賢〈農業災害史研究中的幾個問題〉載於《農業考古》1993 年第三
   期,頁 280～284。

3. 王乃昂〈歷史時期甘肅黃土高原的環境變遷〉,載於《歷史地理》第八輯,
   1990 年,7 月出版,頁 16～32。

4. 王文楚〈唐代《長安太原驛道》校補〉,載於《歷史地理》第八輯,1990
   年,7 月出版,頁 212～220。

5. 王永興〈敦煌文書與唐史研究〉，載於《文物》，2000 年第八期，頁 41〜45。

6. 王松梅等〈近五千年來我國中原地區氣候在降水方面的變遷〉，載《中國科學》（B 輯），1987 年。

7. 王建革〈河北平原水利與社會分析（1368〜1949〉，載於《中國農史》，2000 年第十九卷第二期，頁 55〜64。

8. 王朝中〈唐朝漕糧定量分析〉載於《中國史研究》1988 年第三期，頁 55〜60。

9. 王新野〈論唐代義倉地稅兼及兩稅法的內容〉，載於《文史哲》，1985 年第四期，頁 37〜44。

10. 王鎮九〈中國上古各地物產〉，載於《食貨半月刊》二卷 4 期，民國 24 年 7 月 16 日出刊，頁 15〜28。

11. 史念海〈隋唐時期自然環境的變遷及與人為作用的關係〉，載於《歷史研究》，1990 年第一期，頁 51〜63。

12. 朱睿根〈隋唐時代的義倉及其演變〉，載於《中國社會經濟史研究》，1984 年第二期，頁 53〜59。

13. 何如泉〈唐代使職的產生〉，載於《西南師範大學學報》，1987 年第一期，頁 41〜57。

14. 何汝泉〈唐代戶部使的產生〉，載於《歷史研究》，1995 年第三期，頁 176〜180。

15. 何汝泉〈唐代戶轉運使的設置與裴耀卿〉，載於《西南師範大學學報社哲版》（川重慶），1986 年第一期，頁 72〜79。

16. 余蔚〈淺談唐中葉關中地區糧食供需狀況－兼論關中衰弱之原因〉，載於《中國農史》，1999 年第十八卷第一期，頁 3〜28。

17. 吳宏岐、雍際春《水經・渭水注》若干歷史水文地理問題研究〉，載於《中國歷史地理論叢》，2000 年第二輯，頁 163〜173。

18. 吳麗娛〈試析唐後期物質的"省估"〉，載於《中國經濟史研究》，2000 年第第三期，頁 64〜75、94。

19. 宋湛慶〈宋元明清時期備荒救災的主要措施〉載於《中國農史》1990 年第二期，頁 14〜22。

20. 李文瀾〈唐代長江中游水患與生態環境諸問題的歷史啟示〉，載於《漢江論壇》1999 年一期，頁 60〜64。

21. 李令福〈歷史時期關中農業發展與地理環境之相互關係初探〉，載於《中國歷史地理論叢》，2000 年第一輯，頁 87〜98。

22. 李并成〈歷史上祁連山區森林的破壞與變遷考〉，載於《中國歷史地理論叢》，2000 年第一輯，頁 1〜16。

23. 李成斌〈唐初的"與民休息"急議〉載於《中國農史》1988年第一期，頁7～13。

24. 李伯重〈唐代江南地區糧食畝產量與農戶耕田數〉，載於《中國社會經濟史研究》，1982年第二期，頁8～15。

25. 李昭淑、徐象平、李繼瓚等〈西安水環境的歷史變遷及治理對策〉，載於《中國歷史地理論叢》，2000年第三輯，頁39～53。

26. 李潤田〈黃河對開封城市歷史發展的影響〉，載於《歷史地理》第六輯，1988年，9月出版，頁45～56。

27. 辛德勇〈漢唐期間長安附近的水路交通——漢唐長安交通地理研究之三〉，載於《中國歷史地理論叢》，1989年，頁33～44。

28. 辛德勇〈漢唐期間長安附近的陸路交通——漢唐長安交通地理研究之二〉，載於《中國歷史地理論叢》，1988年，頁145～171。

29. 京洛〈洛陽隋唐含嘉倉糧食的加固處理〉，載於《文物》，1972年第三期頁，63～64。

30. 周魁一〈《水部式》與唐代的農田水利管理〉，載於《歷史地理》第四輯，1986年，2月出版，頁88～101。

31. 周魁一、陳茂山〈西漢與唐代灌溉成就的比較研究〉，載於《歷史地理》第十一輯，1993年，6月出版，頁18～29。

32. 尚景熙〈汝水變遷及其故道遺存〉，載於《歷史地理》第九輯，1990年10月出版，頁299～306。

33. 易曼暉〈唐代的人口〉，載於《食貨半月刊》三卷六期，民國25年2月16日出刊，頁10～27。

34. 易曼暉〈唐代農耕的灌溉作用〉，載於《食貨半月刊》第三卷第五期，民國25年2月1日出刊，頁22～30。

35. 林立平〈唐代主糧生產的輪作複種制〉，載於《暨南學報》（哲學社會科學版），1984年第一期，頁41～48。

36. 林鴻榮〈隋唐五代林木培育述要〉，載於《中國農史》，1992年第一期，頁63～71。

37. 河南省、洛陽市博物館，〈洛陽隋唐含嘉倉的發掘〉，載於《文物》，1972年第三期，頁49～62。

38. 竺可楨〈中國之雨量及風暴說〉，載於《竺可楨文集》全一冊，北京科學出版社，1979年3月一版，頁1～7。

39. 竺可楨〈中國近五千年來氣候變遷的初步研究〉，載《考古學報》，1972年第一期，頁15～38。

40. 竺可楨〈中國歷史上氣候之變遷〉，載於《竺可楨文集》全一冊，北京科學出版社，1979年3月一版，頁58～68。

41. 竺可楨〈南宋時代我國氣候之揣測〉，載於《竺可楨文集》全一冊，北京科學出版社，1979 年 3 月一版，頁 52～53。

42. 侯向陽〈北亞熱帶過渡帶的變遷及其農業景觀生態意義〉，載於《中國農史》，2000 年第十九卷第二期，頁 86～92。

43. 洪錫鈞〈四川省解放前的遺傳育種研究〉，載於《中國農史》，1990 年第二期，頁 43～47。

44. 胡戟〈唐代糧食畝產量〉載於《西北大學學報》（社會科學版），1980 年第三期，頁 74～75。

45. 胡道修〈開皇天寶之間人口的分佈與變遷〉載於《中國史研究》1984 年第四期，頁 27～45。

46. 徐建青〈從倉儲看中國封建社會的積累及其對社會會再生產生的作用〉，載於《中國社會經濟史研》，1987 年第三期，頁 31～48。

47. 徐海亮〈歷史上黃河水沙變化的一些問題〉，載於《歷史地理》第十二輯，1995 年，8 月出版三十一年，頁 32～40。

48. 徐慶全〈關於唐代轉運使設置的年代〉，載於《社會科學輯刊》（審陽）1992 年四期，頁 107～109。

49. 馬正林〈唐長安城總體布局的地理特徵〉，載於《歷史地理》第三輯，1983 年，11 月出版，頁 67～77。

50. 馬萬明〈唐代畜牧業興盛的原因〉，載於《中國農史》，1993 年第十二卷第三期，頁 20～26。

51. 張芳〈中國古代淮河、漢水流域的陂渠串聯工程技術〉，載於《中國農史》，2000 年第十九卷第一期，頁 22～34。

52. 張芳〈夏商至唐代北方的農田水利和水稻種植〉，載於《中國農史》，1991 年第三期，頁 56～65。

53. 張芳〈寧、鎮、揚地區歷史上的塘壩水利〉，載於《中國農史》，1994 年第十三卷第二期，頁 32～42。

54. 張濤〈試論石磨的歷史發展及意義〉，載於《中國農史》，1990 年第二期，頁 48～53。

55. 張仁璽〈唐代復除制考略〉載於《山東師大學》（報社科版濟南）（雙月刊）1995 年第六期，頁 48～52。

56. 張兆裕〈明代萬曆時期災荒中的蠲免〉載於《中國經濟史研究》1999 年三期，頁 102～110。

57. 張修桂〈海河流域平原水系演變的歷史過程〉，載於《歷史地理》第十一輯，1993 年，6 月出版，頁 89～110。

58. 張學鋒〈唐代水旱賑恤、蠲免的實效與實質〉，載於《中國農史》，1993 年第十二卷第一期，頁 11～18。

59. 曹爾琴〈唐代經濟重心的轉移〉，載於《歷史地理》第二輯，1982 年，11 月出版，頁 147～155。

60. 曹爾琴〈論唐代關中的農業〉，載於《中國歷史地理論叢》第二輯，1989 年，頁 45～75。

61. 梁忠效〈唐代的碾磑業〉，載於《中國史研究》，1987 年第二期，頁 129 ～139。

62. 郭文韜〈試論中國古農書的現代價值〉，載於《中國農史》，2000 年第十九卷第二期，頁 93～102。

63. 郭紹林〈唐高宗武則天長駐洛陽原因辨析〉，載於《史學月刊》，1985 年第三期，頁 20～28。

64. 陳可畏〈唐代河患頻繁之研究〉，載於《史念海先生八十壽辰學術文集》全一冊，陝西師範大學出版社，1996 年 2 月一版，頁 183～206。

65. 陳存恭〈山西省的災荒（1860～1937）〉載於《近代中國農村經濟使論文集》載於，頁 605～649。

66. 陳明光〈唐人姜師度水利業績述略〉，載於《中國農史》，1989 年第四期，頁 59～61。

67. 陳明光〈唐朝的兩稅三分制與常平義倉制度〉，載於《中國農史》，1988 年第四期，頁 54～59。

68. 陳明光〈略論唐朝的賦稅"損免"〉，載於《中國農史》，1995 年第十四卷第一期，頁 33～40。

69. 陳國生〈唐代自然災害初步研究〉，載於《湖北大學學報》（哲學社會科學版），1995 年第一期，頁 64～71。

70. 陶希聖〈唐代管理水流的法令〉，載於《食貨半月刊》四卷七期，民國 25 年 9 月 1 日出刊，頁 40～46。

71. 傅安華〈唐玄宗以前的戶口逃亡〉，載於《食貨半月刊》一卷四期，民國 24 年 1 月 16 日出刊，頁 14～26。

72. 曾了若〈隋唐之均田〉，載於《食貨半月刊》四卷二期，民國 25 年 6 月 16 日出刊，頁 8～19。

73. 游翔〈試論唐代地稅的淵源及其演變〉，載於《中國農史》，1993 年第十二卷第一期，頁 1～10。

74. 華林甫〈唐代水稻生產的地理布局及其變遷初探〉，載於《中國農史》1992 年第二期，頁 27～39。

75. 華林甫〈唐代粟、麥生產的地域布局初探（續）〉，載於《中國農史》1990 年第三期，頁 23～39。

76. 華林甫〈唐代粟、麥生產的地域布局初探〉，載於《中國農史》1990 年第二期，頁 33～42。

77. 華林甫〈唐代糧食作爲分布與自然環境制約〉，載於《歷史地理》第十二輯，1995 年 8 月出版，頁 166～174。

78. 鈕海燕〈唐代水利發展的因素及影響〉，載於《歷史地理》1992 年十一期，頁 65～75。

79. 黃盛璋〈唐代礦冶分布與發展〉，載於《歷史地理》第七輯，1990 年，6 月出版，頁 1～13。

80. 黃穀仙〈天寶亂後唐人如何救濟農村（上）〉，載於《食貨半月刊》一卷十期，民國 24 年 4 月 16 日出刊，頁 16～29。

81. 黃穀仙〈天寶亂後唐人如何救濟農村（下）〉，載於《食貨半月刊》一卷十一期，民國 24 年 5 月 12 日出刊，頁 6～13。

82. 黃穀仙〈天寶亂後農村崩潰之實況〉，載於《食貨半月刊》一卷創刊號，民國 23 年 11 月 1 日出刊，頁 14～19。

83. 黃穀仙〈唐代人口的流轉〉，載於《食貨半月刊》二卷七期，民國 24 年 9 月 1 日出刊，頁 19～21。

84. 楊希義〈略論唐代的漕運〉載於《中國史研究》，1984 年第二期，頁 53～66。

85. 楊新才〈寧夏引黃灌區渠道沿革初考〉，載於《農業考古》，2000 年第一期，頁 203～211。

86. 鄒逸麟〈淮河下游南北運口變遷和城鎮興衰〉，載於《歷史地理》第六輯，1988 年，9 月出版，頁 57～72。

87. 鄒逸麟〈歷史時期華北大平原湖沼變遷述略〉，載於《歷史地理》第五輯，1987 年，5 月出版，頁 25～39。

88. 滿志敏〈用歷史文獻物候資料研究氣候冷暖變化的幾個基本原理〉，載於《歷史地理》第十二輯，1995 年 8 月出版，頁 22～31。

89. 滿志敏〈唐代氣候冷暖分期及各期氣候冷暖特徵的研究〉，載於《歷史地理》，1996 年 6 月第一版，頁 1～15。

90. 滿志敏〈黃淮平原北宋至元中葉的氣候冷暖狀況〉，載於《歷史地理》第十一輯，1993 年 6 月出版，頁 75～88。

91. 趙豐〈唐代的蠶桑生產技術〉，載於《中國農史》，1991 年第四期，頁 49～56。

92. 劉俊文〈唐代水害史論〉，載於《北京大學學報》（哲學社會科學版），1988 年第二期，頁 48～54、62。

93. 劉磐修〈兩漢魏晉南北朝時期的大豆生產和地區分布〉，載於《中國農史》，2000 年第十九卷第一期，頁 9～14。

94. 潘鏞〈中晚唐漕運史略〉，載於《雲南師範大學學報》（社哲版）1986 年第一期，頁 16～22。

95. 潘鏞〈唐玄宗的經濟政策〉，載於《雲南民族學院》（報社科）1986年第三期，頁51～57。

96. 潘孝偉〈唐代減災行政管理體制初探〉，載於《安慶師院社會科學學報》，1996年第三期，頁18～22。

97. 潘孝偉〈唐代減災思想和對策〉，載於《中國農史》，1995年第十四卷第一期，頁41～47。

98. 潘孝偉〈唐代義倉研究〉，載於《中國農史》，1984年，第四期。

99. 潘孝偉〈唐代義倉制度補議〉，載於《中國農史》，1998年，第十七卷第三期，頁32～38。

100. 潘孝偉〈論唐朝宣撫使〉，載於《中國史研究》，1999年第二期，頁84～92。

101. 黎虎〈唐代的市舶與市舶管理〉，載於《歷史研究》，1998年第三期，頁21～37。

102. 黎虎〈唐代的飲食原料市場〉，載於《中國社會經濟史研》，1999年第一期，頁65～75。

103. 謝方五、郭青梅〈關中灌溉水利述略〉，載於《黃河史志資料》，1990年第一期，頁29～39。

104. 鞠清遠〈唐代的戶稅〉，載於《食貨半月刊》一卷八期，民國24年3月16日出刊，頁28～32。

105. 韓茂莉〈宋代河北農業生產與主要糧食作物〉，載於《中國農史》，1993年第十二卷第三期，頁27～32。

106. 瞿林東〈關於地理條件與中國歷史進程的幾個問題〉載於《歷史學》，1999年三期，頁17～21。

107. 魏道明〈論唐代和糴〉，載於《陝西師大學報》（哲社版）1987年第四期，頁109～113。

108. 魏露苓〈《朝野僉載》有關姜師度的材料辨析〉載於《農業考古》，2000年第三期，頁191～194、196。

109. 譚其驤〈海河水系的形成與發展〉，載於《歷史地理》第四輯，1986年2月出版，頁1～27。

110. 龔高法等〈歷史時期我國氣候帶的變遷及生物分布界限的推移〉，載於《歷史地理》第五輯，1987年5月出版，頁1～10。

111. 龔勝生〈唐長安城薪炭供銷的初步研究〉，載於《中國歷史地理論叢》，1991年第三輯，頁137～153。